山东省社会科学规划研究专项"区域创新驱动发展的三螺旋动态机理研究"（18CQXJ01）

本书为　山东省软科学重点项目"山东省产业重大关键共性技术遴选模式研究"（2016RZC01006）　　项目成果

齐鲁工业大学（山东省科学院）智库专项"山东技术预见与创新评估研究"（2016—2018年）

山东省新能源技术领域发展报告

REPORT ON THE DEVELOPMENT OF
NEW ENERGY TECHNOLOGY IN SHANDONG PROVINCE

李海波　胡志刚　汝绪伟　等◎著

U0214122

科学出版社

北　京

图书在版编目（CIP）数据

山东省新能源技术领域发展报告/李海波等著.—北京：科学出版社，2019.10
ISBN 978-7-03-062282-2

Ⅰ．①山… Ⅱ．①李… Ⅲ．①新能源-技术-研究报告-山东 Ⅳ．①TK01

中国版本图书馆CIP数据核字（2019）第193282号

责任编辑：朱萍萍 刘巧巧 / 责任校对：贾伟娟
责任印制：徐晓晨 / 封面设计：有道文化
编辑部电话：010-64035853
E-mail: houjunlin@mail.sciencep.com

科 学 出 版 社 出版
北京东黄城根北街 16 号
邮政编码：100717
http://www.sciencep.com

北京虎彩文化传播有限公司 印刷
科学出版社发行 各地新华书店经销
*
2019年10月第 一 版 开本：720×1000 B5
2019年10月第一次印刷 印张：22 3/4
字数：405 000
定价：**128.00元**
（如有印装质量问题，我社负责调换）

P 前 言
REFACE

　　21世纪，能源和环境问题已经成为国际性热点话题。在能源危机和经济危机双重压力下，以新能源替代常规能源（石油、天然气和煤炭）大规模开发利用的新一轮能源革命已经在世界范围内兴起，新能源技术已经成为影响世界各国经济和社会发展的紧迫课题。十九大报告中明确指出："加快建立绿色生产和消费的法律制度和政策导向，建立健全绿色低碳循环发展的经济体系。构建市场导向的绿色技术创新体系，发展绿色金融，壮大节能环保产业、清洁生产产业、清洁能源产业。推进能源生产和消费革命，构建清洁低碳、安全高效的能源体系。"因此，加快新能源技术发展对确保我国可持续能源战略实施发展具有重要的战略意义。

　　近年来，曾支撑20世纪人类文明高速发展的以石油、煤炭和天然气为主的化石能源出现了前所未有的危机。除储藏量不断减少外，化石能源在使用后产生的二氧化碳气体排放到大气中后，更是人为地导致了全球气候变暖，引发了人们对未来社会发展动力来源的广泛关注和思考。不少国家的能源战略都有一个明显的政策导向——鼓励开发新能源。这既是国际市场上石油等传统能源产品价格高昂压力所致（非常时期除外），也是人类可持续发展的客观需要。因此，新能源开发有可能成为未来最重要的经济增长引擎，成为最有创造就业和财富能力的新经济支柱。目前，全球投向新能源，特别是风能、太阳能和生物质能的资金数量激增。普遍的共识正在世界范围内逐渐达成：只有在新能源技术革命中走在前面，才有可能在未来的世界经济格局中占据优势地位。尤其在受金融危机的影响全球经济呈现不断下滑严重局面的背景下，有专家认为对新能源的开发与利用，将是全球金融危机后世界经济的新一轮竞争热点；对传统能源的改良以及新能源技术和产品的发展，将会催生一个巨大的市场；以核能技术与太阳能技术为主要标志的新能源产业必将成为世界各国培育新的经济增长点的一个重要突破口。

山东省十分重视新能源技术的发展，大力发展绿色低碳产业，积极顺应新能源技术应用系统化、模块化、分布式方向，特别注重风能、太阳能的高效发展，推动生物能的推广应用，在纯电动、混合动力及低能耗汽车技术创新方面优化布局一大批重点企业。2017年3月，《山东省人民政府关于印发山东省"十三五"战略性新兴产业发展规划的通知》（鲁政发〔2017〕7号）中明确指出："加快节能环保制造业与服务业联动发展，促进形成绿色产业结构、绿色增长方式和绿色消费模式，助力'生态山东'和'绿色山东'建设。"该通知还制定了"到2020年，建设30个循环经济示范基地、300个示范企业，培育发展一批新能源和节能环保企业"的发展目标。

要实现这一发展目标，需要立足山东省新能源技术发展的科学基础和技术优势，只有从全省产业结构的整体出发，跟踪国内外新能源技术的热点和发展前沿方向，结合地区经济社会发展的战略需求，超前部署前瞻性技术研究，聚焦新能源技术发展方向和重点领域，统筹规划，合理布局，才能真正落实山东省新能源技术产业的创新驱动发展战略。山东省技术预见与创新评估团队依托山东省科学院智库专项、山东省社会科学规划项目（青年学者重点培养计划）和山东省软科学重点项目等课题资助，基于产业重大关键共性技术遴选、技术预见和创新评估领域的理论研究与实践经验，联合大连理工大学相关科研团队，采用文献计量学、专利计量学先进方法和最新可视化技术，对国内外新能源技术领域期刊论文、申请和授权专利进行了系统分析与解读。

本书中的研究于2016年立项，历时近三年，最终形成了项目成果。本书通过翔实的资料、可靠的统计数据、直观生动的知识图谱，按照目前新能源技术权威分类，对领域内主要的研究成果、高产机构、学科分布、研究主题、高被引文献等进行了全面展现，系统分析了山东省新能源技术领域的发展态势和趋势。

本书通过 Web of Science 核心合集数据库检索的方法，对山东省2011～2015 年科学引文索引数据库的论文、专利表现进行统计分析，并以知识图谱形式直观展现，形成两大核心报告——论文分析报告、专利分析报告。本书由八章构成。第一章为总论，首先，主要对产业重大关键共性技术遴选方法模式、新能源技术的定义划分以及现代新能源技术的发展情况做了详细说明；其次，交代了本书所采用的研究分析方法，并对山东省新能源技术发展现状做了初步研判，为从总体上掌握山东省新能源技术发展提供参考。第二～第五章组成山东省新能源技术领域论文分析报告，依次对太阳能、风能、生物质能、海洋能领域文献及相关信息进行计量分析，在准确定位全球范围内各技术领域前沿热点的基础上，比较山东省目前的技术研究水平，为下一步开展深入研究指明技术方向；第六～第八章组成山东省新能源技术领域专利分析报告，在对山东省新能源技术领域专利情况作简要概述后，以山东省新能源技术各细分领域的专利申请和专利授权数据为分析对象，对专利申请人、发明人和 IPC 分类情况进行了系统而深入的分析，并对各技术细分领域进行了聚类分析，明确了山东省新能源技术领域的发展方向。

本书是课题组成员共同努力的成果。其中，项目总负责人李海波博士负责研究总体策划、框架设计和第一章总论及终稿的审核工作；胡志刚负责文献检索和数据处理；汝绪伟、陈娜、李钊、李文强、高婷和纪宗华负责专题研究、分析解读；山东省特种设备检验研究院有限公司赖李宁副主任参与了撰写；大连理工大学科学学与科技管理研究所的研究生任佩丽、孙太安、林歌歌、王嘉鑫等全程参与了研究项目的实施和本书初稿的撰写。此外，山东省科技发展战略研究所张红波、张强、陈建、方涛、肖雯、费妮、周金杰等管理科室人员为本书出版提供了帮助和支持。尤其要感谢的是科学出版社朱萍萍编辑的辛苦付出，她为本书的顺利出版做了大量负责、细致的工作。

作为山东省科学院在智库建设上的又一次重要尝试，本书的出版承载了山东省科技发展战略研究所和齐鲁工业大学（山东省科学院）的殷切期望。本书的出版还要感谢校（院）、所领导的大力支持。

由于项目组成员的水平有限，书中难免存在不足之处，仅希望本书能起到抛砖引玉的作用，敬请各位同行不吝赐教。

山东省技术预见与创新评估团队

齐鲁工业大学（山东省科学院）

2018 年 10 月

C目 录
ONTENTS

第二部分　专利分析报告

第一节　山东省产业重大关键共性技术遴选模式研究

习近平总书记在上海考察调研时指出，谁牵住了科技创新这个"牛鼻子"，谁走好了科技创新这步先手棋，谁就能占领先机、赢得优势。要牢牢把握科技进步大方向，瞄准世界科技前沿领域和顶尖水平，力争在基础科技领域有大的创新，在关键核心技术领域取得大的突破。[①] 因此积极用新技术新业态改造提升传统产业，大力培育壮大战略性新兴产业，才能促进新动能发展壮大、传统动能焕发生机。那么如何找准支撑新旧动能转换的创新发力点就成为培育壮大经济发展新动能，加快新旧动能接续转换的关键所在。从

[①]　新华网.习近平在上海考察. http://www.xinhuanet.com//photo/2014-05/24/c_126543488. htm[2014-05-24].

整个区域经济社会发展来看，产业重大关键共性技术既是政府配置创新资源促进区域创新发展的着力点，也是企业研发攻关获取巨大市场价值的聚焦点，更是高校院所科技成果转化的风向标，因此作为创新发力点的产业重大关键共性技术精准遴选也就成为新旧动能转换的重大战略基点问题。

一、目前国内外遴选产业重大关键共性技术的情况

自 20 世纪 70 年代起，技术预见方法在日本、英国、德国等国及亚洲太平洋经济合作组织（Asia-Pacific Economic Cooperation，APEC）、联合国工业发展组织（United Nations Industrial Development Organization，UNIDO）、经济合作与发展组织（Organization for Economic Co-operation and Development，OECD）等国际组织率先开始应用，并于 20 世纪 90 年代被其他国家借鉴，发展成全球性的趋势。截至 2018 年底，已有 79 个国家开展了 2270 次技术预见研究，支撑本国科技战略和科技规划的制定。日本于 1970 年开展了第一次基于大型德尔菲调查的技术预见研究，在很大程度上推动了技术预见方法论的创新，也使得德尔菲法成为技术预见研究的核心方法。2005 年，日本科学技术前瞻中心在以德尔菲法为主的技术预见工作中新增加了基于文献计量与共引分析的知识图谱方法，为跟踪监测生物学、材料科学、神经科学等 22 个快速发展的研究领域，绘制了 5350 个研究前沿的知识图谱。2005 年，美国科技政策办公室（OSTP）开始重点支持在技术预见研究中采用定量化、可视化的方法和工具，以此作为建立美国政府"基于证据的科技决策系统"的重要举措。

我国科技部从 1980 年开始开展技术预见研究，截至 2018 年底已进行了 5 次。2013 年，科技部组织开展了新一轮国家技术预见研究，就未来 5～10 年发展的关键技术进行调查，动员了 30 000 多名来自企业、高校、研究机构、政府的研究人员和管理人员参加，形成的主要结论支撑了国家重大决策。此外，中国科学院于 2003 年启动了"中国未来 20 年技术预见研究"，也已取得初步成果。目前，中国科学院科技战略咨询研究院、中国科学技术发展战略研究院、上海科学学研究所、北京科学学研究中心和中国科技情报信息研究所，都是国内进行技术预见研究的重要基地。

在信息技术深度发展之前，技术预见研究大多采用小样本的德尔菲法。德尔菲法的优点是简便易行，然而实证研究发现基于德尔菲法的技术预见研究存在诸多的局限性，如专家遴选的标准和条件、专家的主观经验和知识结构等。为了降低德尔菲法的消极影响，提高技术预见研究的科学性和客观性，在新信息技术尤其是可视化技术的发展支撑下，逐渐形成了以德尔菲法为主，文献计量、专利分析、知识可视化等方法为重要辅助手段的基于知识图谱的综合预见方法，包括基于共被引分析的文献计量学方法、基于文献耦合分析的文献计量学方法、专利计量学方法、知识可视化技术方法、多元统计分析方法、词频分析方法、社会网络分析方法等。现在，技术预见分析已经在产业领域的政策制定中得到了广泛的应用，尤其是技术预见与路线图的应用为制定创新政策和科技发展规划、推进高技术产业化发展提供了重要支撑作用。

创新是一个复杂且系统的工程，涉及政、产、学、研等部门，所以主要依靠座谈、调研和调查问卷的评估方式，只能发现一些表面的现象问题，而不能把握创新工作深层次的关键问题。依靠德尔菲法和文献计量法的技术预见侧重于科学技术知识的挖掘，与产业技术创新需求有较大差距，而产业技术创新监测评估正好弥补了该项空缺。产业创新监测评估既重视创新发展的一般评估理论方法运用和定量数据分析，又重视与政府产业创新决策深层次背景和政策实施情况的衔接。其通过集成、凝练产业技术创新方面的重大实际需求，提出具有针对性、应用性的对策建议，从而为创新驱动产业发展战略的实施提供科学有力的路径支持和政策措施。

二、产业重大关键共性技术遴选的新模式

产业重大关键共性技术归根到底来源于产业创新发展的需要，因此应该以产业技术创新监测评估作为切入点，同时要有对未来技术发展趋势需求的科学把握，通过对产业技术的预见与评估的融合，把产业重大关键共性技术需求挖掘出来，真正解决科技成果的精准转化问题，真正突破产业的转型升级制约瓶颈，真正实现科技与经济的深度融合。综上所述，我们提出山东省产业重大关键共性技术遴选的新模式，具体推进举措如下。

（一）产业技术创新监测评估可解决产业重大关键共性技术的需求问题

一方面，以省部级及以上的企业创新平台为监测评估对象，该类监测评估对象依托的企业具有创新资源集聚能力强、创新实力水平突出、创新人才团队成规模的特点，可作为产业技术创新监测评估的固定监测对象；另一方面，以国家级和省级财政科技计划项目为监测评估对象，该类监测评估对象具有覆盖面广、技术实时性强等特点，可作为产业技术创新监测评估的辅助监测对象。通过对创新平台、创新项目的监测评估，实现对产业重大关键共性技术需求侧的深度挖掘。

需要注意的是，产业数据反映了企业的急迫现实需求，但大多数企业往往不是处在技术创新的最前沿，而是处在解决企业产品服务和升级问题的成熟通用技术中。因此，还需统计可以体现国家技术创新前沿和水平的国家级平台和项目。也就是说，对国家级平台和项目应给予重点关注，需要予以单独分析和研究。

（二）产业技术预见可提取产业重大关键共性技术的热点问题

本节主要采用德尔菲法、大数据计量分析的综合技术预见策略，基于专家经验知识的德尔菲法，依靠专家长期的知识积累和科研经验，对产业创新有一定深度的实践感知。需要注意的是，专家在形成主观认识的过程中，可能受限于研究领域不断细化和学科跨界的影响，难以对整个产业的总体态势进行研究，甚至难以对某一子领域有全貌把握。基于科学文献和专利大数据的计量分析方法，侧重于科学技术自身发展的学术研究前沿和热点问题，从知识科学的角度挖掘未来的研究前沿和热点领域，提供全系图谱的科学技术研究成果、专家、机构等资源布局。基于互联网大数据的产业需求信息跟踪监测，利用爬取技术获取相关技术趋势和产业动态信息，通过文本分析技术，挖掘不同领域、不同产业的技术热点。

（三）构建产业重大关键共性技术遴选的新模式

只有将科技计量、舆情跟踪、专家咨询和产业技术创新监测评估四方面创新大数据融合起来，才可能挖掘出产业技术创新发展所需要的重大关键共性技术。因此，产业重大关键共性技术遴选的新模式应为"科技计量—舆情跟踪—专家咨询—产业技术创新监测评估"四方面协同互动的体系。一是将科学计量（知识图谱）作为产业重大关键共性技术遴选的证据数据；二是将舆情跟踪作为产业技术应用最新趋势的需求数据；三是将专家咨询作为产业重大关键共性技术遴选的知识数据；四是将产业技术创新监测评估作为产业重大关键共性技术遴选的关键数据。其中，产业技术创新数据为根本，科学文献数据和专家知识作为支撑。最后，综合比对、研读、分析四方面的数据，科学、精准地绘制山东省产业创新发展的技术路线图。

综上所述，山东省正处在实施创新驱动发展战略，率先建成创新型省份的攻坚阶段，迫切需要从以下两个方面同时发力：①通过开展产业技术预见研究，明晰山东省应该重点围绕哪些产业技术领域和方向突破发展、精准发力，同时标识出该产业领域的专家和研究单位等力量的布局，绘制山东省新兴产业技术的知识图谱；②构建产业创新评估体系，开展以创新骨干企业为基点的产业技术创新评估研究，发现、辨识和确定制约山东省行业产业发展的需要重点突破的重大关键共性技术，理清山东省产业创新发展的布局重点，动态挖掘山东省产业技术创新的优势所在，绘制山东省重点产业技术的创新图谱。最后，结合专家咨询与舆情跟踪辅助支撑，基于面向未来的技术供给（产业知识图谱）和面向现在的创新需求（产业创新图谱），提出适合山东省产业创新发展的技术路线图，并进一步提出山东省创新驱动发展的战略路径与对策，抢占未来创新发展的制高点。

三、对策建议

（一）设立山东省产业重大关键共性技术研究重大专项

即通过省重大研究专项支持建立山东省产业重大关键共性技术遴选平

台。产业重大关键共性技术具有基础性、关联性、系统性、开放性等特点，是能够在多个行业或领域广泛应用，并对产业发展产生重大影响的技术。产业重大关键共性技术遴选也是一个复杂的系统工程，难度非常大、周期长、不确定性高、技术变迁快，因此需要全面统筹、总体谋划。建议依托第三方独立机构或相对独立的专业科研机构搭建该平台，长期开展基于科技文献大数据和互联网舆情大数据的技术预见研究工作。最后，产业创新瞬息万变，市场需求变化非常快、技术更新速度不可同日而语，因此非常有必要建立研究重大专项，持续支持开展长期的、固定的跟踪研究。

（二）建立山东省产业重大关键共性技术创新项目成果数据库

打造科技项目成果数据的云平台，将山东省财政科技计划项目的成果统筹整合，形成面向公众开放的科技项目成果大数据平台。例如，将山东省组织实施的重点研发计划、重大专项、国际合作专项、科技成果转化重大专项和山东省重大技术改造项目、高技术产业化项目、技术创新项目以及两化融合专项等各类财政支持项目的成果数据进行集成、整合，构建山东省产业重大关键共性技术创新项目成果数据库，为产业重大关键共性技术的遴选提供基础数据支撑。

（三）形成"综合组 + 若干专业组 + 国内大专家"的开放研究新模式

产业重大关键共性技术的遴选是一个涉及全省科技战略规划、科技资源配置和科技计划改革等各个方面的系统工程。概括来讲：一是需要综合性强的专业战略政策研究机构牵头，统筹布局、协调推进；二是需要各个行业研究机构作为专业力量参加；三是需要政府科技主管部门指导，为全省财政科技支持计划成果数据提供支持，并为全局把握、总体研判提供指导性建议。因此，建议采取大联合团队的方式，集聚全省科技创新研究机构和产业研究单位力量，形成"综合组 + 若干专业组 + 国内大专家"的开放研究新模式。

第二节 新能源的定义及划分

一、新能源的定义

根据《现代汉语词典（第 7 版）》的解释，新能源是指在煤、石油、天然气等传统能源之外新开发利用的能源，也叫"非常规能源"。新能源是相对于长期广泛使用、技术上较为成熟的常规能源而言的；是以新技术为基础，系统开发利用的能源，即人类新近开发利用的能源，包括太阳能、潮汐能、波浪能、海流能、风能、地热能、生物质能、氢能、核聚变能等；是一种已经开发但尚未大规模使用，或正在研究试验，尚需进一步开发的能源。

新能源的提出和应用一般可以追溯到 1981 年 8 月在肯尼亚首都内罗毕召开的"联合国新能源及可再生能源会议"。这次会议通过了促进新能源和可再生能源发展与利用的《促进新能源和可再生能源的发展与利用的内罗毕行动纲领》（*Nairobi Programme of Action for the Development and Utilization of NRSE*），并且将新能源和可再生能源定义为："以新技术和新材料为基础，使传统的可再生能源得到现代化的开发与利用，用取之不尽、周而复始的可再生能源，来不断取代资源有限、对环境有污染的化石能源。"其中，"新能源"和"可再生能源"作为两个和而不同的表述，在英文中一般习惯称为 renewable energy，在中国我们更多地称之为"新能源"。

但是，新能源和可再生能源其实是有所不同的。可再生能源是指"从持续不断地补充自然过程中得到的能量来源"。可再生能源泛指多种取之不竭的能源，严谨地说，是人类有生之年都不会耗尽的能源。可再生能源不包含现时有限的能源，如化石燃烧和核能。所以，严格说来，新能源包括各种可再生能源和核能。核能在许多国家已经规模化利用，属于常规能源范畴，但根据中国国家能源局发布的《国家能源科技"十二五"规划》，对于有关新能源技术领域的描述和界定中可以看出，中国仍将核能划归为新能源范畴内。

在不同的历史时期和科技水平下，我国对于新能源的定义有着不同的内涵。1995 年，国家计划委员会、国家科学技术委员会、国家经济贸易委员会在《新能源和可再生能源发展纲要（1996—2010）》中提出：风能、生物质能、水能和海洋能属于新能源和可再生能源。1997 年，国家计划委员会又在《新能源基本建设项目管理的暂行规定》中，将新能源的范围界定为：生物质能、风能、太阳能和海洋能等自然资源，可以通过各种方式改造或加工成为电力或清洁燃料。2009 年，国家能源局在编制新能源发展规划时，把新能源主要界定为"以新技术为基础，已经开发但还没有规模化应用的能源，或正在研究试验，尚需进一步开发的能源"，主要包括风能、太阳能、生物质能等。

根据中国现有的状况，新能源应该包括太阳能（太阳能集热、光伏发电、太阳能热发电）、风能、地热能、生物质能、海洋能、水能、核能等。其中，生物质能还包括多种形式的能源：生物质发电（生活垃圾发电、农林残留物发电）、生物燃料（生物质乙醇、生物质柴油）、沼气、秸秆致密等。

二、新能源的划分

结合国内关于新能源的一般提法，本书将新能源划分为太阳能、风能、地热能、生物质能、海洋能、水能、核能七种能源形式。理论上讲，所有形式的能源都是直接或者间接地来自太阳或地球内部所产生的热能，但在能源的表现形式、开采方式、环境特征等各个方面却有显著的区别。

太阳能是来自太阳的辐射光和热量，是一种辐射能，具有即时性，必须即时转换成其他形式的能量才能被利用和储存。人们通过一系列不断发展的技术（如太阳能加热、光伏发电、太阳能热能交换、太阳能建筑一体化等技术）对太阳能加以利用。太阳能的优点是资源丰富、可免费使用、无须运输、无污染。太阳能的缺点是能量密度低、强度受各种因素（季节、地点、气候等）的影响不能维持常量。

风能是空气相对于地面做水平运动时所产生的动能，其大小取决于风速和空气密度，是太阳能的一种转化形式。风能的优点是蕴藏丰富、可再生、广泛分布、无污染。风能的缺点与太阳能的缺点类似，即密度低、不稳定、地区差异大。

　　地热能是地球上产生和储存的热能。地壳的地热能量来自地球的原始形成和物质的放射性衰变。地热梯度是地球核心和地球表面温度的差异，它推动了热能从地核到地表的热量的连续传导。目前，对地热能的利用主要是在采暖、发电、育种、温室栽培和洗浴等方面。

　　生物质能是太阳能以化学能形式蕴藏在生物质中的一种能量形式，它直接或间接地来源于植物的光合作用，是以生物质为载体的能源。生物质是任何以化学能形式储存太阳能的有机物质。作为一种燃料，它可能包括木材、木材废料、稻草、肥料、甘蔗以及许多其他农业生产过程的副产品。

　　海洋能通常是指一种蕴藏在海水中，并通过海水自身呈现可再生的清洁能源。它既不同于海底或海底下储存的煤、石油、天然气、热液矿床等海底能源资源，也不同于溶存于海水中的铀、氘、氚等化学能资源。狭义上，它是波浪能、潮汐能、海水温差能、海（潮）流能和盐度差能的统称。海洋能是在太阳能辐射加热海水、天体与地球相对运动中对海水的万有引力、地球自转力等因素的影响下产生的。

　　水能通常是指河川径流相对于某一基准面具有的动能和势能。目前水能主要用于水力发电和水泵农业灌溉。水力发电是利用河川、湖泊等位于高处具有位能的水流至低处，利用流水落差来转动水涡轮将其中所含的位能和动能转换成水轮机的机械能，再由水轮机为原动机，带动发电机把机械能转换为电能的发电方式。

　　核能，或称原子能，是通过质量转化而从原子核中释放的能量。核能通过三种核反应之一释放能量：核裂变（打开原子核的结合力）、核聚变（原子的粒子熔合）、核衰变（自然缓慢的核裂变）。人们在核能利用领域对核能最重要的利用是核能发电。

第三节　现代新能源技术的发展

一、世界新能源技术的发展现状

根据 21 世纪可再生能源政策网络（Renewable Energy Policy Network for the 21ˢᵗ Century, REN21）发布的《全球可再生能源现状报告》，2015 年和 2016 年，可再生能源占全球能源总消费量的 19.20%。在 2015 年，世界范围内一半以上的新增的电力都是来自可再生能源，新能源产生的电力已经占电力总供给的 24.50%。在 2015 年，世界范围内新能源科技的投资超过了2860 亿美元，其中以中国和美国的投入最多，主要投入风能、水能、太阳能和生物质能等领域。从世界范围内来看，新能源产业共提供了超过 770 万个工作岗位，其中太阳光电提供的岗位数量最多。

新能源技术的清洁高效，有效地减缓了全球气候变化，并且提升了能源产业的经济效益。大多数科学家认为，温室气体排放是气候异常的主要原因，气候异常使得发展新能源技术的需求越来越迫切。至少有 30 个国家的新能源供给量超过其国家总能源供给量的 20%，其中冰岛和挪威的电力供给已经全部来自新能源，丹麦等国家也计划在 2050 年前实现这一目标。可以想见，在未来的十几年，新能源的市场会持续、快速地增加。

新能源技术并不只是发达地区的专属，它同样适合于欠发达地区，在这些地方，新能源技术可能更关键。联合国前秘书长潘基文曾说过，新能源技术的应用可以让全世界最穷的国家提升到更繁荣的水平上。由于新能源具有高效性等特点，所以其在使用过程中浪费很少，能源的需求总量也会大量减少。新能源产生电能，而电力既可以转化为热能，也可以转化为高效且干净无污染的机械能，为生产、生活提供方便。

（一）风能

2015 年，全球新增风力发电为 6301 万千瓦，占到全球电力需求量的近 4%。风能是欧洲、美国和加拿大主要的新增能源，也是中国新增能源的第二大来源。风能满足了丹麦超过 40% 的电力需求，也承担了爱尔兰、葡萄牙和西班牙等国近 20% 的电力需求。

风能是利用气流来运行风力涡轮机。一台风力涡轮机的额定功率范围从 0.60 兆瓦至 5 兆瓦不等，商用的风力涡轮机的额定功率范围主要是在 1.50 兆瓦至 3 兆瓦。风能的功率与风速的立方成正比，风力强、恒定的区域，如近海岸和高海拔地区，是风力发电厂优选的地区。近海风速平均比陆地风速高约 90%，2015 年，一台离岸风力发电机的最大发电机容量达到 7.50 兆瓦。通常而言，一个风力发电厂每年的满负荷小时数为 16%～57%，在风能储备特别丰沛的近海地点可能更高。如果不考虑风能使用中需要克服的实际障碍，全球可以使用的风能是当前全球能源生产总量的 5 倍，是当前电力需求的 40 倍。

（二）海洋能

2015 年，水力发电占世界总发电量的 16.60%，占世界可再生能源的 70%。由于水的密度比空气高 800 倍，因此与风能相比，即使是缓慢流动的水流或适度的海水膨胀，也能产生巨大的能量。历史上，水力发电来自建造大型水电大坝和水库，这些水库在第三世界国家仍然很受欢迎。现在世界上有三座发电量大于 10 吉瓦的水电站：我国的三峡水电站、巴西和巴拉圭边界的伊泰普水电站和委内瑞拉的古里水电站。此外，还有一种不需要建造水库的河流水电站，其从河流中获取动能。这种发电方式仍然可以产生大量的电力，比如美国哥伦比亚河上的契夫约瑟夫水电站。

全球 150 多个国家和地区都有水力发电厂。对于可再生能源发电量最大的国家来说，前 50 位的国家和地区主要是依靠水力发电。我国是全球最大的水力发电国家，截至 2018 年底，我国水电总装机容量约 3.50 亿千瓦，年发电量约 1.20 万亿千瓦时，双双继续稳居世界第一，水力发电占全国发电量的 16% 左右。

未来最具潜力的水电可能来自海洋能，包括波浪能和潮汐能。波浪能是海洋能的一种具体形态，也是海洋能中最主要的能源之一。海洋中的波浪主要是风浪，而风的能量又来自太阳，所以说波浪能是一种很好的可再生能源。潮汐能是另一种可再生能源，是海水周期性涨落运动中所具有的能量，其水位差表现为势能，其潮流的速度表现为动能，都可以加以利用。还有一种海洋热能，转换冷却器的发电原理是利用较凉的深层水和较暖的地表水之间的温差，目前没有经济可行性。

然而，这些海洋能目前都还没有在商业上广泛应用。世界上大规模利用海洋能开始于 1968 年法国建立的朗斯潮汐电站，此电站装有 24 台功率相同的机组，总装机容量 24 万千瓦。加拿大芬地湾潮汐电站装机 462 万千瓦，单机和总容量最大。日本 1250 千瓦容量的波浪能发电装置和美国的 50 千瓦温差发电装置都已通过实验。目前国际海洋能的开发正朝着深层次、大型化和商品化方向发展。

（三）太阳能

太阳能来自太阳的辐射光和热，这是一个发展迅速的新能源技术，包括太阳能加热、光伏发电、浓缩太阳能、聚光光伏、太阳能建筑和人工光合作用等。狭义的太阳能主要指的是使用太阳能集热器和太阳能发电机，将阳光转换成电能，直接用于光伏发电系统，或间接用于集中式太阳能发电系统。

光伏发电系统利用光电效应将光转换为电直流。太阳能光伏发电已发展成为一个价值数十亿美元的产业，应进一步提高其成本效益，并深入挖掘可再生能源利用价值，最大限度地发挥光伏发电技术的潜力。集中式太阳能发电系统使用透镜或镜子和跟踪系统将大面积的太阳光聚焦成小光束。商用的集中式太阳能发电厂最早是在 20 世纪 80 年代发展起来的，在所有太阳能技术中，太阳能斯特林发动机的效率最高，这种发动机是由伦敦的牧师罗伯特·斯特林（Robert Stirling）于 1816 年发明的。

近年来，太阳能发电发展迅速。截至 2016 年，太阳能发电已经占到全球总发电量的 1.30%。意大利是世界上最倚重于太阳能发电的国家，太阳能发电所占的比例最大，满足了意大利 7.80% 的电力需求。在太阳存在的漫长时期内，取之不尽、用之不竭的太阳能将带来巨大的长期效益。它将通过依赖本土的取之不尽、用之不竭的独立资源来提高国家的能源安全，增强可持续性、减少污染、降低气候变化的成本。这些优势是全球性的，应该尽早部署，广泛共享。

（四）生物质能

生物质是指通过光合作用形成的有机体，通常指植物或植物来源的物质，即木质纤维素生物质。与煤炭和化石能源不同，生物质指的是刚刚死亡的生物材料。木材是当今最主要的生物质能来源，还包括一些秸秆、森林残余物，以及木制的城市固体垃圾。生物质可直接通过燃烧产生热量，或间接转化为各种形式的生物燃料。

生物质转化为生物燃料的方式有很多。例如，腐烂的垃圾和人类排泄物可以释放甲烷气体，也被称为沼气；农作物（玉米和甘蔗等）可以发酵转化成燃料乙醇和生物柴油。发电所用的生物质因地而异，如森林副产品（木材残留物等）在美国很常见；农业废弃物在毛里求斯（甘蔗渣）和南太平洋（稻壳）比较多见；畜牧业残留物（如家禽粪便）在英国最常见。随着先进技术的发展，藻类来源的生物质是未来可选的一种生物质类型。事实上，藻类的蕴含量是其他类型的陆基农作物的5～10倍。因此，利用藻类发酵来生产生物燃料具有广阔的发展前景。

目前，生物质液化和纤维素乙醇已经成为生物质能研究的热点。在2010年，生物燃料提供了世界上2.7%的运输燃料。在美国和巴西，燃料乙醇既可以单独用作运输燃料，也可以用作汽油添加剂，以增加辛烷值并改善车辆排放。而生物柴油是欧洲最常见的生物燃料，常用作柴油添加剂，以减少柴油动力车辆中的微粒、一氧化碳和碳氢化合物的含量。然而，根据欧洲环境署的说法，生产生物燃料的能源成本几乎等于生物燃料产生的能量，因此，生物燃料并不能解决全球变暖的问题。

二、我国新能源技术的发展现状

作为全球最大的能源消费国，我国一直是全球能源结构优化进程中最重要的推动因子，引领着全球可再生能源加速发展。根据国际能源巨头英国石油公司发布的《BP世界能源统计年鉴》，2016年中国可再生能源发电量（不包括水电）超过美国，成为全球最大的可再生能源生产国。

长期以来，虽然我国拥有全球最大的水电站、太阳能和风能装机容量，但由于能源需求非常大，以至于2015年可再生能源仅能提供24%以上的发电量，其余大部分来自火力发电。不过，可再生能源在能源结构中的份额逐渐上升。2016年我国贡献了全球可再生能源增量的40%，超过经济合作与发展组织总增量。我国的可再生能源主要来自水力发电和风力发电，其增长速度超过化石燃料和核电能力。

近年来，随着世界各国对环境问题的重视，可再生能源作为一种清洁能源越来越受到我国政府的重视。国务院于2013年9月发布的《大气污染防治行动计划》说明政府希望增加可再生能源在中国能源结构中的份额。此外，可再生能源还与能源安全息息相关。由于我国的石油、煤炭和天然气等物资供应有限，大量需要依赖于国外进口，因此容易受到地缘政治紧张局势的影响。而可再生能源，可以在任何有足够的水能、风能和太阳能的地方进行生产和推广。随着我国大力开展技术创新和可再生能源制造业的发展，可再生能源技术的成本正大幅下降，市场份额也将进一步扩大。

（一）太阳能

2015年，我国一跃成为世界上最大的光伏发电生产国，总装机容量达43吉瓦，占全球份额的63%。从2005年到2014年，中国太阳能电池的产量增加了100倍，这主要得益于2009年我国政府开始实施的金太阳激励计划，即通过直接补贴的方式来激励光伏发电产业的发展。这一计划成为我国太阳能行业技术发展的里程碑。

（二）风能

我国是世界上风力资源最丰富的国家，其中 3/4 的风力资源来源于海上。我国的目标是到 2020 年风电装机容量达到 210 吉瓦。我国鼓励外国公司，尤其是来自美国的公司参观和投资我国的风力发电。从 2010 年开始，我国已经超越丹麦、德国、西班牙和美国，成为全球最大的风机制造商。然而，目前我国风能利用的增长速度落后于国内风电装机容量的增长速度。

（三）生物质能

我国生物质能资源丰富，具有巨大的发展潜力，已呈现出规模化发展的良好势头。目前，我国可利用生物质资源转换为能源的潜力约为 5 亿吨标准煤。随着造林面积的扩大和经济社会的发展，我国生物质资源转换为能源的潜力可达到 10 亿吨标准煤，占我国能源消耗总量的 28%。目前，我国生物质能技术研发水平总体上与国际处于同一水平，尤其在生物质气化及燃烧利用技术、生物质发电、垃圾发电等方面居领先水平，但是存在生物质能产业结构不均衡、生物质成型燃料缺乏核心技术、燃料乙醇关键技术有待突破等问题。

（四）海洋能

我国海洋能开发已有近 40 年的历史，迄今建成的潮汐电站有 8 座。20 世纪 80 年代以来，浙江、福建等地对若干个大中型潮汐电站进行了考察、勘测和规划设计、可行性研究等大量的前期准备工作。总之，我国的海洋发电技术已有较好的基础和丰富的经验，小型潮汐发电技术基本成熟，已具备开发中型潮汐电站的技术条件。但是现有潮汐电站整体规模和单位容量还很小，单位千瓦造价高于常规水电站，水工建筑物的施工还比较落后，水轮发电机组尚未定型标准化。这些均是我国潮汐能开发现存的问题。其中关键问题是中型潮汐电站水轮发电机组技术问题没有完全解决，电站造价亟待降低。

近年来，国家对海洋能逐渐重视起来，国务院及相关部门在制定一系列的法律法规和规划中均提出要支持海洋能的发展，同时中央财政讨论通过的专项和科技计划增加了对海洋能领域的支持力度。2010 年 5 月，财政部和国家海洋局联合设立了海洋可再生能源专项资金，支持建立海洋能相关的 5 个项目，包括海岛独立电力系统示范、海洋能并网电力系统示范、海洋能关键技术产业化示范、海洋能综合开发利用技术研究与实验、海洋能开发利用标准及支撑服务体系建设。

三、山东省新能源技术的发展现状

（一）资源概况

山东省位于中国东部沿海、黄河下游，全省未利用地面积占陆域面积的10.40%，黄河三角洲地区未利用地资源丰富；海洋资源得天独厚，海域面积占全国的 1/6。山东省的风能、太阳能、生物质能、地热能、海洋能等可再生能源资源均较为丰富；已建成核电站两座，核能发展优势明显。同时，山东省气候温和，雨量相对集中，自然灾害少发，地质稳定，电网建设较完善，电网接入和市场消纳条件较好，具备大规模开发利用新能源和可再生能源的基本条件。

1. 风能

风能是一种清洁且廉价的永续能源，山东省沿海陆域、内陆地区和海上风能资源均十分丰富，地质条件稳定，气候适宜，风电开发建设条件优良，适宜风电规模化发展。

2. 太阳能资源

山东省太阳能资源较为丰富，全省半岛大部、鲁西北大部、鲁中部分地区太阳能资源较好，属于太阳能资源较丰富地区；鲁西南、鲁东南大部、鲁西北局部地区太阳能资源相对较少一些，属于资源可利用区域。

3. 生物质能资源

山东省农业历史悠久，耕地率属全国最高省份，生物质能资源量大面广。全省拥有折合千万吨级标准煤的生物质能资源可供能源化利用。

4. 地热能

山东省各市均有地热资源赋存，分布广、资源丰富、开发利用条件较好，蕴含浅层地热能折合标准煤，相当于山东省煤炭地质储量的40%、年产煤总量的87倍。其中鲁西北地区地热资源尤为丰沛。

5. 海洋能

海洋资源得天独厚，主要包括潮汐能、波浪能及潮流能等。沿海潮汐能可装机容量约为12万千瓦，年发电量可达3.75亿千瓦时，拥有全国沿岸著名的大浪区，近海潮流能资源丰富。

6. 水能

山东省淡水资源总量不足；人均、亩均占有量少；水资源地区分布不均匀；年际年内变化剧烈；地表水和地下水联系密切，开发利用难度较大。可依靠山丘的天然高差建设抽水蓄能电站。

7. 核能

山东省核电厂址资源较丰富。截至2019年，东部沿海地区拥有2座在建核电厂——海阳核电站和石岛湾核电站，海阳核电站已经试运行，石岛湾核电站预计于2020年投料试运行。

（二）发展现状

"十二五"时期以来，在《可再生能源法》及系列政策措施推动下，山东省全面落实国家各项工作部署，积极研究配套支持政策，大力优化发展环境，继续把风能、太阳能、生物质能、地热能等作为重点领域，新能源和可再生能源发展步入全面、快速、规模化发展阶段。2015年，全省新能源和可再生能源占能源消费总量比重约为3%，特别是新能源和可再生能源发电快速发展。"十二五"期间，全省新增新能源和可再生能源发电装机837万千瓦，累计达到1115.10万千瓦，占全省电力总装机的比重达到11.50%，比"十一五"末提高7.10个百分点。

1. 风能

风能发电呈现规模化发展特征，成为山东省发展最快的新兴可再生能源。截至 2015 年底，全省风电累计并网装机容量达到 721.50 万千瓦，占电力总装机的比重为 7.40%，比"十一五"末提高 5.20 个百分点。2015 年，风电全年完成发电量 121.40 亿千瓦时，比上年增长 20%。风电技术水平不断提高，主力机型已从千瓦级发展到兆瓦级，单机 1.50 兆瓦及以上的装机占全省风电总装机的 90% 以上。

2. 太阳能

太阳能光伏发电应用从无到有、从小到大，充分利用荒山荒地、滩涂水面、建筑物屋顶等，已呈现多元化、规模化发展态势。太阳能光热应用实现了以居民为主向工、商、民并重转变，涵盖居民住宅、工业企业、宾馆、商务楼宇、学校等多个领域。截至 2015 年底，全省光伏发电并网装机容量累计达到 132.70 万千瓦，是"十一五"末的 47 倍，其中光伏电站 88.50 万千瓦、分布式光伏发电 44.20 万千瓦；太阳能光热产品集热面积保有量超过 1 亿平方米，占全国的 1/4 左右。

3. 生物质能

农作物秸秆、生活垃圾、畜禽粪便等各类生物质能资源呈现因地制宜、多元化利用态势。生物质能发电走在全国前列，发电技术达到国际先进水平；沼气、成型燃料等生物质能综合利用成效显著；山东龙力生物科技股份有限公司成为山东省首家、全国第 5 家拥有燃料乙醇定点生产资格的企业；以秸秆、玉米芯等为原料的功能糖产业居世界前列。寿光市、威海市文登区等 7 个国家首批绿色能源示范县（市）建设稳步推进，农村能源生产、消费、运营、管理、服务体系逐步完善。截至 2015 年底，全省各类生物质能发电装机达到 153.20 万千瓦，居全国首位；全年完成发电量 76.90 亿千瓦时，比上年增长 47%；全省农村沼气用户 263 万户，大中型、小型沼气工程年产沼气约 10 亿立方米；生物质固体成型燃料年利用量约 50 万吨；车用乙醇汽油年试点推广量约 120 万吨。

4. 地热能

地热能开发利用快速增长，应用类型和范围不断拓展。浅层地热能在建筑领域的开发利用快速发展，水热型地热能在供暖、洗浴（疗养）、养殖及种植等领域推广应用。截至 2015 年底，全省浅层地热能供暖（制冷）面积约 3000 万平方米，水热型地热能供暖面积约 2700 万平方米。地热能装备制造业快速发展，省内具有一定规模的地源热泵生产企业有 50 余家，地源热泵系统集成企业有 300 余家，地源热泵行业有效专利多达 500 个，具有良好的产业、技术支撑。

5. 水能

2015 年底，全省已投运抽水蓄能及小水电装机容量 107.70 万千瓦。其中，抽水蓄能电站 1 座，为泰安抽水蓄能电站，装机容量 100 万千瓦；小水电装机容量 7.70 万千瓦，主要分布在沂河、沭河、泗河、大汶河、潍河以及滨海水系的干支流上。《山东省抽水蓄能电站选点规划报告》已获国家批复，确定文登（180 万千瓦）、泰安二期（180 万千瓦）、沂蒙（120 万千瓦）、莱芜（100 万千瓦）、海阳（100 万千瓦）、潍坊（100 万千瓦）6 个站点作为山东省 2020 年新建抽水蓄能电站推荐站点，其中，文登、沂蒙项目均已开工建设。

6. 海洋能

山东省海洋能开发利用起步较早，潮汐能、波浪能、潮流能等技术研发和小型示范有序开展。"成山头海域建设波浪能、潮流能海上试验与测试场的论证及工程设计"被国家海洋局纳入 2011 年度重点基金项目；荣成 4×300 千瓦大型海流能发电项目被财政部和国家海洋局确定为海洋能示范项目；荣成市被选定为国家波浪能、潮汐能海上试验场；国内首台 100 千瓦潮流能发电装置于 2013 年 9 月在青岛市斋堂岛海域正式安装成功。但由于海洋能开发利用经济性依然较差，大型、关键装备研发制造能力不足，产业化发展进程依然较慢。

7. 核能

海阳、荣成 2 个核电基地已纳入《国家核电中长期发展规划（2011—

2020 年)》。目前,海阳核电一期工程 1、2 号机组投入商运,实现山东省核电在运装机"零突破";荣成石岛湾高温气冷堆示范项目土建基本完成,安装调试工作全面展开。海阳核电二期工程和荣成石岛湾大型先进压水堆 CAP1400 示范工程已经获国家批准开展前期工作,装机规模 530 万千瓦。

(三)主要特点和存在的问题

1. 主要特点

综合分析山东省新能源和可再生能源开发利用现状,其主要有以下几个特点。

(1)资源类型多且分布范围广。山东省水能、风能、太阳能、生物质能、地热能、海洋能等可再生能源资源均有赋存,各地依托当地资源发展了各具特色的开发利用项目。目前,全省各市均有风能、太阳能、生物质能、地热能开发利用项目,寿光市、威海市文登区、诸城市、荣成市、禹城、单县、临朐等 7 个国家绿色能源示范县(市)建设积极推进,德州市、泰安市、东营市、济南市长清区、青岛市即墨区、青岛市中德生态园等 6 个国家新能源示范城市(园区)创建工作积极推进。

(2)发展起步早且成就显著。可再生能源开发利用起步较早。1986 年荣成市建成了全国第一个风电场;2006 年菏泽市单县建成全国第一个农林生物质发电项目;山东省太阳能热利用规模一直居全国首位,遥遥领先其他省份。"十二五"时期以来,在国家和省各项政策措施支持下,山东省可再生能源开发利用快速推进,风电、光伏发电、生物质发电装机年均分别增长 39%、134%、38%,发电量年均分别增长 35%、150%、39%,生物质发电装机居全国首位,风电、光伏发电装机居全国前列。

(3)资源禀赋不均衡但同比开发利用水平高。由于水能资源匮乏,海洋能项目大多处于试验阶段,核电项目尚在建设,因此山东省新能源和可再生能源开发利用重点集中在风能、太阳能、生物质能、地热能等领域。若扣除水电、核电,与全国同口径数据相比,2015 年,山东省新能源和可再生能源等非化石能源消费占比为 3%,与全国平均水平基本相当。

2. 存在的问题

山东省新能源和可再生能源发展主要存在以下问题。

（1）技术和经济性仍是制约新能源发展的关键因素。近年来，新能源和可再生能源技术快速进步，经济性显著改善，但与传统化石能源相比，开发利用成本依然较高。风电、光伏发电、生物质发电成本均为燃煤火力发电成本的 2 倍左右，同时，度电补贴强度较高，国家补贴资金缺口较大，受政策调整的影响较大。在当前技术水平和市场条件下，新能源和可再生能源若要实现更大范围和规模的推广应用，迫切需要提高开发利用的技术水平和经济性。

（2）新能源发展的产业体系有待进一步完善。"十二五"时期以来，山东省新能源和可再生能源开发利用呈现跨越式发展，发电装机年均增长 32%。但与此相对应，除个别领域外，山东省可再生能源开发利用关键技术与国内外先进水平还有一定差距。例如，核心竞争力不强；除太阳能热利用外，装备制造龙头企业较少，产业集聚效应不够显著；标准体系、检测认证、人才培养等相关产业体系建设还有待提高；适应可再生能源发展的管理体系、市场机制也有待进一步完善。

第四节　科学计量与可视化分析方法

本书主要采用文献计量学和专利计量学的研究方法，通过分析 2011～2015 年山东省新能源技术领域的论文产出和专利产出，统计得到其主要高产机构和高产作者，识别其当前研究热点和研究前沿。

一、文献计量分析

文献计量分析是利用数学统计和可视化的方法，研究文献中各要素的分布结构、增长规律及关联特征的一门定量学科。文献计量学的计量对象主要是期刊或会议论文等；文献计量要素主要是文献中的结构化和非结构化信息，如标题、作者、机构、关键词、引文等；文献计量方法除了采取数学、统计学和可视化的方法之外，还常常借助信息检索、特征抽取、文本分析、机器学习等计算机技术。

（一）文献计量数据来源

文献数据库是文献计量分析中不可或缺的数据来源。按照收录论文的国别，文献数据库可以分为国际论文数据库和国内论文数据库。常用的国际论文数据库包括 Web of Science、Scopus、EI、PubMed 等；国内论文数据库包括中国知网（CNKI）、万方、维普、中国科学引文数据库（CSCD）等。为展现山东省新能源技术领域在国际和国内的论文产出情况，本书选取 Web of Science 数据库作为数据来源进行分析。

Web of Science 数据库是全球出现最早、用户最多，也是最受人们认可的综合性引文索引数据库之一。常用的科学引文索引（SCI）、社会科学引文索引（SSCI）和艺术与人文科学引文索引（A&HCI）及会议论文索引（CPCI）等，都出自 Web of Science 的旗下。Web of Science 数据库共收录了国际权威期刊 10 000 余种，覆盖了各个学科领域。Web of Science 数据库是国内高校和科研机构在统计科学论文产出时最为常用的国际论文检测平台之一。例如，科技部及其下属的中国科学技术信息研究所，每年会对我国与其他各国在 Web of Science 数据库上的发文量和被引量进行统计和比较，并将结果作为衡量我国科研水平和实力的重要评价指标。

本书在 Web of Science 的 SCI 子数据库中，检索研究主题为各种新能源技术、产出机构来自山东省的研究论文，并将检索结果作为文献计量分析的数据基础。

（二）文献计量分析方法

本书采用的文献计量分析方法，主要包括统计计量分析和可视化方法两种。其中，统计计量分析主要展现文献的分布和趋势特征，而可视化方法则主要展现文献中所蕴含的结构和模式特征。

1. 统计计量分析

对文献的统计分析，主要采用数学、统计学等计量方法，用来研究文献情报的时空分布、数量关系、变化模式和定量规律，甚至一个领域的主要研究方向、热点和前沿。本书采用的统计分析主要包括如下几个方面。

（1）机构分析和作者分析。利用机构分析方法，可以识别一个学科领域或其子领域的高产机构、高被引机构等，找到该机构的主要研究方向、研究成果和研究优势，找出未来发展的竞争对手或合作伙伴。利用作者分析方法，可以识别出一个学科领域及其子领域的高产作者，分析这些科研人员的主要学术贡献和学术影响，进而更好地进行技术预警和定向监测。

（2）学科分析和词频分析。学科分析和词频分析，分别是从宏观层面和微观层面对文献中的研究主题进行统计分析。由于很多研究领域都同时属于多个领域，因此通过学科分析，可以找出与该领域相关的主要学科。利用词频分析方法，可以揭示一个学科领域的微观研究方向，找出研究中出现的新兴主题和热点主题。

（3）引文分析和影响力评价。科学论文的影响力通常用它的被引频次来进行测度。通过引文分析的方法，可以对论文或论文作者的被引频次进行统计，并从中找出影响力最大的论文、论文作者或机构。此外，一篇论文的被引频次的高低，也代表了该论文是否处于该领域的研究热点和前沿位置，是否具有广阔的研究前景。

2. 可视化方法

利用文献可视化方法，可以挖掘某个学科领域的热点分布和结构关系，并以生动形象的科学知识图谱进行展示。常用的文献可视化工具有CiteSpace、VOSviewer、BibExcel、Pajek、UCINET 等。本书借助莱顿大学开发的 VOSviewer 可视化工具，直观地显示出某科学知识领域的信息全景，识别出该科学领域中的关键文献、热点研究和前沿方向，生动地揭示出该科学知识领域的知识宏观结构及其发展脉络。

（1）机构或作者合作网络图谱。通过绘制机构或作者合作网络图谱，可以清晰地展现某个学科领域的主要科研机构和科学家，以及这些机构和学者之间的合作关系和合作强度，找出具有集群效应的高产区域和集合体。此外，通过合作网络，还可以识别出处于合作网络中心的科研机构和科学家个人。这些机构或学者处在合作网络的交叉点上，因此是连接整个科学共同体的关键节点。

（2）学科共现或共词网络图谱。在文献数据库中，一篇文献常常被同时归为多个不同的学科。因此，可以通过学科的共现关系，识别出一个研究领域所属的主要学科及其之间的关系。共词网络的构建也是一样，通过关键词的共现网络，结合聚类分析和特征词抽取技术，可以找出该研究领域的研究主题分布和规模，并演示出时间维度下各研究主题的结构变化。

（3）共被引网络或文献耦合网络图谱。利用共被引分析，可以建立被引论文之间的联系，发现经常被一起引用的文献集合，通过计算文献之间的共被引强度，识别出文献中潜在的关联。文献耦合网络是共被引网络的反面，其基于施引论文在引文上的相似性来构建它们之间的联系。文献耦合分析常用来展现文献的前沿和交叉领域。

3. 研究思路

本书主要通过统计计量分析和可视化分析的方法，对国际和国内新能源技术领域的论文数据进行解读。首先，在整理新能源技术定义和分类上建立文献研究分析的方法和数据获取的方式，构建山东省新能源技术领域、生物技术领域与技术分析的内容和标准。以 SCI 数据库为数据源，建立检索策略获取山东省新能源技术分析的研究对象。其次，通过对文献数据的发文量、产出机构、学科分类、研究主题和高被引文献的统计分析，掌握山东省新能源技术领域发展的总体现状，突出山东省新能源技术领域中的优势与强势学科，以及研究分布情况和主要的研究优势领域。再次，对山东省新能源技术研究的主题领域进行进一步的分析研究，获得山东省新能源技术领域主题的知识图谱。通过知识图谱对新能源技术重要的研究领域进行划分，以更直观、及时、全面地掌握该领域研究的主题领域信息。最后，通过统计分析与知识图谱相结合的方法发掘出山东省新能源技术领域中的优势领域与强势领域，从而通过文献数据预见山东省新能源技术领域未来的发展趋势。

二、专利计量分析

与文献计量分析类似，专利计量是将数学和统计学的方法运用于专利研究中，以探索和挖掘其专利中的申请人、发明人、专利类别等计量对象的分布规律。通过对专利的计量分析，可以洞察技术或产业的发展状况，了解竞争对手的技术活动重点和实力，判断行业的竞争态势和趋势。如果说文献计量主要分析的是一个领域的科学成果，那么专利计量则是对该领域的技术成果的分析。

（一）专利计量数据来源

常用的专利数据库有德温特数据库、美国专利及商标局（United States Patent and Trademark Office，USPTO）、国家知识产权局、中国知识产权网（China Intellectual Property Net，CNIPR）、大为 INNOJOY 专利数据库、SooPAT 等。本书使用的是 CNIPR 专利数据库。

CNIPR 专利信息服务平台（http://search.cnipr.com/）是中国专利文献法定出版单位和国家知识产权局对外专利信息服务的统一出口单位，拥有权威、完整的中国专利文献数据库，另外还提供了包括美国、日本、英国、德国、法国、加拿大、欧洲专利局（EPO）、世界知识产权组织（World Intellectual Property Organization，WIPO）、瑞士等 98 个国家和组织的专利检索。通过吸收国内外先进专利检索系统的优点，CNIPR 提供了中外专利混合检索、IPC 分类导航检索、中国专利法律状态检索、运营信息检索等。检索方式除了表格检索、逻辑检索外，还提供二次检索、过滤检索、同义词检索等辅助检索手段。此外，还内置了机器翻译功能、分析和预警功能与个性化服务功能。借助 CNIPR 专利数据库，不仅可以对专利进行检索，还能分析整理出其所蕴含的统计信息或潜在知识，并以直观易懂的图或表等形式展现出来。

本书采用 CNIPR 专利信息服务平台作为山东省新能源技术专利检索工具，能够保证数据来源的权威性、准确性。在检索策略上，本书采用国内外通用的关于"新能源技术"专利的检索策略，对山东省新能源技术专利进行了检索。

（二）专利计量分析方法

专利计量学的研究对象主要是专利文本。专利文本主要包含以下信息：申请与授权、申请日期与授权日期、专利申请人与专利发明人、IPC 专业分类代码。在本书中，与文献计量分析类似，同样采用统计计量分析和可视化分析两种方法对山东省新能源技术专利情况进行分析。

1.统计计量分析

统计计量分析可分为对申请专利的计量分析和授权专利的计量分析。专利申请和专利授权分别代表着专利的未来潜力和既有基础。一般而言，专利权的获得，要由申请人向国家专利机关提出申请，经国家知识产权局依照法定程序审查批准后，才能取得专利权。其中，审批过程可能长达数年，因此专利申请和专利授权之间存在着一定的时滞性。

（1）申请专利分析。申请专利分析指用专利申请数据作为分析单元，通过统计专利申请量中出现的申请人的频次进行分析和判断。通过对2011～2015年新能源技术领域内山东省各专利申请人的专利数量进行组合对比分析，可反映出山东省专利申请的技术领域、发展水平、演变过程和发展趋势。

申请专利分析的主要计量要素包括申请人、发明人和 IPC 分类代码。一般情况下，专利发明人与专利申请人为同一人。但是，在职务发明中，申请人为发明人所在的单位。申请人在专利获得授权后就是专利权人，享有专利财产权，而发明人仅享有名誉权而不享有财产权。

IPC 分类代码是国际通用的专利文献分类方法。我国国家知识产权局对专利的分类就采用 IPC 分类体系。IPC 按五级分类，即部、大类、小类、大组、小组，部以下的分类会阶段性调整、增加，从而形成新的 IPC 版本。本书将对大类、小类和组一级的申请专利 IPC 分类进行统计分析。

（2）授权专利分析。授权专利分析是对获得授权的专利进行统计分析。申请专利和授权专利的不同在于，并不是每一个申请专利都能够获得授权，尤其是发明专利，其审查周期较长，审查过程特别严格。通俗地讲，授权专利就是几年前的申请专利，当然仅包括其中质量较好从而获得授权的专利。

授权专利分析也包括对申请人、发明人和 IPC 分类代码的分析。由于已经获得授权，这里的申请人其实是专利权人。对于专利权人和发明人的分析，可以探知当前的核心技术掌握在哪些科研机构、企业或高校手中。通过 IPC 分类代码分析，则可以知道哪些领域的专利布局最多，技术实力最强，在国内的占比最高。

2. 可视化方法

专利可视化分析，又称专利地图（Patent Map）分析，是由专利地图分析工具或可视化手段，将专利数据转化成图谱信息。这种方法已被广泛应用于竞争情报分析和知识产权战略制定中，可以为政府、科研院所或企业提供直观、及时、全面的专利信息，指导政府部门及高新技术企业与相关科研机构进行知识产权管理、专利战略布局与专利技术研发。

与统计分析相比，专利可视化作为专利分析的一种研究方法和表现形式，更生动也更直观，而且它可以对专利文献中蕴含的技术信息、经济信息、法律信息等进行深度挖掘与缜密剖析，展现出统计分析中不易察知的规律和特征。

本书主要借助由莱顿大学开发的 VOSviewer 工具，对专利的标题进行文本分析。通过抽取标题中的关键词并计算它们之间的共现关系，可以展现专利关键词所形成的聚类网络，并展示出这些专利的主要布局和特征。

3. 研究思路

本书通过 CNIPR 专利数据库，检索 2011～2015 年山东省新能源技术领域专利申请和授权量，通过 IPC 分类代码，确定山东省专利申请量和授权量主要集中的领域，从而确定山东省专利的强势领域和优势领域。

本书通过山东省生物领域在 CNIPR 专利数据库中申请和授权的专利数

量相关数据，对山东省新能源技术领域发展的总体概况及其在 IPC 分类中主要的研究领域进行分析。首先对山东省新能源技术领域的发展总体概况进行统计，通过 2011～2015 年山东新能源技术领域专利申请量和授权量年代分布、历年发明专利申请量和授权量 IPC 分布、主要的专利申请人和专利发明人、山东省新能源技术领域申请和授权专利的优势领域等方面进行分析。然后针对山东省新能源技术领域专利授权量，利用信息可视化的方法，借助 VOSviewer 工具，对山东省新能源技术领域专利授权量进行分析，从中分析出各个方向的研究主题、研究热点、主要的申请人和授权人。

山东省专利申请量报告包括：①专利申请的总趋势分析，包括山东省每年的专利申请量以及每年专利申请量在全国的占比、发明专利申请分布、历年发明专利申请量的 IPC 分布，这里主要是集中了生物领域 IPC 大类、小类和大组的专利申请量。②对专利申请人进行分析，有利于政府、企业掌握主要的研发单位和个人，了解主要的竞争对手，为政府投资决策和企业专利布局调整，提供有价值的信息。③对专利发明人的统计分析，有利于政府和企业掌握该领域的主要研究人员，为政府制定投资和奖励政策、企业发掘高层次技术人才提供依据。④优势领域是通过计算山东省新能源技术在发明专利申请量占全国的发明专利申请总量的比例得到的，分别从该领域发明申请所属的 IPC 大类、小类和大组的角度进行统计。⑤最后对山东省生物领域申请的发明专利进行聚类分析。

山东省专利授权量报告包括：①专利授权的总趋势分析，包括山东省每年的专利授权量以及每年专利授权量在全国的占比、专利授权的各领域产量的分布，这里主要是集中了生物领域 IPC 大类、小类和大组的专利授权量。②通过统计专利授权的申请人的数量，进一步明确各个专利授权的申请人优势 IPC 领域。③统计专利授权的发明人、专利授权的优势领域和强势领域，进一步对 IPC 小类下山东省和全国在生物领域获得专利授权量进行分析，得到各分支领域的占比情况。④为了更具体地了解山东省生物领域获得授权的发明专利主要在哪些大组上具有优势，又进一步统计分析了 IPC 大组在全国的占比。⑤最后对山东省生物领域获得授权的发明专利进行聚类分析。

第一部分

论文分析报告

本章的数据选择了 Web of Science 核心合集 SCI 数据库中 2011～2015 年收录的 SCI 论文数据。

第一步，在 Web of Science 核心合集 SCI 数据库中检索太阳能领域的文献，检索依据选择发表在 *Renewable & Sustainable Energy Reviews* 期刊上的 *Scientific production of renewable energies worldwide: an overview* 一文对太阳能领域的限定。检索式为 ts＝solar energy or ts＝solar thermal energy or ts＝solar power or ts＝photovoltaic，精炼文献类型为 Article，得到 59 142 条数据，精炼国家 / 地区为 PEOPLES R CHINA，得到 13 426 条数据。

第二步，检索山东省的论文。利用地址字段进行检索，用省份名称与山东省 143 所普通高校所在城市的英文名称进行检索，另外补充名称比较特殊的几所研究机构，如中国海洋大学（Ocean University of China）、鲁东大学（Ludong University）、中国石油大学（China University of Petroleum）、中国科学院海洋研究所（Institute of Oceanology, Chinese Academy of Sciences）、国家海洋局第一海洋研究所（First Institute of Oceanography）、中国水产科学研究院黄海水产研究所（Yellow Sea Fisheries Research Institute, Chinese Academy of Fishery Sciences）等，以及山东的代称（qilu）和标志性建筑泰山（taishan），检索式为 AD＝shandong or qingdao or yantai or weifang

or jinan or jining or linyi or taian or weihai or zibo or liaocheng or
dongying or zaozhuang or laiwu or rizhao or dezhou or binzhou or heze
or "Ocean University of China" or "Ludong University" or qilu or taishan
or "China University of Petroleum" or "the Institute of Oceanology" or
"the First Institute of Oceanography" or "Yellow Sea Fisheries Research
Institute"，最终检索结果为 570 条。检索日期为 2018 年 1 月 10 日。

第一节　太阳能领域发文量分析

科技论文作为科技产出的重要表现形式之一，其在太阳能领域的发文情况
可以作为评价山东省太阳能领域科研产出率和科研水平的重要指标。图 2-1 为
2011～2015 年全国以及山东省太阳能领域在国际核心期刊（SCI）上的发文量
及山东省发文量在全国占比的趋势图。

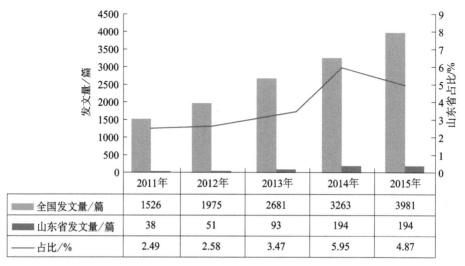

	2011年	2012年	2013年	2014年	2015年
全国发文量/篇	1526	1975	2681	3263	3981
山东省发文量/篇	38	51	93	194	194
占比/%	2.49	2.58	3.47	5.95	4.87

图 2-1　全国和山东省太阳能领域的发文量及山东省发文量在全国占比的趋势图

2011～2015 年，全国在国际核心期刊发表太阳能领域的文章共 13 426 篇。由图 2-1 可以看出，全国太阳能领域的发文量呈逐年上升趋势，与 2011 年相比，到 2015 年发文量增长了近 161%。

2011～2015 年，山东省在国际核心期刊发表太阳能领域的论文共 570 篇，发文量呈逐年上升的趋势，到 2014 年论文发文量大幅增长，相对于 2013 年上涨了近 109%。从山东省占全国比重来看，2011～2014 年，占比逐渐上升，但到 2015 年占全国的比重稍有下降。

第二节　太阳能领域高产机构分析

一、全国太阳能领域高产机构分析

为了了解全国在太阳能领域的主要研究机构，本书分别统计了全国前 20 位研究机构在国际核心期刊上的发文情况，如表 2-1 所示。

表 2-1　全国太阳能领域高产机构 TOP 20（2011～2015 年）

序号	高产机构	前五个作者（发文量/篇）	发文量/篇	占比/%
1	中国科学院	Li Yongfang（203）、Hou Jianhui（83）、Yang Renqiang（81）、Dai Songyuan（65）、Zhan Xiaowei（62）	3047	22.69
2	北京大学	Zhan Xiaowei（42）、Huang Fuqiang（33）、Gong Qihuang（31）、Xiao Lixin（31）、Chen Zhijian（29）	482	3.59
3	吉林大学	Tian Wenjing（44）、Shen Liang（40）、Ruan Shengping（37）、Yang Haibin（33）、Guo Wenbin（32）	422	3.14
4	华南理工大学	Cao Yong（141）、Huang Fei（76）、Wu Hongbin（55）、Peng Junbiao（29）、Chen Junwu（26）	412	3.07
5	苏州大学	Sun Baoquan（60）、Lee Shuit-Tong（43）、Ma Wanli（35）、Li Yanqing（31）、Yuan Jianyu（28）	381	2.84
6	清华大学	Lin Hong（49）、Zhu Hongwei（40）、Wang Kunlin（32）、Wei Jinquan（31）、Wu Dehai（30）	380	2.83

续表

序号	高产机构	前五个作者（发文量/篇）	发文量/篇	占比/%
7	浙江大学	Chen Hongzheng（62）、Yang Deren（43）、Yu Xuegong（31）、Zuo Lijian（30）、Shi Minmin（23）	379	2.82
8	上海交通大学	Wang Ruzhu（42）、Dai Yanjun（21）、Shen Wenzhong（20）、Han Liyuan（20）、Zhang Di（18）	361	2.69
9	华中科技大学	Wang Mingkui（41）、Han Hongwei（39）、Shen Yan（29）、Liu Linfeng（24）、Li Xiong（24）	336	2.50
10	南京大学	Zou Zhigang（44）、Yu Tao（26）、Zhou Yong（19）、Li Zhaosheng（16）、Xu Jun（15）	289	2.15
11	西安交通大学	Guo Liejin（24）、Que Wenxiu（22）、Wang Jiangfeng（14）、Yang Guanjun（13）、Fan Shengqiang（13）	273	2.03
12	大连理工大学	Ma Tingli（59）、Sun Licheng（35）、Hagfeldt Anders（29）、Wu Mingxing（25）、Yang Xichuan（23）	258	1.92
13	哈尔滨工业大学	Yang Yulin（17）、Wang Ping（17）、Fan Ruiqing（17）、Li Liang（16）、Shuai Yong（16）	250	1.86
14	天津大学	Ye Jinhua（17）、Feng Yaqing（14）、Zhang Bao（13）、Li Xianggao（13）、Xiao Yin（12）	246	1.83
15	复旦大学	Wang Zhongsheng（50）、Peng Huisheng（40）、Zhou Gang（32）、Yang Zhibin（29）、Qiu Longbin（18）	241	1.80
16	武汉大学	Zhao Xingzhong（66）、Fang Guojia（41）、Peng Tianyou（32）、Qin Pingli（23）、Li Qiaoqian（22）	226	1.68
17	香港城市大学	Lee Chun-Sing（41）、Rogach Andrey（17）、Lo Ming-Fai（17）、Lee Shuit-Tong（15）、Ng Tsz-Wai（14）	220	1.64
18	华东理工大学	Wu Wenjun（41）、Hua Jianli（38）、Tian He（34）、Yang Hua（25）、Li Xin（24）	218	1.62
19	南开大学	Zhao Ying（51）、Chen Yongsheng（47）、Wan Xiangjian（43）、Long Guankui（26）、Zhang Xiaodan（23）	203	1.51
20	中山大学	Kuang Daibin（61）、Su Chengyong（51）、Wu Wuqiang（21）、Ding Jing（19）、Rao Huashang（18）	193	1.44

从国际核心期刊发表的论文来看，2011~2015 年，全国在太阳能领域发表论文最多的 4 个机构分别是中国科学院（3047 篇）、北京大学（482 篇）、吉林大学（422 篇）和华南理工大学（412 篇）。这 4 个机构的发文量均超过

了 400 篇，在全国发文量的占比均超过了 3%。

二、山东省太阳能领域高产机构分析

为了了解山东省在太阳能领域的主要研究机构，本书统计了山东省各研究机构在国际核心期刊上的发文情况，如表 2-2 所示。

表 2-2　山东省太阳能领域高产机构 TOP 15（2011～2015 年）

序号	高产机构	前五个作者（发文量／篇）	发文量／篇	占山东省总量比例/%	占全国总量比例/%
1	中国海洋大学	Tang Qunwei（70）、He Benlin（61）、Sun Mingliang（35）、Yang Renqiang（32）、Yu Liangmin（23）	127	22.28	0.95
2	山东大学	Dai Ying（12）、Chen Yanxue（12）、Wei Lin（11）、Jiao Jun（11）、Huang Baibiao（10）	124	21.75	0.92
3	中国科学院青岛生物能源与过程研究所	Yang Renqiang（81）、Bao Xichang（47）、Chen Weichao（31）、Du Zhengkun（29）、Xiao Manjun（28）	108	18.95	0.80
4	青岛科技大学	Dong Lifeng（9）、Cui Guanglei（7）、Pang Shuping（7）、Zhu Qianqian（6）、Xu Hongxia（6）	45	7.89	0.34
5	中国石油大学	Guo Wenyue（10）、Lu Xiaoqing（8）、Wei Shuxian（7）、Xue Qingzhong（6）、Wu Chiman（5）	34	5.96	0.25
6	济南大学	Chen Ling（7）、Cao Bingqiang（6）、Gong Haibo（5）、Wang Peiji（4）、Zhu Min（4）	26	4.56	0.19
7	青岛大学	Shen Wenfei（8）、Bao Xichang（7）、Yang Renqiang（6）、Tang Jianguo（5）、Chen Weichao（5）	24	4.21	0.18
8	聊城大学	Zhang Xianxi（12）、Chen Qianqian（7）、Dai Songyuan（7）、Kong Fantai（5）、Wu Guohua（5）	19	3.33	0.14
9	山东理工大学	Wang Guiqiang（7）、Zhuo Shuping（7）、Li Jiao（5）、Xing Wei（5）、Liu Juncheng（4）	15	2.63	0.11
10	中国科学院海洋研究所	Chen Zhuoyuan（8）、Song Liying（4）、Bu Yuyu（3）、Hou Baorong（3）、Li Hong（2）	14	2.46	0.10
11	鲁东大学	Ma Xiaoguang（4）、Wang Meishan（4）、Yang Chuanlu（4）、Han Yanxiao（3）、Gao Shanmin（2）	12	2.11	0.09
12	山东师范大学	Luo Yi（2）、Huang Chunhui（1）、Man Baoyuan（1）、Ma Yong（1）、Liu Taifeng（1）	8	1.40	0.06

续表

序号	高产机构	前五个作者（发文量/篇）	发文量/篇	占山东省总量比例/%	占全国总量比例/%
13	曲阜师范大学	Wang Xue（5）、Huang Jianhua（5）、Sun Yuxi（5）、Zhan Chuanlang（5）、Niu Zhixiao（3）	7	1.23	0.05
14	山东科技大学	Zhang Junhong（2）、Wei Xueye（2）、Zhu Tianlong（2）、Wang Lihua（2）、Wei Qinyi（1）	6	1.05	0.04
15	山东省科学院	Yang Yuguo（2）、Xiu Dapeng（2）、Wang Xia（2）、Wang Qichun（2）、Wang Chen（1）	6	1.05	0.04

从国际核心期刊发表的论文来看，2011～2015年，山东省在太阳能领域发表论文最多的机构分别是中国海洋大学（127篇）、山东大学（124篇）。这2个机构的发文量均超过了120篇，在整个山东省的发文量占比均超过了20%，在全国的占比均超过了0.90%。

山东省太阳能领域发文量排名第一的机构是中国海洋大学，其是一所海洋和水产学科特色显著、学科门类齐全的教育部直属重点综合性大学，是国家"985工程"和"211工程"重点建设的高校之一，2017年9月入选国家"世界一流大学建设高校"（A类）。中国海洋大学研究太阳能领域的学科主要集中在多学科材料科学、化学物理、电化学、能源和燃料、高分子材料学等学科。署名机构为中国海洋大学的作者中，发文量较多的5位作者分别是Tang Qunwei（70篇）、He Benlin（61篇）、Sun Mingliang（35篇）、Yang Renqiang（32篇）、Yu Liangmin（23篇）。

山东省太阳能领域发文量排名第二的机构是山东大学。其是一所历史悠久、学科齐全、学术实力雄厚、办学特色鲜明，在国内外具有重要影响的教育部直属重点综合性大学，是国家"211工程"和"985工程"重点建设的高水平大学之一。山东大学研究太阳能领域的学科主要集中在多学科材料科学、应用物理学、化学物理、纳米科学与技术和多学科化学等学科。署名机构为山东大学的作者中，发文量较多的5位作者分别是Dai Ying（12篇）、Chen Yanxue（12篇）、Wei Lin（11篇）、Jiao Jun（11篇）、Huang Baibiao（10篇）。

山东省太阳能领域发文量排名第三的机构是中国科学院青岛生物能源与过程研究所。该机构面向国家能源战略、中国科学院"创新 2020"和山东省、青岛市蓝色经济发展，明确了生物、能源、过程 3 个核心研究领域，确立了"生物天然气产业化技术""含能材料生物合成与示范" 2 个重大突破项目，以及"生物能源过程的单细胞方法学平台""微藻规模培养及资源化利用""浮萍 / 巨藻能源植物""生物基富氧化学品""生物基动力电池隔膜""生物质气化合成液体燃料"等 6 个重点培育方向。中国科学院青岛生物能源与过程研究所研究太阳能领域的学科主要集中在多学科材料科学、化学物理、应用物理学、能源和燃料、多学科化学等学科。署名为中国科学院青岛生物能源与过程研究所的作者中，发文量较多的 5 位作者分别是 Yang Renqiang（81 篇）、Bao Xichang（47 篇）、Chen Weichao（31 篇）、Du Zhengkun（29 篇）、Xiao Manjun（28 篇）。

第三节　太阳能领域研究学科分析

一、全国太阳能领域学科分布分析

为了统计全国太阳能领域国际核心期刊论文在各学科的发文量及其占全部论文的比例，识别出全国太阳能领域目前发文量较高的强势学科，本书统计了 2011～2015 年全国太阳能领域强势学科的国际核心期刊论文发表情况，如表 2-3 所示。

表 2-3 全国太阳能领域强势学科国际核心期刊论文发表情况（2011～2015 年）

序号	学科	发文量/篇	前五个关键词（发文量/篇）	前五个机构（发文量/篇）
1	多学科材料科学（Multidisciplinary materials science）	5080	solar cells（320）、dye-sensitized solar cells（318）、polymer solar cells（161）、solar energy materials（142）、thin films（117）	中国科学院（1128）、苏州大学（225）、北京大学（201）、吉林大学（192）、浙江大学（169）
2	化学物理（Chemical physics）	3270	dye-sensitized solar cells（234）、solar cells（155）、photocatalysis（92）、graphene（66）、counter electrode（56）	中国科学院（737）、北京大学（146）、苏州大学（127）、清华大学（106）、吉林大学（103）
3	应用物理学（Applied physics）	3121	solar cells（231）、solar energy materials（141）、polymer solar cells（109）、thin films（95）、dye-sensitized solar cells（76）	中国科学院（673）、苏州大学（149）、吉林大学（126）、浙江大学（124）、北京大学（106）
4	能源和燃料（Energy and fuels）	2516	solar energy（142）、dye-sensitized solar cells（135）、solar cells（96）、counter electrode（43）、photovoltaic（41）	中国科学院（443）、上海交通大学（118）、西安交通大学（97）、清华大学（89）、华中科技大学（83）
5	多学科化学（Multidisciplinary chemistry）	2296	solar cells（136）、dye-sensitized solar cells（75）、polymer solar cells（49）、energy conversion（47）、graphene（39）	中国科学院（550）、吉林大学（125）、北京大学（104）、华南理工大学（97）、苏州大学（79）
6	纳米科学与纳米技术（Nanoscience and nanotechnology）	1950	solar cells（151）、dye-sensitized solar cells（76）、polymer solar cells（58）、graphene（55）、TiO_2（40）	中国科学院（482）、苏州大学（99）、北京大学（97）、吉林大学（86）、华中科技大学（64）
7	物理凝聚态（Condensed matter physics）	1139	solar cells（105）、polymer solar cells（62）、dye-sensitized solar cells（46）、thin films（40）、organic solar cells（32）	中国科学院（221）、浙江大学（44）、吉林大学（41）、北京大学（40）、复旦大学（39）
8	电化学（Electrochemistry）	767	dye-sensitized solar cells（257）、counter electrode（85）、hydrogen production（34）、photoelectric anode（33）、graphene（28）	中国科学院（101）、中国海洋大学（42）、华侨大学（38）、武汉大学（37）、西安交通大学（25）

续表

序号	学科	发文量/篇	前五个关键词（发文量/篇）	前五个机构（发文量/篇）
9	化学工程（Chemical engineering）	601	dye-sensitized solar cells（69）、solar energy（27）、photocatalysis（24）、photovoltaic performance（18）、organic dye（17）	中国科学院（126）、华南理工大学（34）、华东理工大学（26）、天津大学（26）、大连理工大学（24）
10	电气和电子工程（Electrical and electronic engineering）	596	solar cells（23）、photovoltaic（21）、maximum power point tracking（MPPT）（12）、energy harvesting（10）、microgrid（10）	浙江大学（48）、中国科学院（41）、南京航空航天大学（35）、清华大学（29）、上海交通大学（26）

从国际核心期刊发表的论文量来看，多学科材料科学（5080 篇）、化学物理（3270 篇）和应用物理学（3121 篇）等领域是全国太阳能领域的论文高产领域，论文的发表量都超过了 3000 篇。

二、山东省太阳能领域学科分布分析

为了统计山东省太阳能领域国际核心期刊发表的论文在各学科的发文量及研究该学科较多的机构，了解山东省太阳能领域目前发文量较高的强势学科，本书统计了 2011～2015 年山东省太阳能领域强势学科的国际核心期刊发文量，如表 2-4 所示。

表 2-4 山东省太阳能领域强势学科的国际核心期刊发文量（2011～2015 年）

序号	学科	发文量/篇	前五个关键词（发文量/篇）	前五个机构（发文量/篇）
1	多学科材料科学（Multidisciplinary materials science）	228	dye-sensitized solar cells（23）、counter electrode（13）、organic solar cells（12）、solar cells（7）、polymer solar cells（6）	中国科学院[*]（75）、中国海洋大学（57）、山东大学（50）、青岛科技大学（23）、中国石油大学（华东）（15）
2	化学物理（Chemical physics）	138	dye-sensitized solar cells（15）、counter electrode（11）、polyaniline（6）、quasi-solid-state dye-sensitized solar cells（5）、photoelectric anode（4）	中国海洋大学（43）、中国科学院（38）、山东大学（28）、青岛科技大学（15）、中国石油大学（华东）（8）

序号	学科	发文量/篇	前五个关键词（发文量/篇）	前五个机构（发文量/篇）
3	能源和燃料（Energy and fuels）	110	dye-sensitized solar cells（18）、solar energy（11）、counter electrode（11）、monte Carlo（6）、polyaniline（6）	中国海洋大学（38）、中国科学院（27）、青岛科技大学（8）、山东大学（8）、中国石油大学（华东）（7）
4	应用物理学（Applied physics）	109	solar cells（8）、organic solar cells（7）、TiO$_2$（5）、polymer solar cells（5）、dye-sensitized solar cells（4）	山东大学（33）、中国科学院（30）、中国海洋大学（15）、中国石油大学（华东）（10）、青岛科技大学（10）
5	多学科化学（Multidisciplinary chemistry）	90	organic solar cells（5）、dye-sensitized solar cells（4）、donor-acceptor systems（3）、energy conversion（3）、photoelectro-chemistry（3）	中国科学院（23）、山东大学（19）、中国海洋大学（17）、青岛大学（8）、青岛科技大学（8）
6	纳米科学与纳米技术（Nanoscience and nanotechnology）	76	solar cells（5）、dye-sensitized solar cells（5）、TiO$_2$（5）、optical properties（3）、photocatalysis（3）	山东大学（28）、中国科学院（18）、青岛科技大学（8）、中国石油大学（华东）（7）、中国海洋大学（6）
7	电化学（Electro-chemistry）	62	dye-sensitized solar cells（33）、counter electrode（21）、polyaniline（10）、photoelectric anode（7）、quasi-solid-state dye-sensitized solar cells（6）	中国海洋大学（42）、中国科学院（8）、聊城大学（4）、山东理工大学（3）、青岛科技大学（2）
8	高分子科学（High molecule science）	39	polymer solar cells（6）、organic solar cells（4）、diketopyrrolopyrrole（3）、conducting polymers（3）、optical and photovoltaic applications（3）	中国科学院（29）、中国海洋大学（17）、青岛科技大学（3）、青岛大学（2）、济南大学（2）
9	物理凝聚态（Condensed matter physics）	27	organic solar cells（5）、anodization（2）、TiO$_2$（2）、solution-processed（2）、TiO$_2$ nanotube array（2）	中国科学院（11）、中国海洋大学（7）、山东大学（5）、济南大学（2）、青岛大学（2）

续表

序号	学科	发文量/篇	前五个关键词（发文量/篇）	前五个机构（发文量/篇）
10	天文学和天体物理学（Astronomy and astrophysics）	26	solar: flares（6）、sun: coronal mass ejections（CMEs）（4）、acceleration of particles（4）、magnetic reconnection（3）、sun: activity（3）	山东大学（18）、中国科学院（16）、山东大学（威海）（4）、德州大学（2）、中国海洋大学（1）

* 此处包含中国科学院海洋研究所和中国科学院烟台海岸带研究所，其余山东省列表同此。

从国际核心期刊的发文量来看，多学科材料科学（228 篇）、化学物理（138 篇）、能源和燃料（110 篇）和应用物理学（109 篇）等领域是山东省太阳能领域的论文高产领域，论文的发表量都超过了 100 篇。将山东省太阳能领域的强势学科与全国太阳能领域的强势学科进行对比可以看出，山东省在太阳能领域的强势学科与全国的强势学科具有一致性。

山东省发文量排名第一的学科是多学科材料科学，涵盖了对自然、行为和材料使用的一般或多学科的研究方法。相关主题包括陶瓷、复合材料、合金、金属和冶金、纳米技术、核材料、黏合剂等。该学科发文量较高的机构有中国科学院（75 篇）、中国海洋大学（57 篇）、山东大学（50 篇）、青岛科技大学（23 篇）、中国石油大学（华东）（15 篇）等。多学科材料科学这门学科研究的热点关键词主要有 dye-sensitized solar cells（23 篇）、counter electrode（13 篇）、organic solar cells（12 篇）、solar cells（7 篇）、polymer solar cells（6 篇）等。

山东省发文量排名第二的学科是化学物理，包括光化学、固态化学、动力学、催化、量子化学、表面化学、电化学、化学热力学、热物理学、胶体、富勒烯和沸石等。该学科发文量较高的机构有中国海洋大学（43 篇）、中国科学院（38 篇）、山东大学（28 篇）、青岛科技大学（15 篇）、中国石油大学（华东）（8 篇）等。化学物理这门学科研究的热点关键词主要有 dye-sensitized solar cells（15 篇）、counter electrode（11 篇）、polyaniline（6 篇）、quasi-solid-state dye-sensitized solar cells（5 篇）、photoelectric anode（4 篇）等。

山东省发文量排名第三的学科是能源和燃料，包括开发、生产、使用、应用、转换和管理不可再生燃料（如木材、煤、石油和天然气）和可再生能源（太阳能、风能、生物质能、地热、水力发电）的资源。该学科发文量较高的机构有中国海洋大学（38篇）、青岛科技大学（8篇）、山东大学（8篇）、中国石油大学（华东）（7篇）等。能源和燃料这门学科研究的热点关键词主要有 dye-sensitized solar cells（18篇）、solar energy（11篇）、counter electrode（11篇）、Monte Carlo（6篇）、polyaniline（6篇）等。

第四节　太阳能领域研究主题分析

一、全国太阳能领域研究主题分布分析

为展现全国在太阳能领域的主要研究主题，本书对国际核心期刊文献的研究主题进行统计，得到全国在太阳能领域前20个研究主题，如表2-5所示。

表 2-5　全国太阳能领域研究主题 TOP 20

序号	研究主题	频次	前五个关键词（发文量/篇）	前五个机构（发文量/篇）
1	染料敏化太阳能电池（Dye-sensitized solar cells）	884	counter electrode（121）、photovoltaic performance（54）、density functional theory（35）、photoelectric anode（34）、organic dye（30）	中国科学院（112）、华侨大学（65）、武汉大学（56）、中国海洋大学（30）、湘潭大学（29）
2	太阳能电池（Solar cells）	666	quantum dots（32）、thin films（24）、energy conversion（24）、perovskite（24）、graphene（22）	中国科学院（154）、华东理工大学（29）、北京大学（29）、华中科技大学（25）、浙江大学（24）
3	聚合物太阳能电池（Polymer solar cells）、太阳能材料（Solar energy materials）	399	thin films（38）、semiconductors（31）、nanocrystalline materials（24）、nanoparticles（15）、photocatalysis（12）	中国科学院（45）、上海交通大学（34）、西安交通大学（20）、哈尔滨工业大学（17）、天津大学（11）

续表

序号	研究主题	频次	前五个关键词（发文量/篇）	前五个机构（发文量/篇）
4	聚合物太阳能电池（Polymer solar cells）	381	conjugated polymers（62）、morphology（23）、power conversion efficiency（22）、synthesis（18）、bulk heterojunction（13）	中国科学院（150）、华南理工大学（37）、北京交通大学（35）、湘潭大学（34）、浙江大学（19）
5	有机太阳能电池（Organic solar cells）	254	small molecule（19）、diketopyrrolopyrrole（14）、bulk heterojunction（12）、power conversion efficiency（10）、triphenylamine（10）	中国科学院（92）、浙江大学（19）、吉林大学（16）、北京大学（13）、香港大学（13）
6	二氧化钛（TiO$_2$）、钛化合物（Titanium compounds）、氧化钛（Titanium oxide）、钛（Titanium）	246	dye-sensitized solar cells（45）、photocatalysis（23）、solar cells（18）、nanoparticles（9）、CdS（8）	中国科学院（49）、华中科技大学（9）、吉林大学（9）、河南大学（9）、天津大学（8）
7	薄膜（Thin film）、薄膜太阳能电池（Thin film solar cells）	232	solar energy materials（42）、solar cells（28）、optical properties（19）、electrodeposition（16）、semiconductors（16）	中国科学院（45）、中南大学（18）、华东师范大学（13）、南开大学（9）、河南大学（9）
8	光催化（Photocatalysis）、光催化剂（Photocatalyst）	217	hydrolytic dissociation（26）、hydrogen production（18）、TiO$_2$（18）、visible light（17）、hydrogen evolution（13）	中国科学院（36）、天津大学（13）、苏州大学（11）、上海交通大学（9）、福州大学（9）
9	石墨烯（Graphene）、石墨烯纳米片（Graphene nanosheets）、氧化石墨烯（Graphene oxide）、石墨烯量子点（Graphene quantum dots）	198	dye-sensitized solar cells（25）、solar cells（22）、counter electrode（14）、photocatalysis（11）、quantum dots（11）	中国科学院（24）、清华大学（14）、苏州大学（11）、北京大学（9）、浙江大学（8）
10	对电极（Counter electrode）	194	dye-sensitized solar cells（125）、electrocatalytic activity（17）、polyaniline（16）、solar cells（14）、graphene（9）	中国科学院（30）、华侨大学（30）、中国海洋大学（24）、河南大学（12）、大同大学（10）

续表

序号	研究主题	频次	前五个关键词（发文量/篇）	前五个机构（发文量/篇）
11	共轭聚合物（Conjugated polymer）	171	polymer solar cells（62）、synthesis（19）、bulk heterojunction（11）、photovoltaic（10）、solar cells（9）	中国科学院（63）、湘潭大学（23）、华南理工大学（13）、南昌大学（12）、浙江大学（11）
12	光学特性（Optical property）、光学材料（Optical materials）、光学性能（Optical performance）	166	electronic structure（17）、thin films（17）、microstructure（14）、semiconductors（12）、nanostructures（11）	中国科学院（15）、上海大学（6）、华东师范大学（6）、南开大学（5）、太原理工大学（5）
13	光电（Photovoltaic）	164	dye-sensitized solar cells（24）、solar cells（13）、organic dye（6）、thermoelectric（5）、conjugated polymers（5）	中国科学院（21）、天津理工大学（12）、清华大学（8）、哈尔滨工业大学（8）、浙江大学（7）
14	半导体（Semiconductor）	162	solar energy materials（33）、thin films（19）、nanostructures（19）、chemical synthesis（18）、photocatalysis（15）	中国科学院（28）、苏州大学（11）、吉林大学（8）、北京理工大学（4）、上海交通大学（4）
15	密度泛函理论（Density functional theory）、密度函数理论（Density function theory）、密度泛函计算（Density functional calculations）	130	dye-sensitized solar cells（36）、electronic structure（18）、absorption spectra（15）、solar cells（10）、absorption spectrum（10）	中国科学院（16）、东北师范大学（14）、吉林大学（11）、西北师范大学（10）、兰州理工大学（9）
16	纳米结构（Nanostructure）	114	semiconductors（19）、chemical synthesis（13）、optical properties（11）、solar cells（10）、electrochemistry（6）	中国科学院（18）、上海交通大学（8）、南京大学（6）、南昌大学（4）、太原理工大学（4）
17	光伏特性（Photovoltaic performance）	104	dye-sensitized solar cells（56）、titanium dioxide（8）、solar cells（7）、organic dye（6）、thin films（5）	湘潭大学（16）、中国科学院（16）、中山大学（8）、华侨大学（6）、清华大学（5）
18	功率转换效率（Power conversion efficiency）、能量转换（Power conversion）	103	polymer solar cells（22）、dye-sensitized solar cells（16）、solar cells（11）、organic solar cells（7）、triphenylamine（5）	中国科学院（20）、北京交通大学（11）、湘潭大学（6）、吉林大学（6）、华中科技大学（5）

续表

序号	研究主题	频次	前五个关键词（发文量/篇）	前五个机构（发文量/篇）
19	合成（Synthesis）、综合设计（Integrated design）、合成方法（Synthetic methods）	97	polymer solar cells（16）、conjugated polymers（15）、dye-sensitized solar cells（8）、solar cells（7）、carbazole（6）	中国科学院（22）、湘潭大学（17）、浙江理工大学（6）、兰州交通大学（6）、华东理工大学（5）
20	水解离（Hydrolytic dissociation）	89	photocatalysis（19）、photocatalyst（8）、hydrogen production（7）、photoelectrochemical（7）、ZnO（6）	中国科学院（23）、浙江大学（4）、天津大学（4）、天津城建大学（4）、安徽大学（4）

　　从全国太阳能领域的高频研究主题来看，染料敏化太阳能电池（884篇）、太阳能电池（666篇）、聚合物太阳能电池和太阳能材料（399篇）、聚合物太阳能电池（381篇）这4个研究主题的发文量均超过了300篇，说明全国太阳能领域对这几个主题的研究比较多。

二、山东省太阳能领域研究主题分布分析

　　为展现山东省在太阳能领域的主要研究主题，本书对国际核心期刊文献的研究主题进行统计，得到山东省在太阳能领域前20个研究主题，如表2-6所示。

表 2-6　山东省太阳能领域研究主题 TOP 20

序号	研究主题	频次	前五个关键词（发文量/篇）	前五个机构（发文量/篇）
1	染料敏化（Dye-sensitized）、染料敏化太阳能电池（Dye-sensitized solar cells）	65	counter electrode（25）、polyaniline（6）、photovoltaic performance（5）、binary alloy（5）、photoelectric anode（5）	中国海洋大学（30）、聊城大学（13）、中国科学院（11）、中国石油大学（5）、山东理工大学（4）
2	对电极（Counter electrode）	33	dye-sensitized solar cells（28）、polyaniline（5）、binary alloy（4）、electrocatalyst（4）、alloy electrocatalyst（3）	中国海洋大学（24）、山东理工大学（5）、青岛科技大学（3）、中国科学院（2）、聊城大学（1）
3	有机太阳能电池（Organic solar cells）	23	solution-processed（3）、triphenylamine（3）、diketopyrrolopyrrole（3）、small molecule（3）、rhodanine derivative（2）	中国科学院（18）、中国海洋大学（6）、山东理工大学（3）、山东大学（3）、青岛大学（2）

续表

序号	研究主题	频次	前五个关键词（发文量/篇）	前五个机构（发文量/篇）
4	太阳能（Solar energy）、太阳能能量转换（Solar energy conversion）、太阳能材料（Solar energy materials）	22	monte carlo（5）、receiver（4）、nanocomposites（3）、local thermal non-equilibrium（2）、hydrolytic dissociation（2）	山东大学（5）、中国科学院（3）、中国海洋大学（3）、中国石油大学（华东）（2）、山东省科学院（1）
5	太阳能电池（Solar cells）	20	dye-sensitized（4）、TiO_2（3）、Julolidine（3）、ZnO（2）、transient absorption spectra（2）	中国科学院（9）、山东大学（5）、济南大学（3）、聊城大学（3）、青岛科技大学（2）
6	聚合物太阳能电池（Polymer solar cells）、聚合物（Polymers）	16	benzo[1,2-b:4,5-b']dithiophene（3）、photovoltaic properties（2）、conjugated spacers（1）、heterojunctions（1）、extended conjugated side chain（1）	中国科学院（12）、中国海洋大学（4）、山东科技大学（1）、山东大学（1）、山东师范大学（1）
7	二氧化钛（TiO_2）、二氧化钛纳米棒阵列（TiO_2 nanorod arrays）、二氧化钛纳米管阵列（TiO_2 nanotube array）	14	solar cells（3）、nanorod（2）、CdS（2）、photoelectrochemical property（2）、dye-sensitized solar cells（2）	山东大学（6）、鲁东大学（3）、中国科学院（1）、聊城大学（1）、中国海洋大学（1）
8	光学性质（Optical property）	13	electronic structures（3）、first-principles（2）、chemical synthesis（2）、semiconductor（2）、electronic properties（2）	山东大学（4）、青岛科技大学（2）、济南大学（2）、中国石油大学（2）、鲁东大学（2）
9	聚苯胺（Polyaniline）	10	dye-sensitized solar cells（6）、counter electrode（5）、electrocatalyst（2）、quasi-solid-state dye-sensitized solar cells（2）、conducting gel electrolyte（2）	中国海洋大学（10）
10	光电阳极（Photoelectric anode）	9	dye-sensitized solar cells（4）、quantum dot-sensitized solar cells（2）、transmission enhancement（2）、mesoporous TiO_2（1）、cadmium sulfide（1）	中国海洋大学（8）、山东理工大学（1）、中国科学院（1）

续表

序号	研究主题	频次	前五个关键词（发文量/篇）	前五个机构（发文量/篇）
11	蒙特卡罗（Monte Carlo）	8	solar energy（5）、receiver（4）、optical efficiency（2）、heat flux distribution（2）、hydrogen production（2）	中国石油大学（华东）（5）
12	光电性能（Photovoltaic performance）、光伏特性（Photovoltaic properties）	8	dye-sensitized solar cells（3）、counter electrode（2）、polymer solar cells（2）、organic sensitizer（2）、julolidine（1）	中国科学院（6）、聊城大学（3）、山东理工大学（2）、青岛科技大学（1）
13	薄膜（Thin film）	8	energy conversion（2）、dono-racceptor systems（2）、organic solar cells（2）、electrochemical deposition（1）、gas sensing（1）	中国科学院（5）、济南大学（2）、山东理工大学（1）、青岛科技大学（1）、青岛大学（1）
14	电荷转移（Charge transfer）	7	counter electrode（2）、dye-sensitized solar cells（2）、hetero-junctions（1）、bulk-heterojunction（1）、computational modeling（1）	中国海洋大学（4）、山东大学（2）、中国科学院（2）、青岛大学（1）
15	亲水系统（hydrophilic systems）、亲水（hydrophilie）	7	organic solar cells（3）、thin films（2）、solar cells（2）、small molecules（2）、energy conversion（2）	中国科学院（7）、中国海洋大学（1）
16	二元合金（Binary alloy）	6	dye-sensitized solar cells（5）、counter electrode（4）、transparent counter electrode（2）、electrocatalyst（2）、ruthenium selenide（1）	中国海洋大学（6）
17	吡咯并吡咯二酮（Diketopyrrolopyrrole）	6	organic solar cells（3）、benzodithiophene（2）、phenanthrene（2）、triphenylamine（2）、anthracene（1）	中国科学院（5）、泰山大学（1）、中国海洋大学（1）
18	太阳耀斑（Solar flares）	6	sun: coronal mass ejections（CMEs）（3）、solar X-rays、gamma rays（2）、solar particle emission（2）、magnetic reconnection（2）、acceleration of particles（2）	山东大学（6）、中国科学院（2）

续表

序号	研究主题	频次	前五个关键词（发文量/篇）	前五个机构（发文量/篇）
19	导电凝胶电解质（Conducting gel electrolyte）	5	quasi-solid-state dye-sensitized solar cells（4）、polyaniline（2）、microporous structure（2）、graphene（2）、amphiphilic hydrogel（2）	中国海洋大学（5）
20	兴奋剂（Doping）	5	photoelectric anode（1）、romine（1）、conducting materials（1）、density functional calculations（1）、dye-sensitized solar cells（DSC）（1）	山东理工大学（2）、山东大学（2）、中国海洋大学（2）、中国科学院（1）、中国石油大学（1）

山东省太阳能领域排名第一的研究主题是染料敏化、染料敏化太阳能电池。其中，染料敏化太阳电池主要是模仿光合作用原理研制出来的一种新型太阳电池。染料敏化太阳能电池是以低成本的纳米二氧化钛和光敏染料为主要原料，模拟自然界中植物利用太阳能进行光合作用，将太阳能转化为电能。这一主题的研究热点关键词主要有 counter electrode（25 篇）、polyaniline（6 篇）、photovoltaic performance（5 篇）、binary alloy（5 篇）、photoelectric anode（5 篇）等。研究这一主题的机构主要有中国海洋大学（30 篇）、聊城大学（13 篇）、中国科学院（11 篇）、中国石油大学（5 篇）、山东理工大学（4 篇）等。

山东省太阳能领域排名第二的研究主题是对电极。对电极也就是反电极，它的作用是和工作电极组成回路以通过电流。这一主题的研究热点关键词主要有 dye-sensitized solar cells（28 篇）、polyaniline（5 篇）、binary alloy（4 篇）、electrocatalyst（4 篇）、alloy electrocatalyst（3 篇）等。研究这一主题的机构主要有中国海洋大学（24 篇）、山东理工大学（5 篇）、青岛科技大学（3 篇）、中国科学院（2 篇）、聊城大学（1 篇）等。

山东省太阳能领域排名第三的研究主题是有机太阳能电池。有机太阳能电池是指以有机材料作为核心部分的太阳能电池，由具有光敏性质的有机物作为半导体材料，使用了导电聚合物或小分子用于光的吸收和电荷转移，从而产生电压形成电流，实现太阳能发电的效果。这一主题的研究热点主要有solution-processed（3 篇）、triphenylamine（3 篇）、diketopyrrolopyrrole

（3篇）、small molecule（3篇）、rhodanine derivative（2篇）等。研究这一主题的机构主要有中国科学院（18篇）、中国海洋大学（6篇）、山东理工大学（3篇）、山东大学（3篇）、青岛大学（2篇）等。

山东省太阳能领域排名第四的研究主题是太阳能、太阳能能量转换、太阳能材料。这一主题的研究热点主要有Monte Carlo（5篇）、receiver（4篇）、nanocomposites（3篇）、local thermal non-equilibrium（2篇）、hydrolytic dissociation（2篇）等。研究这一主题的机构主要有山东大学（5篇）、中国科学院（3篇）、中国海洋大学（3篇）、中国石油大学（华东）（2篇）、山东省科学院（1篇）等。

山东省太阳能领域排名第五的研究主题是太阳能电池。太阳能电池是通过光电效应或者光化学效应直接把光能转化成电能的装置。只要被光照到，瞬间就可输出电压及电流。这一主题的研究热点主要有dye-sensitized（4篇）、TiO_2（3篇）、julolidine（3篇）、ZnO（2篇）、transient absorption spectra（2篇）等。研究这一主题的机构主要有中国科学院（9篇）、山东大学（5篇）、济南大学（3篇）、聊城大学（3篇）、青岛科技大学（2篇）等。

第五节　太阳能领域高被引文献分析

一、全国太阳能领域高被引文献分析

在SCI期刊数据库中，检索出第一作者机构属于中国的高被引文献，最终确定了全国太阳能领域研究的20篇被引频次最高的重点监测论文，如表2-7所示。

表2-7 全国太阳能领域高被引文献 TOP 20

序号	文献	第一作者机构	被引频次
1	He Z, Zhong C, Su S, et al. Enhanced power-conversion efficiency in polymer solar cells using an inverted device structure[J]. Nature Photonics, 2012, 6（9）: 593-597.	华南理工大学	2728
2	He Z, Zhong C, Huang X, et al. Simultaneous enhancement of open-circuit voltage, short-circuit current density, and fill factor in polymer solar cells[J]. Advanced Materials, 2011, 23（40）: 4636-4643.	华南理工大学	1488
3	Liu Y, Zhao J, Li Z, et al. Aggregation and morphology control enables multiple cases of high-efficiency polymer solar cells[J]. Nature Communications, 2014, 5（5）: 5293.	香港科技大学	1398
4	Xiang Q, Yu J, Jaroniec M. Synergetic effect of MoS_2 and graphene as cocatalysts for enhanced photocatalytic H_2 production activity of TiO_2 nanoparticles[J]. Journal of the American Chemical Society, 2012, 134（15）: 6575-6578.	武汉科技大学	1157
5	Mei A, Li X, Liu L, et al. A hole-conductor-free, fully printable meso-scopic perovskite solar cell with high stability[J]. Science Foundation in China, 2014, 345（2）: 295-298.	华中科技大学	1059
6	Liu J, Liu Y, Liu N, et al. Metal-free efficient photocatalyst for stable visible water splitting via a two-electron pathway[J]. Science, 2015, 347（6225）: 970-974.	苏州大学	946
7	He Z, Xiao B, Liu F, et al. Single-junction polymer solar cells with high efficiency and photovoltage[J]. Nature Photonics, 2015, 9（3）: 174-179.	华南理工大学	885
8	Shen J, Zhu Y, Yang X, et al. ChemInform abstract: graphene quantum dots: emergent nanolights for bioimaging, sensors, catalysis and photovoltaic devices[J]. ChemInform, 2012, 43（29）: 3686-3699.	华东理工大学	848
9	Li Y, Hu Y, Zhao Y, et al. An electrochemical avenue to green - luminescent graphene quantum dots as potential electron - acceptors for photovoltaics[J]. Advanced Materials, 2011, 23（6）: 776-780.	北京理工大学	778
10	Huo L, Zhang S, Guo X, et al. Replacing alkoxy groups with alkylthie-nyl groups: a feasible approach to improve the properties of photovoltaic polymers[J]. Angewandte Chemie, 2011, 123（41）: 9871-9876.	中国科学院	740
11	Chen J D, Cui C, Li Y Q, et al. Single-junction polymer solar cells exceeding 10% power conversion efficiency[J]. Advanced Materials, 2015, 27（6）: 1035-1041.	苏州大学	655

续表

序号	文献	第一作者机构	被引频次
12	Lai X, Halpert J E, Wang D. Recent advances in micro-/nano-structured hollow spheres for energy applications: from simple to complex systems[J]. Energy & Environmental Science, 2012, 5（2）: 5604-5618.	中国科学院	645
13	He Y, Li Y. Fullerene derivative acceptors for high performance polymer solar cells[J]. Physical Chemistry Chemical Physics, 2011, 13（6）: 1970.	中国科学院	528
14	Wu M, Lin X, Wang Y, et al. Economical Pt-free catalysts for counter electrodes of dye-sensitized solar cells[J]. Journal of the American Chemical Society, 2012, 134（7）: 3419-3428.	大连理工大学	489
15	Li R, Zhang F, Wang D, et al. Spatial separation of photogenerated electrons and holes among {010} and {110}crystal facets of $BiVO_4$[J]. Nature Communications, 2013, 4（2）: 1432.	中国科学院	488
16	Zhou J, Zuo Y, Wan X, et al. Solution-processed and high-performance organic solar cells using small molecules with a benzodithiophene unit[J]. Journal of the American Chemical Society, 2013, 135（23）: 8484-8487.	南开大学	485
17	Zhang J, Yu J, Jaroniec M, et al. Noble metal-free reduced graphene Oxide-$Zn_xCd_{1-x}S$ nanocomposite with enhanced solar photocatalytic H_2-production performance[J]. Nano Letters, 2012, 12（9）: 4584-4589.	武汉理工大学	481
18	Lin Y, Wang J, Zhang Z G, et al. An electron acceptor challenging fullerenes for efficient polymer solar cells[J]. Advanced Materials, 2015, 27（7）: 1170-1174.	中国科学院	480
19	Zhou P, Yu J, Jaroniec M. All-solid-state Z-scheme photocatalytic systems[J]. Advanced Materials, 2014, 26（29）: 4920-4935.	武汉理工大学	480
20	Zhu S, Zhang J, Tang S, et al. Surface chemistry routes to modulate the photoluminescence of graphene quantum dots: from fluorescence mechanism to up-conversion bioimaging applications[J]. Advanced Functional Materials, 2012, 22（22）: 4732-4740.	吉林大学	459

全国太阳能领域的前 20 篇高被引文献中有 4 篇为 2011 年发表的，7 篇为 2012 年发表的，2 篇为 2013 年发表的，3 篇为 2014 年发表的，4 篇为 2015 年发表的。

二、山东省太阳能领域高被引文献分析

在 SCI 期刊数据库中，检索出第一作者机构属于山东省的高被引文献，最终确定了山东省太阳能领域研究的 10 篇被引频次最高的重点监测论文，如表 2-8 所示。

表 2-8　山东省太阳能领域高被引文献 TOP 10

序号	文献	第一作者机构	被引频次
1	Pang S P, Hu H, Zhang J, et al. $NH_2CH=NH_2PbI_3$: an alternative organolead iodide perovskite sensitizer for mesoscopic solar cells[J]. Chemistry of Materials, 2014, 26（3）: 1485-1491.	中国科学院青岛生物能源与过程研究所	217
2	Dang Y Y, Liu Y, Sun Y, et al. Bulk crystal growth of hybrid perovskite material $CH_3NH_3PbI_3$[J]. Crystengcomm, 2014, 17（3）: 665-670.	山东大学	125
3	Chen X X, Tang Q, He B, et al. Platinum-free binary Co-Ni alloy counter electrodes for efficient dye-sensitized solar cells[J]. Angewandte Chemie International Edition, 2014, 53（40）: 10799-10803.	中国海洋大学	116
4	Duan Y, Tang Q, Liu J, et al. Transparent metal selenide alloy counter electrodes for high-efficiency bifacial dye-sensitized solar cells[J]. Angewandte Chemie International Edition, 2014, 53（52）: 14569-14574.	中国海洋大学	112
5	Tan X, Lun Y, Gao Q, et al. Photosynthesis driven conversion of carbon dioxide to fatty alcohols and hydrocarbons in cyanobacteria[J]. Metabolic Engineering, 2011, 13（2）: 169-176.	中国科学院青岛生物能源与过程研究所	102
6	Bu Y, Chen Z, Li W. Using electrochemical methods to study the promotion mechanism of the photoelectric conversion performance of Ag-modified mesoporous $g-C_3N_4$ heterojunction material[J]. Applied Catalysis B: Environmental, 2014, 144（1）: 622-630.	中国科学院海洋研究所	96
7	Liu T Z, Wang J F, Hu Q A, et al. Attached cultivation technology of microalgae for efficient biomass feedstock production[J]. Bioresource Technology, 2013, 127（1）: 216-222.	中国科学院青岛生物能源与过程研究所	90
8	Jiang H, Dai P, Feng Z, et al. Phase selective synthesis of metastable orthorhombic Cu_2ZnSnS_4[J]. Journal of Materials Chemistry, 2012, 22（15）: 7502-7506.	山东大学	81
9	Han D, Meng Z, Wu D, et al. Thermal properties of carbon black aqueous nanofluids for solar absorption[J]. Nanoscale Research Letters, 2011, 6（1）: 457.	青岛科技大学	79

续表

序号	文献	第一作者机构	被引频次
10	Wei H M, Gong H B, Chen L, et al. Photovoltaic efficiency enhancement of Cu$_2$O solar cells achieved by controlling homojunction orientation and surface microstructure[J]. Journal of Physical Chemistry C, 2012, 116 (19): 10510-10515.	济南大学	77

山东省太阳能领域的前 10 篇高被引论文中有 2 篇为 2011 年发表的，2 篇为 2012 年发表的，1 篇为 2013 年发表的，5 篇为 2014 年发表的。

被引频次最高的 *NH$_2$CH══NH$_2$PbI$_3$: an alternative organolead iodide perovskite sensitizer for mesoscopic solar cells* 一文，第一作者是中国科学院青岛生物能源与过程研究所的 Pang Shuping。在这篇文章中，作者利用原位浸渍技术，在二氧化钛表面沉积了一层均匀的 FAPbI$_3$ 高钙钛矿层。结果，用 P$_3$HT 作为孔输送材料，达到了 7.5% 的高效率。近三倍的晶体结构和适当的带隙，使这一新的 FAPbI$_3$ 对下一代高效率、低成本的太阳能电池极具吸引力。

被引频次排名第二的 *Bulk crystal growth of hybrid perovskite material CH$_3$NH$_3$PbI$_3$* 一文，第一作者是山东大学的 Dang Yangyang。在这篇文章中，作者对 CH$_3$NH$_3$PbI$_3$ 单晶体结构的改进和方向进行了研究，并以高质量的晶体为基础进行了研究。CH$_3$NH$_3$PbI$_3$ 单晶体的吸收边缘位于约 836 纳米，表明 CH$_3$NH$_3$PbI$_3$ 的带隙约为 1.48 eV，这接近理论结果，比从多晶和薄膜中得到的要小。CH$_3$NH$_3$PbI$_3$ 单晶体具有相对广泛的吸收性能（从 250 纳米到 800 纳米）和相对较好的热稳定性。

被引频次排名第三的 *Platinum-free binary Co-Ni alloy counter electrodes for efficient dye-sensitized solar cells* 一文，第一作者是中国海洋大学的 Chen Xiaoxu。在这篇文章中，作者使用一种由温和的热液策略合成的二元联合镍合金，作为有效的染料敏化太阳能电池的对电极材料。由于快速的电荷转移、良好的导电性能和合理的电催化作用，基于联合的染料敏化太阳能电池的功率转换效率高于只使用铂金的对电极，因此大大降低了制造费用。

第六节　太阳能领域研究热点分析

利用 VOSviewer 软件对全国太阳能领域在国际核心期刊的发文情况进行信息可视化，采用软件聚类的功能，将太阳能领域的研究热点进行聚类分析，得到图 2-2。

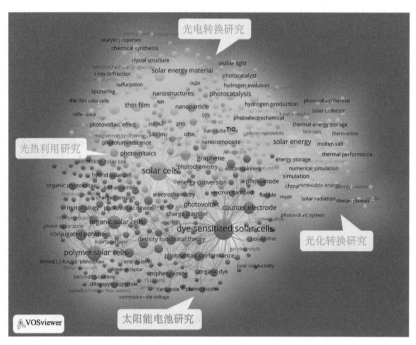

图 2-2　全国太阳能领域主要研究热点

将全国太阳能领域的高频关键词进行聚类研究，划分为四类，分别是太阳能电池研究、光电转换研究、光化转换研究和光热利用研究。

参照全国太阳能领域研究热点的划分对山东省太阳能领域的研究热点进行研究，得到图 2-3。

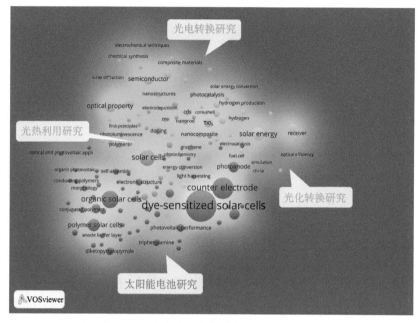

图 2-3　山东省太阳能领域主要研究热点领域

由图 2-3 可以看出，山东省对太阳能电池研究这一聚类研究得比较多，其次是光热利用研究和光电转换研究，对光化转换研究最弱。

一、太阳能电池研究

太阳能电池研究这一聚类的研究热点主要有 dye-sensitized solar cells（62篇）、counter electrode（33 篇）、organic solar cells（23篇）、polymer solar cells（13篇）、photoelectric anode（10 篇）、polyaniline（10 篇）、small molecule（8 篇）、charge transfer（7 篇）等。主要研究机构有中国海洋大学（46 篇）、中国科学院（34 篇）、聊城大学（11 篇）、山东大学（9 篇）、山东理工大学（6 篇）等。

代表性的文献有：Wu Guohua、Kong Fantai、Zhang Yaohong 等在 2014年发表在 *Dyes and Pigments* 上的 *Effect of different acceptors in di-anchoring triphenylamine dyes on the performance of dye-sensitized solar cells*，Wu Guohua、Kong Fantai、Li Jingzhe 等在 2013 年发表在 *Dyes and Pigments* 上的 *Influence of different acceptor groups in julolidine-based organic dye-sensitized solar cells*, Zhou Weiping、Cao Zhencai、Jiang Shenghui 等在 2012 年发表在 *Organic Electronics* 上的 *Porphyrins modified with a low-band-gap chromophore for dye-sensitized solar cells* 等。

二、光电转换研究

光电转换研究这一聚类的研究热点主要有 optical property（13 篇）、semiconductor（10 篇）、thin film（8 篇）、TiO$_2$（7 篇）、solar energy materials（6 篇）等。主要研究机构有山东大学（16 篇）、中国科学院（6 篇）、济南大学（6 篇）、鲁东大学（4 篇）、中国海洋大学（4 篇）等。

代表性的文献有：Liu Chang、Li Yitan、Wei Lin 等在 2014 年发表在 *Nanoscale Research Letters* 上的 *CdS quantum dot-sensitized solar cells based on nano-branched TiO$_2$ arrays*，Wu Cuncun、Wei Lin、Li Yitan 等在 2014 年发表在 *Nanoscale Research Letters* 上的 *ZnO nanosheet arrays constructed on weaved titanium wire for CdS-sensitized solar cells*，Li Yitan、Wei Lin、Zhang Ruizi 等在 2013 年发表在 *Nanoscale Research Letters* 上的 *Annealing effect on Sb$_2$S$_3$-TiO$_2$ nanostructures for solar cell applications*，Chen Yanxue、Wei Lin、Zhang Guanghua 等在 2012 年发表在 *Nanoscale Research Letters* 上的 *Open structure ZnO/CdSe core/shell nanoneedle arrays for solar cell* 等。

三、光化转换研究

光化转换研究这一聚类的研究热点主要有 solar cells（20 篇）、solar flares（6 篇）、donor-acceptor systems（5 篇）、doping（5 篇）、acceleration of particles（4 篇）等。主要研究机构有中国科学院（16 篇）、山东大学（13 篇）、中国海洋大学（10 篇）、聊城大学（3 篇）、山东理工大学（2 篇）等。

代表性的文献有：Chen Weichao、Du Zhengkun、Xiao Manjun 等在 2015 年发表在 *ACS Applied Materials & Interfaces* 上的 *High-performance small molecule/polymer ternary organic solar cells based on a layer-by-layer process*，Wei Huan、Chen Weichao、Han Liangliang 等在 2015 年发表在 *Chemistry—An*

Asian Journal 上的 *A solution-processable molecule using thieno[3,2-b]thiophene as building block for efficient organic solar cells*，Du Zhengkun、Chen Yanhua、Chen Weichao 等在 2014 年发表在 *Chemistry—An Asian Journal* 上的 *Development of new two-dimensional small molecules based on benzodifuran for efficient organic solar cells*，Du Zhengkun、Chen Weichao、Wen Shuguang 等在 2014 年发表在 *ChemSusChem* 上的 *New benzo[1,2-b:4,5-b']dithiophene-based small molecules containing alkoxyphenyl side chains for high efficiency solution-processed organic solar cells* 等。

四、光热利用研究

光热利用研究这一聚类的研究热点主要有 solar energy（14 篇）、Monte Carlo（8 篇）、receiver（5 篇）、nanofluids（3 篇）、photovoltaic（3 篇）等。主要研究机构有中国科学院（6 篇）、中国石油大学（5 篇）、中国海洋大学（5 篇）、青岛科技大学（4 篇）、山东省科学院（2 篇）等。

代表性的文献有：Wang Fuqiang、Tan Jianyu、Ma Lanxin 等在 2015 年发表在 *Energy Conversion and Management* 上的 *Effects of key factors on solar aided methane steam reforming in porous medium thermochemical reactor*，Wang Fuqiang、Tan Jianyu、Shuai Yong 等在 2014 年发表在 *Energy Conversion and Management* 上的 *Numerical analysis of hydrogen production via methane steam reforming in porous media solar thermochemical reactor using concentrated solar irradiation as heat source* 等。

本章的数据选择了 Web of Science 核心合集 SCI 数据库中 2011～2015 年收录的 SCI 论文数据。

第一步，在 Web of Science 核心合集 SCI 数据库中检索风能领域的文献，检索依据选择发表在 *Renewable & Sustainable Energy Reviews* 期刊上的 *Scientific production of renewable energies worldwide: an overview* 一文对风能领域的限定。检索式为 ts＝wind energy or ts＝wind power or ts＝wind farm，精炼文献类型为 Article，精炼国家/地区为 PEOPLES R CHINA，得到 3234 条数据。

第二步，检索山东省的论文。利用地址字段进行检索，用省份名称与山东省 143 所普通高校所在城市的英文名称进行检索，另外补充名称比较特殊的几所研究机构，如中国海洋大学（Ocean University of China）、鲁东大学（Ludong University）、中国石油大学（China University of Petroleum）、中国科学院海洋研究所（Institute of Oceanology, Chinese Academy of Sciences）、国家海洋局第一海洋研究所（First Institute of Oceanography）、中国水产科学研究院黄海水产研究所（Yellow Sea Fisheries Research Institute, Chinese Academy of Fishery Sciences）等，以及山东的代称（qilu）和标志性建筑泰山（taishan），检索式为 AD＝shandong or qingdao or yantai or weifang or jinan or jining or linyi or taian or weihai or zibo or liaocheng or dongying or zaozhuang or laiwu or rizhao or dezhou or binzhou or heze or "Ocean University of China" or "Ludong University" or qilu or taishan or "China University of Petroleum" or "the Institute of Oceanology" or "the First Institute of Cceanography" or "Yellow Sea Fisheries Research Institute", 最终检索结果为 169 条。检索日期为 2018 年 1 月 10 日。

第一节　风能领域发文量分析

科技论文作为科技产出的重要表现形式之一，其发表量可以作为评价风能领域科研产出率和科研水平的重要指标。图 3-1 为 2011～2015 年全国及山东省风能领域在国际核心期刊（SCI）上的发文量及山东省发文量在全国占比的趋势图。

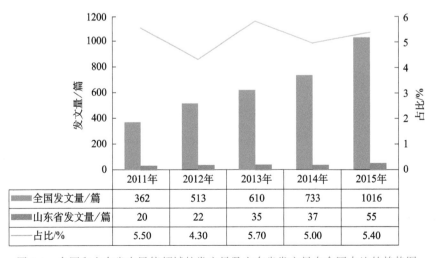

	2011年	2012年	2013年	2014年	2015年
全国发文量/篇	362	513	610	733	1016
山东省发文量/篇	20	22	35	37	55
占比/%	5.50	4.30	5.70	5.00	5.40

图 3-1　全国和山东省在风能领域的发文量及山东省发文量在全国占比的趋势图

2011～2015 年，全国在国际核心期刊上共发表风能领域文献 3234 篇。发表论文量呈逐年上升趋势，其中，2015 年发表文献 1016 篇，相比 2011 年的 362 篇，提升了约 1.80 倍。从图中可以看出，有极大概率全国在风能领域发文量增加的速度会越来越快。

2011～2015 年，山东省在国际核心期刊上关于风能领域共发表文献 169 篇，发表论文呈现出逐年上升的趋势，其中 2011 年发表文献 20 篇，2015 年发表文献 55 篇，是 2011 年 20 篇的 2.75 倍。从图中可以看出，2014～2015 年柱形增高幅度明显加大，说明有极大概率发文量的增加速度会越来越快。

对比山东省和全国在风能领域的发文量可以看出，2011 年山东省在全国的占比为 5.50%，与 2015 年其在全国的占比相近，说明山东省在风能领域的发文量与全国的增长速度基本同步。

第二节　风能领域高产机构分析

一、全国风能领域高产机构分析

为了识别出全国在风能领域有哪些主要研究机构，本书分别统计了全国前 20 位研究机构在国际核心期刊上的发文情况，如表 3-1 所示。

表 3-1　全国风能领域高产机构 TOP 20（2011～2015 年）

序号	高产机构	前五个作者（发文量/篇）	发文量/篇	占比/%
1	中国科学院	Wang Zhong（32）、Wang Dongxiao（14）、Dai Shao-tao（12）、Xiao Liye（11）、Wang C（10）	566	17.50
2	清华大学	Kang Chongqing（12）、Sun Hongbin（12）、Geng Hua（11）、Guo Qinglai（11）、Zhang Boming（10）	208	6.43
3	华北电力大学	Yang Yongping（10）、Yang Lijun（8）、Du Xiaoze（8）、Wang Zengping（7）、Li Gengyin（6）	140	4.33

续表

序号	高产机构	前五个作者（发文量/篇）	发文量/篇	占比/%
4	华中科技大学	Wen Jinyu（20）、Qu Ronghai（12）、Zhang Buhan（9）、Cheng Shijie（9）、Yuan Xiaohui（7）	140	4.33
5	浙江大学	Li Wei（13）、Nian Heng（12）、Yin Xiuxing（9）、Lin Yonggang（9）、Gu Yajing（8）	128	3.96
6	重庆大学	Wang Lei（8）、Xiong Xiaofu（8）、Song Yongduan（7）、Xie Kaigui（7）、Chen Zhe（6）	113	3.49
7	北京大学	Wang Linghua（12）、Tu Chuanyi（11）、He Jiansen（11）、Zong Qiugang（10）、Fu Suiyan（7）	110	3.40
8	东南大学	Cheng Ming（19）、Hu Minqiang（6）、Zhu Zhiqiang（6）、Gu Wei（6）、Xu Qingshan（5）	103	3.18
9	西安交通大学	Dai Yiping（10）、Gao Feng（9）、Guan Xiaohong（7）、Wang Xifan（7）、Zhao Pan（7）	102	3.15
10	哈尔滨工业大学	Yao Baoquan（9）、Ju Yulun（8）、Chen F（8）、Wang Yuezhu（7）、Cui Shumei（5）	97	3.00
11	香港大学	Chau Kwok Tong（20）、Liu Chunhua（11）、Cheng Kwong Sang（11）、Takata J（9）、Hui Darid CY（9）	91	2.81
12	香港理工大学	Xu Zhao（15）、Yang Hongxing（11）、Lu Lin（11）、Wong Kit（10）、Dong Zhao（8）	81	2.50
13	上海交通大学	Cai Xu（10）、Jiang Chuanwen（6）、Yan Zheng（5）、Li Shuang（4）、Xie Da（3）	79	2.44
14	南京信息工程大学	Wu Liguang（7）、Gao Zhiqiu（6）、Lu Jianyong（5）、Zong Huijun（4）、Kabin K（4）	76	2.35
15	南京大学	Huang Yuhao（7）、Dai Zigao（6）、Wang Yuan（5）、Wu Xuefeng（5）、Song Zhe（5）	67	2.07
16	天津大学	Xia Changliang（7）、Jia Hongjie（5）、Song Zhan-feng（5）、Xie Lixin（4）、Ge Shaoyun（4）	62	1.92
17	武汉大学	Sun Yuanzhang（7）、Yi Fan（5）、Sun Yuanzhang（5）、Yi F（4）、Huang Kaiming（3）	61	1.89
18	中国科学技术大学	Dou Xiankang（6）、Wang Yuming（6）、Lei Jiuhou（5）、Wang Shui（4）、De Moortel（3）	61	1.89
19	中国科学院大学	Cai Shuqun（3）、Hou Yijun（3）、Wang Binbin（2）、Gan Zhaoming（2）、Yuan Feng（2）	60	1.86
20	兰州大学	Wang Jianzhou（21）、Zhang Wenyu（7）、Hu Jian-ming（5）、Wu Jie（5）、Zheng Xiaojing（5）	58	1.80

从国际核心期刊发表的论文来看，2011～2015 年，全国在风能领域发表论文最多的 4 个机构分别是中国科学院（566 篇）、清华大学（208 篇）、华北电力大学（140 篇）和华中科技大学（140 篇），这 4 个机构的发文量均超过了 130 篇。

中国科学院在风能领域的学科主要集中在天文学和天体物理学（153 篇）、气象与大气科学（95 篇）、地球科学（60 篇）、海洋学（53 篇）和应用物理学（43 篇）等。2011～2015 年，中国科学院在风能领域发表的论文量呈现出逐年上升的趋势，其中，2011 年发表的论文量最低，为 77 篇，2015 年发表的论文量最高，为 146 篇，中国科学院在风能领域的主要研究热点包括 solar wind（20 篇）、South China Sea（13 篇）、wind energy（12 篇）、non-thermal radiation mechanisms（11 篇）、triboelectric nanogenerator（11 篇）等。

发文量排名第二的是清华大学，清华大学在风能领域的研究学科主要集中在电子电气工程（93 篇）、能源和燃料（81 篇）、绿色科技和可持续发展（42 篇）、环境科学（19 篇）等。2011～2015 年，清华大学的发文量呈逐年上升的趋势，其中 2011 年发文量为 20 篇，而 2015 年的发文量达 75 篇，增加了 2.75 倍。清华大学在风能领域的主要研究热点包括 wind power（38 篇）、China（12 篇）、renewable energy（7 篇）、uncertainty（7 篇）、unit commitment（5 篇）等。

发文量排名第三位的是华北电力大学，华北电力大学在风能领域的研究学科主要集中在能源和燃料（68 篇）、电子电气工程（36 篇）、力学（24 篇）、绿色科技和可持续发展（23 篇）和力学（17 篇）等。2011～2015 年，华北电力大学的发文量呈现出上升的趋势，2011 年发文量为 0 篇，2012 年发文量为 1 篇，2015 年发文量为 69 篇，可以看出华北电力大学在风能领域的发展是十分迅速的。华北电力大学在风能领域的主要研究热点包括 wind power（17 篇）、China（15 篇）、uncertainty（6 篇）、air-cooled condenser（5 篇）、wind turbine（5 篇）等。

二、山东省风能领域高产机构分析

为了识别出山东省在风能领域的主要研究机构，本书统计了山东省各研究机构在国际核心期刊上的发文情况（表 3-2）。

表 3-2　山东省风能领域高产机构 TOP 15（2011～2015 年）

序号	高产机构	前五个作者（发文量/篇）	发文量/篇	占山东省总量比例/%	占全国总量比例/%
1	中国海洋大学	Wu Lixin（8）、Jing Zhao（7）、Tian Jiwei（6）、Zhao Wei（5）、Wu Kejian（4）	56	33.14	17.32
2	山东大学	Liu J（6）、Xue L（5）、Liu C（5）、Liang Jun（5）、Li Qingmin（5）	40	23.67	12.37
3	中国科学院海洋研究所	Song Jinbao（9）、Hou Yijun（6）、Li Shuang（3）、Hu Po（2）、Huang Yansong（2）	23	13.61	0.71
4	中国石油大学	Wang Jing（2）、Meng Junmin（2）、Zhang Jie（2）、Wan Yong（2）、Wang Yubin（2）	6	3.55	0.19
5	山东科技大学	Gao Yufeng（3）、Li Dayong（3）、Wu Yongxin（3）、Cai Yuanqiang（3）、Liu Hanlong（3）	5	2.96	0.15
6	山东建筑大学	Jelena Srebric（3）、Liu Jiying（3）、Mohammad Heidarinejad（3）、Stefan Gracik（3）、Zhang Linhua（1）	4	2.37	0.12
7	青岛大学	Long Yunze（3）、Yan Xu（3）、Yu Miao（3）、Dong Ruihua（2）、Han Wenpeng（2）	4	2.37	0.12
8	山东大学（威海）	Shi Quanqi（3）、Zong Qiugang（3）、Fu Suiyan（2）、Pu Zuyin（2）、Angelopoulos V（1）	4	2.37	0.12
9	山东农业大学	Li Hongli（1）、Wang Yang（1）、Zhao Fuyun（1）、Zhang Hongna（1）、Li Xin（1）	3	1.78	0.09
10	齐鲁科技大学	Yao Zhiqing（1）、Hao Zhenghang（1）、Chen Zhuo（1）、Ni Jiasheng（1）、Wang Chang（1）	2	1.18	0.06
11	青岛工业大学	Patricia Pontau（1）、Hou Yi（1）、Cai Hua（1）、Wang Yang（1）、Zhao Fuyun（1）	2	1.18	0.06

续表

序号	高产机构	前五个作者（发文量/篇）	发文量/篇	占山东省总量比例/%	占全国总量比例/%
12	山东理工大学	Huang Xuemei（1）、Zhang Leian（1）、Yuan Guangming（1）、Ma Yanfei（1）、Zheng Xilai（1）	2	1.18	0.06
13	山东新丰光电子技术开发有限公司	Dai Shaotao（2）、Guo Wenyong（2）、Xiao Liye（2）、Li Yuanhe（2）、Xu Xi（2）	2	1.18	0.06
14	济南大学	Qian Dejian（1）、Guo Xiangkai（1）、Duan Huichuan（1）、Jiang Xubao（1）、Zou Dong（1）	2	1.18	0.06
15	中国科学院烟台海岸带研究所	Gao Meng（1）、Ning Jicai（1）、Wu Xiaoqing（1）、Wei Ke（1）、Xu Ting（1）	2	1.18	0.06

从国际核心期刊的论文发表量来看，2011~2015年，山东省在风能领域发表论文最多的3个机构分别是中国海洋大学、山东大学以及中国科学院海洋研究所。其中中国海洋大学发表论文56篇，山东大学发表论文40篇，中国科学院海洋研究所发表论文23篇，这3个机构的论文发表量均超过了20篇。

山东省在风能领域发表论文量最高的是中国海洋大学。2011~2015年，中国海洋大学发表论文56篇，论文发表量呈现出逐年上升的趋势，其中2015年发表论文16篇，相比于2011年的5篇增加了2.20倍。中国海洋大学在风能领域研究的学科主要是海洋学（33篇）、气象与大气科学（8篇）、绿色可持续科学技术（4篇）、能源和燃料（4篇）、多学科地球科学（4篇）等。主要的研究热点包括wind stress（3篇）、SWAN（2篇）、wave energy（2篇）、turbulence（2篇）、internal waves（2篇）等。

山东省风能领域发表论文量第二名的是山东大学。2011~2015年，山东大学发表论文40篇，发文量呈现出逐年上升的趋势，其中2015年发表论文14篇，相比于2011年的5篇增加了1.80倍。山东大学在风能领域研究的学科主要是电子电气工程（11篇）、天文天体物理学（9篇）、应用物理学（6篇）、环境科学（5篇）、能源和燃料（5篇）等。主要的研究热点包括

wind power（4 篇）、secondary arc（3 篇）、sparse bayesian learning（SBL）（3 篇）、power system（2 篇）、frequency control（2篇）等。

山东省风能领域发表论文量第三名的是中国科学院海洋研究所。2011～2015 年，中国科学院海洋研究所发表论文 23 篇，其中 2011 年发表论文 4 篇，2015 年发表论文 5 篇，并未有如山东大学和中国海洋大学一样的增长趋势。中国科学院海洋研究所在风能领域研究的学科主要是 Oceanography（20 篇）、limnology（6 篇）、multidisciplinary geosciences（2 篇）、marine freshwater biology（2 篇）等。主要的研究主题包括 South China Sea（4 篇）、wave breaking（3 篇）、random wave（2 篇）、Ekman drift current（2 篇）、coefficient of eddy viscosity（2篇）等。

第三节　风能领域研究学科分析

一、全国风能领域学科分布分析

为了统计全国风能领域国际核心期刊论文在各学科的发文量及其占全部论文的比例，识别出全国风能领域目前发文量较高的强势学科，本书统计了 2011～2015 年全国风能领域强势学科的国际核心期刊论文发表情况，如表 3-3 所示。

表 3-3　全国风能领域强势学科国际核心期刊论文发表情况（2011～2015 年）

序号	学科	发文量/篇	前五个关键词（发文量/篇）	前五个机构（发文量/篇）
1	电子电气工程（Electrical & electronic engineering）	829	wind power（113）、doubly fed induction generator（DFIG）（38）、wind power generation（30）、wind farm（30）、uncertainty（19）	清华大学（93）、华中科技大学（81）、浙江大学（64）、东南大学（53）、重庆大学（50）

续表

序号	学科	发文量/篇	前五个关键词（发文量/篇）	前五个机构（发文量/篇）
2	能源和燃料（Energy & fuels）	687	wind power（74）、China（44）、wind turbine（40）、wind energy（29）、renewable energy（21）	清华大学（81）、华北电力大学（68）、西安交通大学（36）、中国科学院（35）、华中科技大学（34）
3	天文天体物理学（Astronomy & astrophysics）	272	solar wind（32）、neutron star（24）、acceleration of particles（23）、non-thermal radiation mechanisms（20）、accretion, accretion disks（17）	中国科学院（153）、北京大学（53）、南京大学（31）、香港大学（28）、中国科学技术大学（27）
4	大气气象学（Atmospheric meteorology）	268	tropical cyclone（13）、turbulence（6）、meteorology and atmospheric dynamics（6）、vertical wind shear（5）、middle atmosphere dynamics（5）	中国科学院（95）、南京信息科技大学（44）、中国气象科学研究院（28）、北京大学（21）、南京大学（19）
5	绿色可持续发展科技（Science & technology for green sustainable development）	259	wind power（29）、wind turbine（18）、China（17）、wind farm（9）、wind speed（8）	清华大学（42）、华北电力大学（23）、重庆大学（19）、华中科技大学（13）、上海交通大学（13）
6	应用物理学（Applied physics）	217	wind power（7）、finite-element method（FEM）（6）、superconducting generator（6）、superconducting magnet（5）、permanent magnet（5）	中国科学院（43）、华中科技大学（21）、香港大学（21）、东南大学（20）、哈尔滨工业大学（18）
7	机械学（Mechanics）	192	wind power（11）、numerical simulation（8）、wind turbine（7）、wind energy（6）、wind tunnel test（6）	同济大学（17）、华北电力大学（17）、西安交通大学（13）、哈尔滨工业大学（12）、清华大学（10）
8	土木工程（Civil engineering）	171	wind tunnel test（13）、typhoon（7）、CFD（6）、numerical simulation（5）、full-scale measurement（5）	同济大学（22）、哈尔滨工业大学（15）、香港大学（12）、香港理工大学（11）、天津大学（9）

续表

序号	学科	发文量/篇	前五个关键词（发文量/篇）	前五个机构（发文量/篇）
9	机械工程（Mechanical engineering）	162	wind turbine（14）、air-cooled condenser（9）、numerical simulation（6）、condition monitoring（5）、indirect dry cooling system（5）	华北电力大学（12）、西安交通大学（12）、重庆大学（10）、同济大学（9）、华北电力大学（北京）（9）
10	环境科学（Environmental sciences）	156	China（22）、renewable energy（13）、wind power（7）、air quality（4）、wind erosion（4）	中国科学院（43）、清华大学（19）、华北电力大学（12）、中国科学院大学（8）、北京大学（7）

从国际核心期刊发表的论文量来看，电子电气工程（829 篇）、能源和燃料（687 篇）和天文天体物理学（272 篇）等领域是全国风能领域的论文高产领域，论文的发表量都超过了 270 篇。

二、山东省风能领域学科分布分析

从国际核心期刊论文发表量来看，海洋学（55 篇）、电子电气工程（18 篇）、能源和燃料（17 篇）、大气气象科学（16 篇）等学科是山东省风能领域论文发表量较多的学科，均超过了 15 篇，如表 3-4 所示。将山东省风能领域的高产学科与全国做对比可以发现，山东省的海洋学是自己的特色学科。其余的强势学科具有一定的一致性。

表 3-4 山东省风能领域的主要强势学科 TOP 10

序号	学科	频次	前五个关键词（发文量/篇）	高产机构（发文量/篇）
1	海洋学（Oceanography）	55	South China Sea（5）、near-inertial oscillation（3）、typhoon（3）、wind stress（3）、wave breaking（3）	中国海洋大学（35）、国家海洋科学研究中心（1）
2	电子电气工程（Engineering electrical & electronic）	18	sparse bayesian learning（SBL）（3）、secondary arc（3）、high-temperature superconductor（2）、arc column form（2）、low-voltage ride through（LVRT）（2）	山东大学（11）、中国石油大学（2）、山东新风光电子科技发展有限公司（2）、济南供电公司（1）、山东电网电力公司（1）

续表

序号	学科	频次	前五个关键词（发文量/篇）	高产机构（发文量/篇）
3	能源和燃料（Energy & fuels）	17	power system（2）、wind power（2）、wave energy（2）、computational fluid dynamics（2）、energyplus（1）	山东大学（5）、中国海洋大学（4）、哈尔滨工业大学（威海）（2）、山东建筑大学（2）、青岛理工大学（2）
4	大气气象科学（Atmospheric meteorology）	16	climatology（3）、decadal change（1）、kinetic energy spectral and rotary spectral（1）、internal tide wave（1）、inner structure（1）	中国海洋大学（8）、中国科学院（5）、山东大学（3）、山东大学（威海）（1）
5	应用物理学（Applied physics）	13	secondary arc（2）、wind energy conversion（2）、high-temperature superconductor（2）、hot spot temperature（1）、graphite fiber（1）	山东大学（6）、青岛大学（3）、中国石油大学（2）、山东省科学院（1）
6	天文天体物理学（Astronomy & astrophysics）	13	acceleration of particles（3）、gamma rays: general（2）、ULF wave（2）、sun: radio radiation（2）、shock waves（2）	山东大学（9）、山东大学（威海）（4）
7	环境科学（Environmental sciences）	10	wind power（2）、China（2）、coal-fired generation（1）、individual particle（1）、hygroscopicity（1）	山东大学（5）、中国海洋大学（3）、山东科技大学（1）、青岛科技大学（1）
8	机械学（Mechanics）	10	numerical simulation（2）、error assessment（1）、a-frame cells（1）、model turbine experiments（1）、mathematical model（1）	山东科技大学（2）、山东大学（2）、哈尔滨工业大学（威海）（2）、山东工业大学（1）、山东理工大学（1）
9	湖沼学（Limnology）	8	wind stress（2）、typhoon（2）、northern South China Sea（1）、bohai Sea（1）、climate anomaly of China（1）	中国海洋大学（3）
10	地球科学多学科（Multidisciplinary geosciences）	8	overturn（1）、calm（1）、chlorophyll concentration（1）、continental shelf region of hainan island（1）、eddies（1）	中国海洋大学（4）、山东省海洋生态环境重点实验室（1）、山东大学（威海）（1）

（一）海洋学

海洋学涵盖有关海洋科学研究和海洋各方面的资源，包括其范围和深度的划定，海域的物理和化学以及资源的开发。主要的研究热点包括 South China Sea（5篇）、near-inertial oscillation（3篇）、typhoon（3篇）、wind stress（3 篇）、wave breaking（3 篇）等。山东省关于海洋学主要的研究机构是中国海洋大学（35 篇）、国家海洋科学研究中心（1 篇）。

（二）电子电气工程

电气和电子涵盖处理电力应用的资源，通常涉及通过导体的电流，如电动机和发电机。此类别还包括涵盖通过气体或真空以及半导体和超导材料传导电力的资源。该类别的其他相关主题包括图像和信号处理、电磁学、电子元件和材料、微波技术和微电子技术。主要的研究热点包括 sparse Bayesian learning（SBL）（3 篇）、secondary arc（3 篇）、high-temperature superconductor（2 篇）、arc column form（2 篇）、low-voltage ride through（LVRT）（2 篇）等。山东省关于电子电气工程主要的研究机构是山东大学（11 篇）、中国石油大学（2 篇）等。

（三）能源和燃料

能源和燃料涵盖不可再生（可燃）燃料（如木材、煤炭、石油和天然气）和可再生能源（太阳能、风能、生物质能、地热能、生物能源等）的开发、生产、使用。主要的研究热点包括 power system（2 篇）、wind power（2 篇）、wave energy（2 篇）、computational fluid dynamics（2 篇）、EnergyPlus（1 篇）等。山东省关于能源和燃料学科的主要研究机构是山东大学（5 篇）、中国海洋大学（4 篇）等。

第四节　风能领域研究主题分析

一、全国风能领域研究主题分析

为展现全国在风能领域的主要研究主题，本书对国际核心期刊文献的研究主题进行统计，得到全国在风能领域前 20 个研究主题，如表 3-5 所示。

表 3-5　全国风能领域研究主题 TOP 20

序号	研究主题	频次	前五个关键词（发文量 / 篇）	前五个机构（发文量 / 篇）
1	风力（Wind power）	190	China（11）、unit commitment（8）、particle swarm optimization（7）、uncertainty（7）、frequency control（6）	清华大学（38）、华中科技大学（19）、华北电力大学（17）、香港理工大学（17）、浙江大学（12）
2	风力涡轮机（Wind turbine）	83	doubly fed induction generator（DFIG）（8）、condition monitoring（5）、fault diagnosis（4）、power smoothing（3）、drive train（3）	重庆大学（10）、中国科学院（6）、浙江大学（6）、华中科技大学（5）、华北电力大学（5）
3	中国（China）	64	wind power（11）、wind energy（5）、renewable energy（4）、technology transfer（3）、policy（3）	华北电力大学（15）、清华大学（12）、中国科学院（9）、华北电力大学（北京）（5）、北京师范大学（3）
4	风能（Wind energy）	60	solar energy（6）、China（5）、wind speed forecasting（4）、doubly fed induction generator（DFIG）（3）、artificial neural networks（2）	中国科学院（12）、西安交通大学（6）、华北电力大学（4）、浙江大学（4）、清华大学（4）
5	可再生能源（Renewable energy）	52	wind speed（5）、China（4）、wind power（3）、electric vehicle（3）、weibull distribution function（2）	中国科学院（9）、清华大学（7）、重庆大学（4）、哈尔滨工业大学（3）、华北电力大学（3）
6	风电场（Wind farm）	48	battery energy storage system（4）、genetic algorithm（3）、optimization（2）、power system（2）、data mining（2）	华中科技大学（5）、重庆大学（4）、河海大学（4）、清华大学（4）、东南大学（4）
7	双馈发电机（Doubly fed induction generator）	98	wind power（9）、wind turbine（7）、wind power generation（7）、wind energy（6）、low-voltage ride through（LVRT）（5）	浙江大学（18）、华中科技大学（14）、清华大学（12）、重庆大学（11）、武汉大学（6）
8	太阳风（Solar wind）	37	turbulence（14）、acceleration of particles（9）、plasmas（8）、waves（6）、shock waves（6）	中国科学院（20）、北京大学（14）、中国科学技术大学（3）、南昌大学（2）、中国地质大学（北京）（1）

续表

序号	研究主题	频次	前五个关键词（发文量/篇）	前五个机构（发文量/篇）
9	风力发电（Wind power generation）	36	doubly fed induction generator（DFIG）（4）、probability（3）、economic dispatch（2）、gram-charlier expansion（2）、permanent-magnet synchronous generator（PMSG）（2）	南京航空航天大学（8）、华中科技大学（5）、东南大学（2）、中国电力研究所（2）、大连理工大学（2）
10	风速（Wind speed）	35	renewable energy（5）、wind power（4）、air-cooled heat exchanger（3）、dry-cooling tower（3）、wind power density（3）	兰州大学（5）、中国科学院（4）、北京师范大学（3）、华北电力大学（3）、哈尔滨工业大学（3）
11	数值模拟（Numerical simulation）	32	high-rise building array（2）、kurtosis（1）、finite element analysis（1）、finite element method（1）、flux compression（1）	广州大学（3）、香港大学（3）、东南大学（3）、上海交通大学（2）、中国科学院（2）
12	紊流（Turbulence）	29	solar wind（14）、plasmas（8）、Waves（6）、magnetic fields（3）、magnetic reconnection（3）	北京大学（12）、中国科学院（8）、南昌大学（3）、中国气象管理局（3）、武汉大学（2）
13	热带气旋（Tropical cyclone、Tropical cyclones、Tropical cyclogenesis）	31	South China Sea（3）、boundary layer（3）、interannual variability（2）、monsoon（2）、gust factor（2）	中国科学院（9）、香港城市大学（6）、香港天文台（6）、南京信息工程大学（4）、南京大学（4）
14	粒子加速（Particle acceleration）	24	solar wind（9）、sun coronal mass ejections（CMEs）（8）、shock waves（7）、solar particle emission（7）、solar flares（5）	中国科学院（9）、北京大学（8）、南京大学（4）、香港大学（3）、新疆大学（1）
15	中子星（Neutron star）	24	general pulsars（8）、non-thermal radiation mechanisms（6）、magnetars stars（5）、binaries X-rays（4）、gamma rays stars（3）	中国科学院（9）、香港大学（8）、南京大学（6）、清华大学（6）、北京大学（3）
16	不确定性（Uncertainty、Uncertainties）	28	wind power（7）、monte carlo simulation（3）、renewable power generation（2）、power system（2）、probabilistic load flow（2）	清华大学（7）、华北电力大学（7）、上海交通大学（3）、东南大学（3）、浙江大学（2）

续表

序号	研究主题	频次	前五个关键词（发文量/篇）	前五个机构（发文量/篇）
17	蒙特卡罗模拟（Monte Carlo simulation、Monte Carlo simulation）	26	wind power（6）、latin hypercube sampling（4）、wind speed correlation（3）、wind power plants（3）、nataf transformation（3）	华中科技大学（4）、香港理工大学（2）、华北电力大学（北京）（2）、重庆大学（2）、清华大学（2）
18	风速预测（Wind speed forecasting）	23	artificial neural networks（4）、wind energy（4）、wind speed predictions（3）、ARIMA（3）、hybrid model（3）	兰州大学（9）、东北财经大学（5）、天津大学（2）、中国科学院（1）、东南大学（1）
19	粒子群优化（Particle swarm optimization、Particle swarm optimization（PSO）、Particle swarm optimisation）	27	wind power（9）、genetic algorithm（3）、microgrid（3）、wind power generation（3）、chance constrained programming（2）	香港理工大学（4）、浙江大学（3）、香港城市大学（3）、河海大学（1）、大连理工大学（1）
20	微电网（Microgrid、Micro-grid、Micro-grid）	27	uncertainty（3）、particle swarm optimization（3）、control strategy（2）、small signal stability（2）、coordinated scheduling（2）	浙江大学（4）、上海交通大学（3）、合肥科技大学（2）、浙江省电力公司（2）、武汉大学（2）

全国风能领域的研究主题主要包括风力（190篇）、风力涡轮机（83篇）、中国（64篇）。这三个研究主题的发文量均超过了60篇，这说明全国风能领域对这几个主题的研究比较多。

二、山东省风能研究主题分布

为展现山东省在风能领域的主要研究主题，本书对国际核心期刊文献的研究主题进行统计，得到山东省在风能领域前20个研究主题，如表3-6所示。

表3-6 山东省风能领域的研究主题 TOP 20

序号	研究主题	频次	前五个关键词（发文量/篇）	高产机构（发文量/篇）
1	中国南海（South China Sea）	5	oceanic response（1）、eddy energy（1）、eddy heat transport（1）、eddy volume transport（1）、langmuir circulation（1）	中国海洋大学（2）

续表

序号	研究主题	频次	前五个关键词（发文量/篇）	高产机构（发文量/篇）
2	风力（Wind power）	5	multi-state system（1）、chaos analysis（1）、China（1）、correlation（1）、energy（1）	山东大学（4）、国网山东省电力公司（1）
3	数值模拟（Numerical modeling、Numerical model、Numerical modelling）	5	langyatai headland（1）、circulation（1）、CO flow/diffusion（1）、current measurements（1）、energy dissipation（1）	中国海洋大学（2）、中国石油大学（1）
4	计算流体动力学（Computational fluid dynamics）	4	building energy consumption（2）、horizontal axis tidal turbine（1）、building energy simulations（1）、classroom air environment（1）、convective heat transfer coefficient（1）	山东建筑大学（2）、山东农业大学（1）、青岛理工大学（1）
5	风压强（Wind stress）	4	mixing（1）、baroclinic instability（1）、Bohai Sea（1）、East China Sea（1）、eddies（1）	中国海洋大学（3）
6	二次弧电（Secondary arc）	3	motion characteristics（2）、arc column form（2）、wind load（1）、wind effect（1）、simulation modeling（1）	山东大学（3）
7	风能转换系统（Wind energy conversion system）	3	port-controlled hamiltonian model（3）、doubly-fed induction generator（2）、energy-based excitation control（1）、energy-based coordinated control（1）、energy-based control（1）	哈尔滨工业大学（威海）（3）
8	波浪破碎（Wave breaking）	3	langmuir circulation（2）、upper ocean mixing（1）、South China Sea（1）、ocean mixed layer（1）、numerical model（1）	
9	粒子加速（Acceleration of particles）	3	sun: radio radiation（2）、shock waves（2）、solar X-rays、gamma rays（1）、solar particle emission（1）、solar flares（1）	山东大学（2）、山东大学（威海）（1）
10	近惯性震荡（Near-inertial oscillation）	3	typhoon（1）、turbulent mixing（1）、tropical storm（1）、tropical cyclone（1）、stratification（1）	中国海洋大学（1）

续表

序号	研究主题	频次	前五个关键词（发文量/篇）	高产机构（发文量/篇）
11	台风（Typhoon）	3	Western North Pacific Ocean（1）、swell decay rate（1）、stratification（1）、Northern South China Sea（1）、nonlinear wave-wave interaction（1）	中国海洋大学（2）
12	气候学（Climatology）	3	wind waves（1）、tropics（1）、satellite observations（1）、remote sensing（1）、precipitation（1）	中国海洋大学（2）
13	稀疏贝叶斯学习（Sparse Bayesian learning）	3	support vector machine（SVM）（2）、wind power generation forecast（1）、wind power forecast（1）、wind generation forecast（1）、probabilistic forecast（1）	山东大学（3）、枣庄供电公司（1）
14	热带气旋（Tropical cyclone）	3	wind-wave interaction（1）、wavewatch Ⅲ（1）、summer monsoon（1）、South China Sea（1）、Shallow Ocean（1）	中国海洋大学（2）、中国科学院海洋研究所（1）
15	端口控制哈密顿模型（Port-controlled Hamiltonian model）	3	wind energy conversion system（3）、doubly-fed induction generator（2）、energy-based excitation control（1）、energy-based coordinated control（1）、energy-based control（1）	哈尔滨工业大学（威海）（3）
16	内波（Internal wave、internal waves）	3	wave breaking（1）、turbulence（1）、oceanic interior mixing（1）、numerical model（1）、internal tide wave（1）	中国海洋大学（2）
17	电力系统（Power system、Power systems）	3	wind power forecast（1）、thermal comfort（1）、support vector machine（SVM）（1）、stability（1）、Sparse bayesian learning（SBL）（1）	山东大学（3）
18	降雨量（Rainfall）	2	wind wave（1）、wave age（1）、turbulent kinetic energy（1）、turbulence（1）、the tropical pacific（1）	中国海洋大学（1）
19	波功率密度（Wave power density）	2	wave energy resources（1）、wave energy assessment（1）、theoretical wave energy（1）、multi-satellite merged altimeter data（1）、high sea state（1）	中国海洋大学（2）、中国石油大学（2）

序号	研究主题	频次	前五个关键词（发文量／篇）	高产机构（发文量／篇）
20	斯托克斯漂移（Stokes drift）	2	random wave（2）、ekman drift current（2）、coefficient of eddy viscosity（2）、K-profile parameterization（KPP）（1）	中国海洋大学（2）

山东省风能领域排名第一的研究主题是中国南海。南海是我国海上风能资源最丰富的地区。每年夏秋两季，海洋风暴频繁登陆南海。海上风能具有流向稳定性好、能量集中度高的特点，因此倍受业界青睐，开发利用趋势向好，已成为可再生能源的新生力量。这一主题的主要研究热点有：oceanic response（1篇）、eddy energy（1篇）、eddy heat transport（1篇）、eddy volume transport（1篇）、Langmuir circulation（1篇）等。主要的研究机构有中国海洋大学（2篇）。

山东省风能领域排名第二的研究主题是风力。风力，指从风得到的机械力。这一主题的主要研究热点有：multi-state system（1篇）、chaos analysis（1篇）、China（1篇）、correlation（1篇）、energy（1篇）。主要的研究机构包括山东大学（4篇）、国网山东省电力公司（1篇）等。

山东省风能领域排名第三的研究主题是数值模拟。诞生于1953年的数值模拟，主要依靠电子计算机，结合有限元或有限容积的概念，以数值计算和图像显示的方法，形象地再现流动情景。这一主题的研究热点有Langyatai headland（1篇）、circulation（1篇）、CO flow/diffusion（1篇）、current measurements（1篇）、energy dissipation（1篇）等。主要的研究机构有中国海洋大学（2篇）、中国石油大学（1篇）等。

山东省风能领域排名第四的研究主题是计算流体动力学。计算流体动力学是指用电子计算机和离散化的数值方法对流体力学问题进行数值模拟和分析的一个新分支。这一主题的主要研究热点有building energy consumption（2篇）、horizontal axis tidal turbine（1篇）、building energy simulations（1篇）、classroom air environment（1篇）、convective heat transfer coefficient（1篇）等。主要的研究机构有山东建筑大学（2篇）、山东农业大学（1篇）、青岛理工大学（1篇）等。

山东省风能领域排名第五的研究主题是风压强。风压由于建筑物的阻挡，四周空气受阻，动压下降，静压升高。侧面和背面产生局部涡流，静压下降，动压升高。和远处未受干扰的气流相比，这种静压的升高和降低统称为风压。这一主题的主要研究热点有 mixing（1篇）、baroclinic instability（1篇）、Bohai Sea（1篇）、East China Sea（1篇）、eddies（1篇）等。主要的研究机构有中国海洋大学（3篇）等。

第五节 风能领域高被引文献分析

一、全国风能领域高被引文献分析

对全国风能领域高被引文献进行统计分析可以看出，全国风能领域被引频次前 20 的文献中，有 6 篇发表于 2011 年，5 篇发表于 2012 年，3 篇发表于 2013 年，5 篇发表于 2014 年，1 篇发表于 2015 年，如表 3-7 所示。

表 3-7 全国风能领域的高被引论文 TOP 20

序号	文献	第一作者机构	被引频次
1	Yang P H, Xiao X, Li Y, et al. Hydrogenated ZnO core-shell nanocables for flexible supercapacitors and self-powered systems[J]. ACS Nano, 2013, 7（3）: 2617-2626.	暨南大学	453
2	Hui S Y R, Zhong W, Lee C K. A critical review of recent progress in mid-range wireless power transfer[J]. IEEE Transactions on Power Electronics, 2014, 29（9）: 4500-4511.	香港大学	298
3	Zhu G, Chen J, Zhang T, et al. Radial-arrayed rotary electrification for high performance triboelectric generator[J]. Nature Communications, 2014, 5（3）: 3426.	中国科学院	256

续表

序号	文献	第一作者机构	被引频次
4	Li X, Hui D, Lai X. Battery energy storage station（BESS）-based smoothing control of photovoltaic（PV）and wind power generation fluctuations[J]. IEEE Transactions on Sustainable Energy, 2013, 4（2）: 464-473.	中国电力科学研究院	206
5	Li Q, Tan X, Wang H. Advances and trends of energy storage technology in Microgrid[J]. International Journal of Electrical Power & Energy Systems, 2013, 44（1）: 179-191.	山东大学	195
6	Pu X, Li L, Song H, et al. A self-charging power unit by integration of a textile triboelectric nanogenerator and a flexible lithium-ion battery for wearable electronics[J]. Advanced Materials, 2015, 27（15）: 2472-2478.	中国科学院	166
7	Wang Z L. Triboelectric nanogenerators as new energy technology and self-powered sensors—principles, problems and perspectives[J]. Faraday Discussions, 2014, 176（11）: 447-458.	中国科学院	157
8	Guo Z, Zhao W, Lu H, et al. Multi-step forecasting for wind speed using a modified EMD-based artificial neural network model[J]. Renewable Energy, 2012, 37（1）: 241-249.	中国科学院	154
9	Liu Z, Wen F, Ledwich G. Optimal siting and sizing of distributed generators in distribution systems considering uncertainties[J]. IEEE Transactions on Power Delivery, 2011, 26（4）: 2541-2551.	中国科学技术大学	142
10	Wang Y, Yi J, Xia Y. Recent progress in aqueous lithium-ion batteries[J]. Advanced Energy Materials, 2012, 2（7）: 830-840.	复旦大学	141
11	Ma T, Yang H, Lin L. A feasibility study of a stand-alone hybrid solar-wind-battery system for a remote island[J]. Applied Energy, 2014, 121（10）: 149-158.	香港大学	130
12	Yang L, Xu Z, Ostergaard J, et al. Advanced control strategy of DFIG wind turbines for power system fault ride through[J]. IEEE Transactions on Power Systems, 2012, 27（2）: 713-722.	西安交通大学	129
13	Zhao W, Cheng M, Hua W, et al. Back-EMF harmonic analysis and fault-tolerant control of flux-switching permanent-magnet machine with redundancy[J]. IEEE Transactions on Industrial Electronics, 2011, 58（5）: 1926-1935.	东南大学	129

续表

序号	文献	第一作者机构	被引频次
14	Tang W, Liu L, Zhu Y, et al. An aqueous rechargeable lithium battery of excellent rate capability based on a nanocomposite of MoO_3 coated with PPy and $LiMn_2O_4$[J]. Energy & Environmental Science, 2012, 5（5）: 6909-6913.	复旦大学	127
15	Li G, Xie S P. Tropical biases in CMIP5 multimodel ensemble: the excessive equatorial pacific cold tongue and double ITCZ problems[J]. Journal of Climate, 2014, 27（4）: 1765-1780.	中国科学院	121
16	Yang K, Ye B, Zhou D, et al. Response of hydrological cycle to recent climate changes in the Tibetan Plateau[J]. Climatic Change, 2011, 109（3-4）: 517-534.	中国科学院	121
17	Li S, Yuan J P, Lipson H. Ambient wind energy harvesting using cross-flow fluttering[J]. Journal of Applied Physics, 2011, 109（2）: 026104.	西北理工大学	119
18	Liu H, Tian H Q, Li Y F. Comparison of two new ARIMA-ANN and ARIMA-Kalman hybrid methods for wind speed prediction[J]. Applied Energy, 2012, 98（1）: 415-424.	中南大学	118
19	Hu S, Lin X, Kang Y, et al. An improved low-voltage ride-through control strategy of doubly fed induction generator during grid faults[J]. IEEE Transactions on Power Electronics, 2011, 26（12）: 3653-3665.	华中科技大学	111
20	Xu Z, Ostergaard J, Togeby M. Demand as frequency controlled reserve[J]. IEEE Transactions on Power Systems, 2011, 26（3）: 1062-1071.	香港理工大学	109

被引频次最高的是文献 *Hydrogenated ZnO core-shell nanocables for flexible supercapacitors and self-powered systems*。第一作者是暨南大学的 Yang Peihua，在这篇文献中，作者对 MnO_2 加氢后大大改善了 ZnO 纳米线的电化学活性和电导率，同时设计并制备了氢化单晶 ZnO 非晶 ZnO 掺杂 MnO_2 核壳纳米电缆（HZM）并使其性能卓越。对于独立的自供电系统，该文演示并集成了串联绕组 5C 和染料敏化太阳能电池的集成电源组。

被引频次排名第二位的是文献 *A critical review of recent progress in mid-range wireless power transfer*，其第一作者是香港大学的 Hui S Y R。在这篇文献中，作者主要综述了最近关于无线电力传输的磁感应研究活动，其传输距离大于发射器线圈尺寸。作者总结了一系列无线电源研究的工作原理，包括最大功率传输和最高能效原则。这两种工作原理的差异和影响主要从能源效率和传输距离的能力来解释，其系统能效和传输效率之间的差异也很突出。该文章涵盖双线圈系统、四线圈系统、带继电器谐振器系统和无线多米诺谐振器系统，还讨论了包括人体暴露问题和减少绕组阻力等相关问题。该文章表明，在双线圈系统中使用最大能量效率原则适用于短程应用而不是中程应用；在四线圈系统中使用最大功率传输原理有利于最大化传输距离，但受限于系统能效（<50%）；在继电器谐振器防止电源出现负载的情况下，继电器或多米诺系统中使用最大能量效率原则可以提供良好的系统能效，并不受传输距离的限制。

被引频次排名第三位的是文献 *Radial-arrayed rotary electrification for high performance triboelectric generator*，其第一作者是中国科学院的 Zhu Guang。在这篇文献中，作者主要报告了基于接触电气化的二维平面结构摩擦发电机。接触表面上的微小扇区的径向阵列以 24% 的效率实现了 1.50 瓦的高输出功率（面积功率密度为 19 瓦 / 厘米 ^{2}）。摩擦发电机可以有效地处理各种环境运动，包括轻微的风、自来水流和正常的身体运动。通过电源管理电路，基于摩擦发电机的供电系统可以提供恒定的直流电源，用于可持续地驱动和充电商用电子设备，并立即展示摩擦发电机作为实际电源的可行性。由于具有独特的功率密度、极低的成本、独特的适用性、独特的机构和结构，摩擦发电机不仅可以应用于自供电电子产品，而且还可能应用于大规模发电。

二、山东省风能领域高被引文献分析

山东省风能领域的前 10 篇高被引文献中 3 篇为 2011 年发表的，2 篇为 2012 年发表的，3 篇为 2013 年发表的，2014 年和 2015 年各发表 1 篇，如表 3-8 所示。

表 3-8　山东省风能领域高被引文献 TOP 10

序号	高被引文献	第一作者机构	被引频次
1	Tan X G, Li Q M, Wang H. Advances and trends of energy storage technology in microgrid[J]. International Journal of Electrical Power & Energy Systems, 2013, 44（1）: 179-191.	山东大学	195
2	Chen G X, Hou Y, Chu X. Mesoscale eddies in the South China Sea: mean properties, spatiotemporal variability, and impact on thermo-haline structure[J]. Journal of Geophysical Research Oceans, 2011, 116（C6）.	中国科学院海洋研究所	84
3	Wu L X, Jing Z, Riser S, et al. Seasonal and spatial variations of Southern Ocean diapycnal mixing from Argo profiling floats[J]. China Basic Science, 2012, 4（6）: 363-366.	中国海洋大学	51
4	Li X, Bianchi T S, Allison M A, et al. Composition, abundance and age of total organic carbon in surface sediments from the inner shelf of the East China Sea[J]. Marine Chemistry, 2012, 145-147: 37-52.	中国海洋大学	38
5	Kong X Q, Zhang D, Li Y, et al. Thermal performance analysis of a direct-expansion solar-assisted heat pump water heater[J]. Energy, 2011, 36（12）: 6830-6838.	山东科技大学	36
6	Nan F, Xue H, Xiu P, et al. Oceanic eddy formation and propagation southwest of Taiwan[J]. Journal of Geophysical Research Oceans, 2011, 116（C12）.	中国海洋大学	32
7	Zhang Z, Zhao W, Tian J, et al. A mesoscale eddy pair southwest of Taiwan and its influence on deep circulation[J]. Journal of Geophysical Research: Oceans, 2013, 118（12）: 6479-6494.	中国海洋大学	30
8	Liu J, Heidarinejad M, Gracik S, et al. The impact of exterior surface convective heat transfer coefficients on the building energy consumption in urban neighborhoods with different plan area densities[J]. Energy and Buildings, 2015, 86（86）: 449-463.	山东建筑大学	26
9	Feng L, Li T, Yu W. Cause of severe droughts in Southwest China during 1951-2010[J]. Climate Dynamics, 2014, 43（7-8）: 2033-2042.	国家海洋局第一海洋研究所	25
10	Tian W, Bai J, Sun H, et al. Application of the analytic hierarchy process to a sustainability assessment of coastal beach exploitation: a case study of the wind power projects on the coastal beaches of Yancheng, China[J]. Journal of Environmental Management, 2013, 115（115C）: 251-256.	中国海洋大学	23

被引频次最高的是 *Advances and trends of energy storage technology in microgrid* 一文，第一作者是山东大学的 Tan Xingguo。在这篇文献中，作者对迄今正在开发的主要储能技术进行了全面回顾，详细分析了微电网（Microgrid，MG）内部储能系统（ESS）的特点和优势，包括 ESS 配置和拓扑、电力电子接口、ESS 控制方案及充放电控制策略、混合 ESS 控制策略以及可再生能源和 ESS 的优化等。ESS 的未来趋势和挑战也得到充分考虑，以期将智能 ESS 作为 MG 和智能电网未来的有前景的技术。

被引频次排名第二的是 *Mesoscale eddies in the South China Sea: mean properties, spatiotemporal variability, and impact on thermohaline structure* 一文，第一作者是中国科学院海洋研究所的 Chen Gengxin。在这篇文献中，作者通过分析超过 7000 个相当于 827 个涡旋轨道的漩涡，利用缠绕角方法和 1992～2009 年 17 年的卫星测高数据，研究了中国南海漩涡的平均特性和时空变率。

被引频次排名第三的是 *Seasonal and spatial variations of Southern Ocean diapycnal mixing from Argo profiling floats* 一文，第一作者是中国海洋大学的 Wu Lixin。在这篇文献中，作者使用来自 Argo 浮标的高分辨率水文剖面与铱星通信系统相结合的方法来研究南大洋的混合层。他们发现南半球深度在 300～1800 米的湍流混合层的空间分布受地形控制，通过地形与南极绕极流的相互作用来控制。这种混合的季节变化很大程度上可以归因于地表风应力的季节性循环，而在平坦地形上的海洋上部则更为明显。所以作者认为，来自 Argo 浮标的其他高分辨率剖面将有助于加深研究人员对全球海洋内部混合过程的理解。

第六节　风能领域研究热点分析

利用 VOSviewer 软件对全国风能领域在国际核心期刊的发文情况进行信

息可视化，采用软件聚类的功能，将风能领域的研究热点进行聚类分析，得到图 3-2。

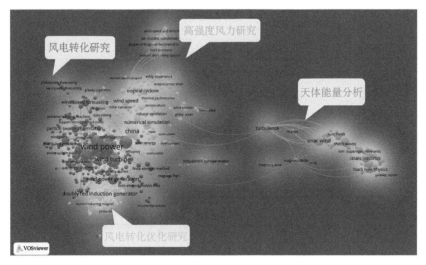

图 3-2　全国风能领域主要研究热点图

将全国风能领域的高频关键词进行聚类研究，划分为四类，分别是高强度风力研究、风电转化研究、风电转化优化研究、天体能量分析。

参照全国风能领域研究热点的划分对山东省风能领域的研究热点进行研究，得到图 3-3。

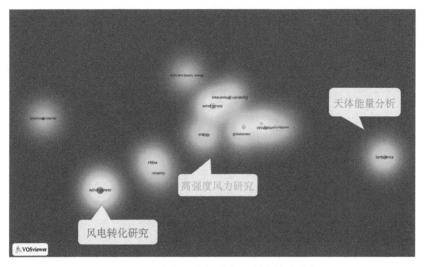

图 3-3　山东省风能领域主要研究热点分析

由图 3-3 可以看出，山东省在高强度风力研究方面的探索较多，而对于其他方面的研究相对较少，甚至在风电转化优化方面难以有所突出。

一、风电转化研究

风电转化研究的热点主要包括 wind power（4 篇）、prediction interval（1 篇），主要研究机构包括中国海洋大学（56 篇）、山东大学（40 篇）等。

代表性的文献有：Liang Zhengtang、Liang Jun、Zhang Li 等在 2015 年发表在 *Applied Energy* 上的 *Analysis of multi-scale chaotic characteristics of wind power based on Hilbert-Huang transform and Hurst analysis*，Wang Hongtao、Liu Xu、Wang Chunyi 在 2013 年发表在 *Journal of Modern Power Systems and Clean Energy* 上的 *Probabilistic production simulation of a power system with wind power penetration based on improved UGF techniques* 以及 Ji Feng、Cai Xingguo、Zhang Jihong 在 2015 年发表在 *Journal of Intelligent & Fuzzy Systems* 上的 *Wind power prediction interval estimation method using wavelet-transform neuro-fuzzy network* 等。

二、高强度风力研究

高强度风力研究的热点主要包括 wind stress（4 篇）、circulation（2 篇）、energy（2 篇）以及 interannual variability（2 篇）等。主要的研究机构包括中国海洋大学（56 篇）、山东大学（40 篇）等。代表性的文献有：Yuan Xue-liang、Zuo Jian、Huisingh Donald 在 2015 年发表在 *Journal of Cleaner Production* 上的 *Social acceptance of wind power: a case study of Shandong Province, China*，Zhang Yang、Cheng Shu-Hui、Chen Yao-Sheng 等在 2011 年发表在 *Atmospheric Environment* 上的 *Application of MM5 in China: model evaluation, seasonal variations, and sensitivity to horizontal grid resolutions* 以及 Jing Zhao、Chang Ping、Steven Dimarco 等在 2015 年发表在 *Journal of Physical Oceanography* 上的 *Role of near-inertial internal waves in sub-thermocline diapycnal mixing in the Northern Gulf of Mexico* 等。

三、天体能量分析

天体能量分析这一领域研究的主要热点包括 turbulence（2 篇）。主要的研究机构包括：中国海洋大学（56 篇）、山东大学（40 篇）等。代表性的文献有：Zhao Dongliang、Ma Xin、Liu Bin 等在 2013 年发表在 *Acta Oceanologica Sinica* 上的 *Rainfall effect on wind waves and the turbulence beneath air-sea interface*。

第四章
生物质能领域的文献分析

本章的数据选择了 Web of Science 核心合集 SCI 数据库中 2011～2015 年收录的 SCI 论文数据。

第一步，在 Web of Science 核心合集 SCI 数据库中检索生物质能领域的文献，检索依据选择发表在 *Renewable & Sustainable Energy Reviews* 期刊上的 *Scientific production of renewable energies worldwide: an overview* 一文对生物质能领域的限定。检索式为 ts＝biomass or ts＝bioenergy or ts＝biogas or ts＝biofuel，精炼文献类型为 Article，得到 88 298 条数据，精炼国家／地区为 PEOPLES R CHINA，得到 15 316 条数据。

第二步，检索山东省的论文。利用地址字段进行检索，用省份名称与山东省 143 所普通高校所在城市的英文名称进行检索，另外补充名称比较特殊的几所研究机构，如中国海洋大学（Ocean University of China）、鲁东大学（Ludong University）、中国石油大学（China University of Petroleum）、中国科学院海洋研究所（Institute of Oceanology, Chinese Academy of Sciences）、国家海洋局第一海洋研究所（First Institute of Oceanography）、中国水产科学研究院黄海水产研究所（Yellow Sea Fisheries Research Institute, Chinese Academy of Fishery Sciences）等，以及山东的代称（qilu）和标志性建筑泰山（taishan），检索式为 AD＝shandong or qingdao or yantai or weifang or jinan or jining or linyi or taian or weihai or zibo or liaocheng or dongying or zaozhuang or laiwu or rizhao or dezhou or binzhou or heze or "Ocean University of China" or "Ludong University" or qilu or taishan or "China University of Petroleum" or "the Institute of Oceanology" or "the First Institute of Oceanography" or "Yellow Sea Fisheries Research Institute"，最终检索结果为 1167 条。检索日期为 2018 年 1 月 10 日。

第一节　生物质能领域发文量分析

科技论文作为科技产出的重要表现形式之一，其在生物质能领域的发文情况可以作为评价山东省生物质能领域科研产出率和科研水平的重要指标。图 4-1 为 2011～2015 年全国以及山东省生物质能领域在国际核心期刊（SCI）上的发文量及山东省发文量在全国占比的趋势图。

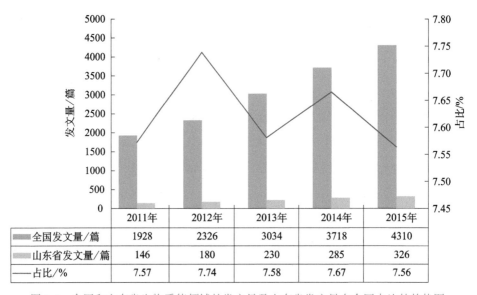

	2011年	2012年	2013年	2014年	2015年
全国发文量/篇	1928	2326	3034	3718	4310
山东省发文量/篇	146	180	230	285	326
占比/%	7.57	7.74	7.58	7.67	7.56

图 4-1　全国和山东省生物质能领域的发文量及山东省发文量在全国占比的趋势图

2011～2015年，全国在国际核心期刊发表生物质能领域的文章共15 316篇，由图4-1可以看出，全国的发文量呈逐年增长趋势。

2011～2015年，山东省在国际核心期刊发表生物质能领域的文章共1167篇，发文量也是逐年增长的。全国和山东省的发文量均呈逐年上升趋势，但山东省的发文量在全国的占比呈波动状态，说明全国和山东省发文量的增长速度不一致。

第二节　生物质能领域高产机构分析

一、全国生物质能领域高产机构分析

为了了解全国在生物质能领域的主要研究机构，本书分别统计了全国各研究机构在国际核心期刊上的发文情况，如表4-1所示。

表 4-1　全国生物质能领域高产机构 TOP 20（2011～2015 年）

序号	高产机构	前五个作者（发文量/篇）	发文量/篇	占比 /%
1	中国科学院	Zhang Tao（50）、Ma Longlong（48）、Zhang Qi（47）、Wang Tiejun（45）、Wang Aiqin（39）	4095	26.74
2	浙江大学	Cen Kefa（56）、Luo Zhongyang（45）、Zhou Junhu（43）、Cheng Jun（39）、Wang Shurong（34）	646	4.22
3	华南理工大学	Sun Runcang（103）、Xu Feng（41）、Ma Xiaoqian（30）、Zong Minhua（23）、Wu Shubin（21）	450	2.94
4	中国农业大学	Dong Renjie（26）、Zhang Fusuo（22）、Cui Zongjun（19）、Chen Xinping（18）、Miao Yuxin（16）	439	2.87
5	清华大学	Li Shizhong（22）、Liu Dehua（20）、Wang Wei（19）、Hu Hongying（18）、Zhou Jizhong（17）	430	2.81
6	北京林业大学	Sun Runcang（127）、Xu Feng（63）、Yu Feihai（22）、Li Mingfei（16）、Yuan Tongqi（15）	389	2.54

续表

序号	高产机构	前五个作者（发文量/篇）	发文量/篇	占比/%
7	北京大学	Tao Shu（31）、Shen Guofeng（26）、Shen Huizhong（22）、Chen Yuanchen（19）、Huang Ye（19）	342	2.23
8	中国农业科学院	He Ping（8）、Zhou Wei（8）、Zhang Weijian（8）、Yao Bin（7）、Lin Erda（6）	275	1.80
9	南京农业大学	Shen Qirong（36）、Hu Feng（20）、Li Huixin（16）、Pan Genxing（15）、Li Lianqing（14）	270	1.76
10	天津大学	Chen Guanyi（24）、Li Yongdan（17）、Yuan Yingjin（16）、Chen Lei（13）、Zhang Weiwen（12）	270	1.76
11	上海交通大学	Liu Ronghou（22）、Jin Fangming（18）、Zeng Xu（14）、Xu Ping（14）、Cai Junmeng（12）	248	1.62
12	哈尔滨工业大学	Ren Nanqi（65）、Zhao Lei（18）、Ren Hongyu（15）、Ma Fang（14）、Liu Bingfeng（14）	244	1.59
13	西北农林科技大学	Yang Gaihe（10）、Cheng Jimin（9）、Hu Yingang（8）、Zhang Junhua（7）、Wei Xiaorong（7）	241	1.57
14	华东理工大学	Li Yuanguang（21）、Bao Jie（17）、Wang Yanqin（15）、Chen Xueli（15）、Huang Jianke（14）	228	1.49
15	同济大学	Zhang Yalei（19）、Jin Fangming（18）、Zhou Xuefei（16）、Zhou Qi（14）、Zeng Xu（14）	222	1.45
16	厦门大学	Lin Lu（41）、Zeng Xianhai（25）、Lu Yinghua（22）、Sun Yong（20）、Liu Shijie（14）	220	1.44
17	北京师范大学	Chen Bin（12）、Dong Shikui（10）、Chen Jin（7）、Guo Li（7）、Li Yuanyuan（7）	214	1.40
18	南京大学	An Shuqing（18）、Sun Shucun（11）、Tian Xingjun（10）、Ma Lena（10）、Zhu Junjie（7）	206	1.34
19	华中农业大学	Peng Liangcai（15）、Huang Jianliang（13）、Li Qing（12）、Tu Yuanyuan（11）、Nie Lixiao（11）	203	1.33
20	山东大学	Wang Renqing（18）、Dong Yuping（15）、Qu Yinbo（14）、Ma Cuiqing（13）、Pei Haiyan（13）	202	1.32

从国际核心期刊发表的论文来看，2011～2015年，全国在生物质能领域发表论文最多的5个机构分别是中国科学院（4095篇）、浙江大学（646篇）、华南理工大学（450篇）、中国农业大学（439篇）和清华大学（430篇）。

二、山东省生物质能领域高产机构分析

为了了解山东省在生物质能领域的主要研究机构，本书统计了山东省各研究机构在国际核心期刊上的发文情况，如表 4-2 所示。

表 4-2 山东省生物质能领域高产机构 TOP 20（2011～2015 年）

序号	高产机构	前五个作者（发文量/篇）	发文量/篇	占山东省总量比例/%	占全国总量比例/%
1	山东大学	Wang Renqing（19）、Dong Yuping（15）、Qu Yinbo（14）、Pei Haiyan（13）、Hu Wenrong（13）	202	17.31	1.32
2	中国科学院青岛生物能源与过程研究所	Mu Xindong（32）、Liu Tianzhong（24）、Wang Junfeng（18）、Lu Xuefeng（16）、Guo Rongbo（11）	187	16.02	1.22
3	中国海洋大学	Yang Guipeng（7）、Wei Hao（6）、Xu Ying（5）、Dong Shuanglin（5）、Jiang Yong（4）	150	12.85	0.98
4	中国科学院海洋研究所	Li Chaolun（10）、Wang Guangce（11）、Sun Song（9）、Sun Jun（7）、Yang Hongsheng（7）	88	7.54	0.57
5	烟台海岸带可持续发展研究所	Qin Song（11）、Yu Junbao（10）、Luo Yongming（9）、Liu Dongyan（8）、Shao Hongbo（7）	84	7.20	0.55
6	山东农业大学	Zheng Yanhai（4）、Jiang Gaoming（4）、Wang Jun（3）、Shi Rui（3）、Li Xiaochen（3）	65	5.57	0.42
7	青岛农业大学	Xu Dong（4）、Mou Shanli（3）、Zhang Xiaowen（3）、Cao Shaona（3）、Fan Xiao（3）	42	3.60	0.27
8	国家海洋局第一海洋研究所	Wang Zongling（7）、Xiao Tian（5）、Mou Shanli（4）、Ye Naihao（4）、Sun Jun（4）	36	3.08	0.24
9	齐鲁工业大学	Yang Guihua（10）、Chen Jiachuan（8）、Wang Qiang（6）、Liu Shanshan（5）、Fu Yingjuan（5）	33	2.83	0.22
10	青岛科技大学	Shao Hongbo（5）、Wang Xicheng（3）、Mu Xindong（3）、Guo Qingjie（2）、Yu Shitao（2）	30	2.57	0.20
11	中国石油大学	Yan Zifeng（6）、Song Linhua（4）、Wu Pingping（3）、Li Qingyin（3）、Zhou Jin（3）	28	2.40	0.18
12	中国水产科学研究院黄海水产研究所	Ye Naihao（7）、Xu Dong（6）、Zhang Xiaowen（5）、Mou Shanli（5）、Wang Jun（4）	27	2.31	0.18

续表

序号	高产机构	前五个作者（发文量/篇）	发文量/篇	占山东省总量比例/%	占全国总量比例/%
13	青岛大学	Wang Zonghua（6）、Xia Yanzhi（5）、Jiang Wei（4）、Via Brian（4）、Han Guangting（4）	26	2.23	0.17
14	山东理工大学	Yi Weiming（7）、Fu Peng（6）、Zhou Jin（5）、Bai Xueyuan（4）、Hu Song（4）	23	1.97	0.15
15	山东省科学院	Zhang Xiaodong（7）、Chen Lei（5）、Zhang Jie（5）、Li Yan（4）、Xu Haipeng（3）	21	1.80	0.14
16	山东省农业科学院	Dong Hezhong（4）、Dai Jianlong（3）、Liao Ming'an（2）、Lin Lijin（2）、Eneji AEgrinya（2）	21	1.80	0.14
17	山东科技大学	Qin Song（5）、Zhao Hui（4）、Yan Huaxiao（4）、Zhang Congwang（4）、Wang Junfeng（3）	20	1.71	0.13
18	济南大学	Wang Yanhu（6）、Yan Mei（5）、Yu Jinghua（5）、Ge Shenguang（4）、Wang Renqing（3）	19	1.63	0.12
19	齐鲁工业大学	Zhu Junyong（3）、Hodge David（3）、Chen Jiachuan（3）、Liu Tongjun（3）、Dong Cuihua（2）	17	1.46	0.11
20	鲁东大学	Qu Rongjun（10）、Yin Ping（10）、Liu Xiguang（8）、Xu Qiang（6）、Xu Mingyu（5）	16	1.37	0.10

从国际核心期刊发表的论文来看，2011～2015年，山东省在生物质能领域发表论文最多的3个机构分别是山东大学（202篇）、中国科学院青岛生物能源与过程研究所（187篇）和中国海洋大学（150篇）。

山东省生物质能领域发文量排名第一的机构是山东大学。其是一所历史悠久、学科齐全、学术实力雄厚、办学特色鲜明，在国内外具有重要影响的教育部直属重点综合性大学，是国家"211工程"和"985工程"重点建设的高水平大学之一。山东大学研究生物质能领域的学科主要集中在新能源技术和应用微生物学、能源和燃料、环境科学、农业工程和化学等学科。署名机构为山东大学的作者中，发文量较多的5位作者分别是 Wang Renqing（19篇）、Dong Yuping（15篇）、Qu Yinbo（14篇）、Pei Haiyan（13篇）、Hu Wenrong（13篇）。

山东省生物质能领域发文量排名第二的机构是中国科学院青岛生物能源

与过程研究所。该机构面向国家能源战略、中国科学院"创新 2020"和山东省、青岛市蓝色经济发展，明确了生物、能源、过程三个核心研究领域，确立了"生物天然气产业化技术"和"含能材料生物合成与示范"两个重大突破项目，以及"生物能源过程的单细胞方法学平台""微藻规模培养及资源化利用""浮萍/巨藻能源植物""生物基富氧化学品""生物基动力电池隔膜""生物质气化合成液体燃料"等 6 个重点培育方向。中国科学院青岛生物能源与过程研究所研究生物质能领域的学科主要集中在生物技术和应用微生物学、能源和燃料、环境科学、农业工程和化学工程等学科。署名为中国科学院青岛生物能源与过程研究所的作者中，发文量较多的 5 位作者分别是 Mu Xindong（32 篇）、Liu Tianzhong（24 篇）、Wang Junfeng（18 篇）、Lu Xuefeng（16 篇）、Guo Rongbo（11 篇）。

山东省生物质能领域发文量排名第三的机构是中国海洋大学。其是一所海洋和水产学科特色显著、学科门类齐全的教育部直属重点综合性大学，是国家"985 工程"和"211 工程"重点建设的高校之一，2017 年 9 月入选国家"世界一流大学建设高校"（A 类）。中国海洋大学研究生物质能领域的学科主要集中在海洋学、环境科学、生物技术和应用微生物学、海洋和淡水生物学、能源和燃料等学科。署名机构为中国海洋大学的作者中，发文量较多的 5 位作者分别是 Yang Guipeng（7 篇）、Wei Hao（6 篇）、Xu Ying（5 篇）、Dong Shuanglin（5 篇）、Jiang Yong（4 篇）。

第三节　生物质能领域研究学科分析

一、全国生物质能领域学科分布

为了统计全国生物质能领域国际核心期刊论文在各学科的发文量及研究

该学科的高产机构，了解全国生物质能领域目前发文量较高学科的情况，本书统计了 2011～2015 年全国生物质能领域强势学科国际核心期刊论文发表情况，如表 4-3 所示。

表 4-3　全国生物质能领域强势学科国际核心期刊论文发表情况（2011～2015 年）

序号	学科	发文量/篇	前五个关键词（发文量/篇）	前五个机构（发文量/篇）
1	能源和燃料（Energy & fuels）	3004	biomass（295）、pyrolysis（128）、microalgae（109）、bio-oil（108）、enzymatic hydrolysis（92）	中国科学院（559）、清华大学（161）、浙江大学（161）、华南理工大学（137）、华中科技大学（101）
2	环境科学（Environmental sciences）	2702	biomass（114）、phytoremediation（80）、cadmium（63）、source apportionment（55）、PAHs（55）	中国科学院（876）、浙江大学（139）、北京大学（113）、清华大学（100）、北京师范大学（84）
3	生物技术和应用微生物学（Biotechnology & applied microbiology）	2582	biomass（163）、microalgae（117）、enzymatic hydrolysis（109）、anaerobic digestion（93）、pretreatment（85）	中国科学院（551）、浙江大学（123）、华南理工大学（119）、清华大学（110）、哈尔滨工业大学（99）
4	化学工程（Chemical engineering）	1882	biomass（171）、kinetics（65）、adsorption（64）、bio-oil（60）、pyrolysis（56）	中国科学院（311）、浙江大学（114）、清华大学（98）、东南大学（78）、中国科学技术大学（76）
5	农业工程（Agricultural engineering）	1357	biomass（118）、enzymatic hydrolysis（80）、microalgae（79）、anaerobic digestion（64）、pyrolysis（57）	中国科学院（253）、华南理工大学（83）、浙江大学（77）、清华大学（62）、北京林业大学（57）
6	植物科学（Plant sciences）	1052	photosynthesis（57）、biomass（52）、growth（35）、nitrogen（31）、soil respiration（21）	中国科学院（363）、南京农业大学（64）、中国农业大学（63）、浙江大学（52）、中国农业科学院（43）
7	多学科化学（Multidisciplinary chemistry）	992	biomass（102）、heterogeneous catalysis（42）、5-Hydroxymethylfurfural（26）、adsorption（25）、Ionic liquids（21）	中国科学院（221）、华南理工大学（61）、中国科学技术大学（51）、浙江大学（45）、天津大学（32）

续表

序号	学科	发文量/篇	前五个关键词（发文量/篇）	前五个机构（发文量/篇）
8	土壤科学（Soil science）	936	microbial biomass（67）、soil organic carbon（49）、soil respiration（46）、soil microbial biomass（25）、biochar（22）	中国科学院（456）、中国农业大学（63）、浙江大学（56）、南京农业大学（52）、西北农林科技大学（49）
9	环境工程（Environmental engineering）	928	adsorption（41）、anaerobic digestion（35）、biosorption（33）、biomass（32）、kinetics（23）	中国科学院（187）、清华大学（51）、浙江大学（49）、同济大学（42）、哈尔滨工业大学（34）
10	生态学（Ecology）	862	biomass（30）、soil respiration（23）、biomass allocation（21）、alpine meadow（21）、climate change（20）	中国科学院（422）、兰州大学（37）、中国农业大学（35）、北京大学（33）、浙江大学（32）

从国际核心期刊发表的论文量来看，能源和燃料（3004篇）、环境科学（2702篇）、生物技术和应用微生物学（2582篇）等学科是全国生物质能领域的论文高产领域，论文的发表量都超过了2000篇。对这三个学科研究都比较多的机构有中国科学院、清华大学和浙江大学。

能源和燃料包括开发、生产、应用、转换和管理不可再生燃料（如木材、煤、石油和天然气）和可再生能源（太阳能、风能、生物量、地热、水力发电）的资源。2011～2015年，全国能源和燃料学科的发文量逐渐增多。这一学科的研究热点主要有biomass（295篇）、pyrolysis（128篇）、microalgae（109篇）、bio-oil（108篇）、enzymatic hydrolysis（92篇）等。

环境科学涵盖了环境研究的许多方面的资源，其中包括环境污染和毒物学、环境卫生、环境监测、环境地质学和环境管理。这一类别还包括土壤科学和养护、水资源研究与工程和气候变化。2011～2015年，全国环境科学的发文量呈增长趋势。这一学科的研究热点主要有biomass（114篇）、phytoremediation（80篇）、cadmium（63篇）、source apportionment（55篇）、PAHs（55篇）等。

生物技术和应用微生物学包括各种各样的资源，这些资源涵盖了各种各样的主题，包括操纵生物体制造产品或解决问题以满足人类的需要。主题包括基因工程、分子诊断和治疗技术、基因组数据挖掘、食品和药品的生物处理、害虫的生物防治、环境生物修复和生物能源生产。还包括处理相关的社会、业务和管理问题的资源。2011～2015 年，全国生物技术和应用微生物学科的发文量呈增长趋势。这一学科的研究热点主要有 biomass（163 篇）、microalgae（117 篇）、enzymatic hydrolysis（109 篇）、anaerobic digestion（93 篇）、pretreatment（85 篇）等。

二、山东省生物质能领域学科分布分析

为了统计山东省生物质能领域国际核心期刊发表的论文在各学科的发文量及研究该学科较多的机构，了解山东省生物质能领域目前发文量较高的强势学科的情况，本书统计了 2011～2015 年山东省生物质能领域强势学科的国际核心期刊发文量，如表 4-4 所示。

表 4-4　山东省生物质能领域强势学科的国际核心期刊发文量（2011～2015 年）

序号	学科	频次	前五个关键词（发文量/篇）	前五个机构（发文量/篇）
1	生物技术和应用微生物学（Biotechnology & applied microbiology）	285	microalgae（17）、biomass（14）、cellulase（14）、ethanol（11）、biofuel（11）	中国科学院（115）、山东大学（69）、中国海洋大学（23）、山东省科学院（11）、齐鲁工业大学（10）
2	能源和燃料（Energy & fuels）	259	biomass（21）、microalgae（17）、pyrolysis（14）、gasification（13）、biodiesel（11）	中国科学院（93）、山东大学（56）、中国海洋大学（21）、青岛科技大学（13）、中国石油大学（11）
3	环境科学（Environmental sciences）	168	PAHs（9）、source apportionment（8）、cadmium（6）、Yellow River Delta（6）、carbonaceous aerosols（4）	中国科学院（67）、山东大学（34）、中国海洋大学（25）、山东农业大学（8）、青岛科技大学（7）
4	农业工程（Agricultural engineering）	134	microalgae（11）、biomass（8）、biodiesel（7）、anaerobic digestion（7）、attached cultivation（6）	中国科学院（47）、山东大学（26）、中国海洋大学（15）、山东理工大学（8）、山东省环境保护科学研究设计院（7）
5	工程化学（Chemical engineering）	102	biomass（11）、adsorption（8）、kinetics（7）、pyrolysis（5）、activated carbon（4）	中国科学院（33）、山东大学（23）、中国石油大学（10）、山东科技大学（7）、鲁东大学（5）

续表

序号	学科	频次	前五个关键词（发文量／篇）	前五个机构（发文量／篇）
6	海洋学（Ocean-ography）	95	Yellow Sea（14）、phytoplankton（10）、biomass（9）、East China Sea（9）、community structure（8）	中国科学院（48）、中国海洋大学（42）、国家海洋局第一海洋研究所（19）、中国水产科学研究院黄海水产研究所（6）、山东科技大学（3）
7	海洋和淡水生物（Marine & freshwater biology）	79	Yellow Sea（9）、ulva prolifera（8）、biomass（8）、green tides（6）、seagrass（5）	中国科学院（44）、中国海洋大学（21）、中国水产科学研究院黄海水产研究所（10）、国家海洋局第一海洋研究所（10）、青岛科技大学（4）
8	植物科学（Plant sciences）	74	abscisic acid（5）、photosynthesis（5）、cotton（3）、yield（3）、biomass（3）	中国科学院（26）、山东农业大学（16）、山东大学（14）、青岛农业大学（8）、山东省农业科学院（6）
9	多学科化学（Multidisciplinary chemistry）	58	biomass（3）、5-hydroxymethyl-furfural（2）、optimization（2）、cellulose（2）、ionic liquids（2）	中国科学院（21）、山东大学（11）、青岛科技大学（5）、济南大学（5）、中国海洋大学（4）
10	化学物理（Chemical physics）	55	biomass（12）、hydrogen production（5）、gasification（4）、pyrolysis（4）、kinetics（4）	中国科学院（29）、山东大学（11）、青岛大学（3）、中国海洋大学（3）、山东科技大学（3）

从国际核心期刊的发文量来看，生物技术和应用微生物学（285篇）、能源和燃料（259篇）、环境科学（168篇）等学科是山东省生物质能领域的论文高产学科，论文的发表量都超过了150篇。对这三个学科研究较多的机构有中国科学院、山东大学和中国海洋大学。

山东省发文量排名第一的学科是生物技术和应用微生物学。该学科发文量较高的机构有中国科学院（115篇）、山东大学（69篇）、中国海洋大学（23篇）、山东省科学院（11篇）、齐鲁工业大学（10篇）等。生物技术和应用微生物学这门学科研究的热点主要有microalgae（17篇）、biomass（14篇）、cellulase（14篇）、ethanol（11篇）、biofuel（11篇）等。

山东省发文量排名第二的学科是能源和燃料。该学科发文量较高的机构有中国科学院（93篇）、山东大学（56篇）、中国海洋大学（21篇）、青岛科技大学（13篇）、中国石油大学（11篇）等。能源和燃料这一学科的研究热点主要有biomass（21篇）、microalgae（17篇）、pyrolysis（14篇）、

gasification（13篇）、biodiesel（11篇）等。

山东省发文量排名第三的学科是环境科学。该学科发文量较高的机构有中国科学院（67篇）、山东大学（34篇）、中国海洋大学（25篇）、山东农业大学（8篇）、青岛科技大学（7篇）等。环境科学这门学科研究的热点主要有 PAHs（9篇）、source apportionment（8篇）、cadmium（6篇）、Yellow River Delta（6篇）、carbonaceous aerosols（4篇）等。

第四节　生物质能领域研究主题分析

一、全国生物质能领域研究主题分布分析

为展现全国在生物质能领域的主要研究主题，本书对国际核心期刊文献的研究主题进行统计，得到全国在生物质能领域前20个研究主题，如表4-5所示。

表 4-5　全国生物质能领域高频关键词 TOP 20

序号	研究主题	频次	前五个关键词（发文量/篇）	前五个机构（发文量/篇）
1	生物质（Biomass）	941	pyrolysis（52）、heterogeneous catalysis（35）、gasification（32）、coal（31）、cellulose（27）	中国科学院（233）、浙江大学（46）、清华大学（32）、东南大学（29）、北京林业大学（26）
2	热解（Pyrolysis）、热解特性（Pyrolysis characteristics）、热解动力学（Pyrolysis kinetic）、热解机制（Pyrolysis mechanism）	287	biomass（53）、kinetics（44）、bio-oil（29）、TG-FTIR（19）、py-GC/MS（17）	中国科学院（49）、华中科技大学（23）、华南理工大学（21）、清华大学（17）、浙江大学（15）

续表

序号	研究主题	频次	前五个关键词（发文量/篇）	前五个机构（发文量/篇）
3	动力学（Kinetics）、动力学模型（Kinetics model）、动力学分析（Kinetics analysis）	225	pyrolysis（44）、biosorption（34）、thermogravimetric analysis（18）、biomass（18）、adsorption（18）	中国科学院（30）、华南理工大学（16）、西安交通大学（10）、上海交通大学（9）、天津大学（9）
4	纤维素（Cellulose）、纤维素酶（Cellulase）、纤维素酶解吸（Cellulase desorption）	285	biomass（32）、hydrolysis（28）、lignin（27）、enzymatic hydrolysis（21）、ionic liquids（17）	中国科学院（61）、华南理工大学（31）、北京林业大学（31）、山东大学（12）、浙江大学（10）
5	吸附（Adsorption）、吸附能力（Adsorption capacity）、吸附动力学（Adsorption kinetics）、吸附机理（Adsorption mechanism）、吸附模型（Adsorption models）	221	kinetics（22）、biochar（15）、activated carbon（13）、biomass（12）、heavy metal（11）	中国科学院（16）、复旦大学（9）、浙江大学（8）、兰州大学（8）、湖南大学（7）
6	微藻（Microalga）、微藻培养（Microalgae cultivation）	214	biodiesel（32）、biofuel（17）、lipid（17）、bio-oil（10）、nutrient removal（10）	中国科学院（54）、浙江大学（14）、暨南大学（12）、华南理工大学（10）、清华大学（10）
7	生物原油（Bio-oil）	204	pyrolysis（28）、biomass（18）、hydrogen（18）、liquefaction（17）、acetic acid（13）	浙江大学（26）、中国科学院（22）、华南理工大学（15）、东南大学（10）、上海交通大学（9）
8	酶法水解（Enzymatic hydrolysis）	189	pretreatment（52）、corn stover（21）、wheat straw（11）、ionic liquid（11）、ethanol（11）	华南理工大学（40）、北京林业大学（26）、中国科学院（19）、南京林业大学（16）、江南大学（9）
9	厌氧消化（Anaerobic digestion）	181	biogas（30）、methane（19）、food waste（16）、pretreatment（12）、corn stover（10）	北京化工大学（26）、中国科学院（22）、清华大学（20）、中国农业大学（19）、同济大学（17）
10	预处理（Pretreatment）	183	enzymatic hydrolysis（53）、ionic liquid（18）、lignocellulose（17）、corn stover（13）、lignocellulosic biomass（12）	华南理工大学（35）、中国科学院（28）、北京林业大学（16）、南京林业大学（10）、华南理工大学（10）

续表

序号	研究主题	频次	前五个关键词（发文量/篇）	前五个机构（发文量/篇）
11	木质素（Lignin）、木质素生物合成（Lignin biosynthesis）、木质纤维素（Lignocellulose）	324	pretreatment（33）、cellulose（27）、enzymatic hydrolysis（26）、ionic liquid（19）、biomass（15）	华南理工大学（62）、中国科学院（49）、北京林业大学（46）、清华大学（14）、中国农业大学（13）
12	生物吸附（Biosorption）	147	kinetics（34）、isotherm（23）、heavy metals（13）、thermodynamics（12）、equilibrium（8）	中国科学院（16）、四川大学（10）、河海大学（6）、湖南大学（6）、浙江大学（5）
13	氮（Nitrogen）、氮添加（Nitrogen addition）、氮的可用性（Nitrogen availability）	164	phosphorus（49）、carbon（15）、eutrophication（8）、potassium（8）、soil respiration（7）	中国科学院（66）、中国农业大学（10）、西北农林科技大学（8）、南京农业大学（7）、北京林业大学（7）
14	生物柴油（Biodiesel）	149	microalgae（33）、transesterification（16）、microbial oil（8）、lipid（7）、*chlorella zofingiensis*（6）	中国科学院（52）、清华大学（11）、浙江大学（7）、华中农业大学（7）、山东大学（5）
15	光合作用（Photosynthesis）	132	biomass（9）、carbon sequestration（8）、household air pollution（6）、bioenergy（6）、spatial distribution（5）	中国科学院（38）、南京农业大学（13）、浙江大学（11）、西北农林科技大学（5）、中国农业科学院（5）
16	沼气（Biogas）、沼气生产（Biogas production）	157	growth（13）、chlorophyll fluorescence（11）、biomass（10）、drought（9）、cadmium（7）	清华大学（20）、中国科学院（20）、北京化工大学（10）、中国农业大学（8）、哈尔滨工业大学（8）
17	生物燃料（Biofuel）	198	anaerobic digestion（37）、co-digestion（11）、methane（11）、rice straw（10）、pretreatment（9）	中国科学院（56）、清华大学（21）、天津大学（9）、浙江大学（8）、中国农业大学（7）
18	乙醇（Ethanol）	113	microalgae（19）、biomass（12）、ethanol（6）、metabolic engineering（6）、biodiesel（6）	中国科学院（17）、浙江大学（10）、天津大学（7）、华南理工大学（7）、清华大学（6）

续表

序号	研究主题	频次	前五个关键词（发文量/篇）	前五个机构（发文量/篇）
19	植物修复（Phytoremediation）	113	enzymatic hydrolysis（11）、pretreatment（10）、biomass（7）、saccharomyces cerevisiae（7）、cellulose（6）	中国科学院（45）、浙江大学（10）、四川农业大学（6）、西北农林科技大学（6）、海南大学（5）
20	5-羟甲基糠醛（5-Hydroxymethylfurfural）	123	cadmium（18）、heavy metal（18）、tolerance（7）、hyperaccumulator（6）、oat（4）	中国科学院（35）、中南民族大学（15）、厦门大学（12）、华南理工大学（8）、天津大学（6）

全国生物质能领域的研究主题有生物质（941篇）、热解（287篇）、动力学（225篇）、纤维素（285篇）和吸附（221篇），这5个研究主题的发文量均超过了220篇，说明全国生物质能领域对这几个主题的研究比较多。

二、山东省生物质能领域研究主题分布分析

为展现山东省在生物质能领域的主要研究主题，本书对国际核心期刊文献的研究主题进行统计，得到山东省在生物质能领域前20个研究主题，如表4-6所示。

表4-6　山东省生物质能领域研究主题 TOP 20

序号	研究主题	频次	前五个关键词（发文量/篇）	前五个机构（发文量/篇）
1	生物质（Biomass）	67	abundance（7）、pyrolysis（7）、yellow sea（5）、kinetics（5）、gasification（5）	中国科学院（34）、山东大学（12）、山东科技大学（6）、中国海洋大学（5）、山东省科学院（5）
2	微藻（Microalgae）、微藻培养（Microalgae cultivation）、微藻收获（Microalgae harvest）、微藻生物燃料（Microalgal biofuel）	37	biodiesel（9）、biomass productivity（3）、lipid accumulation（3）、transesterification（3）、nutrient removal（3）	中国科学院（17）、山东大学（9）、山东省环境保护科学研究设计院（9）、中国海洋大学（5）、中国科学院大学（4）

续表

序号	研究主题	频次	前五个关键词（发文量/篇）	前五个机构（发文量/篇）
3	热解（Pyrolysis）、热解温度（Pyrolysis temperature）	29	kinetics（10）、biomass（8）、kinetic analysis（4）、cellulose（3）、gasification（3）	中国科学院（15）、山东科技大学（5）、山东大学（4）、山东理工大学（4）、山东百川同创能源有限公司（3）
4	黄海（Yellow Sea）、黄海冷水团（Yellow Sea cold water mass）、黄海暖流（Yellow Sea warm current）	24	distribution（7）、biomass（5）、phytoplankton（4）、abundance（3）、East China Sea（3）	中国科学院（13）、中国海洋大学（12）、国家海洋局第一海洋研究所（8）
5	动力学（Kinetics）、动力学分析（Kinetic analysis）、动力学模型（Kinetic model）、动力学参数（Kinetic parameters）	32	pyrolysis（15）、biomass（7）、gasification（4）、combustion（3）、adsorption（3）	中国科学院（15）、山东大学（7）、山东科技大学（5）、中国水产科学研究院黄海水产研究所（2）、中国石油大学（2）
6	吸附（Adsorption）、吸附剂（Adsorbent）、吸附能力（Adsorption capacity）、吸附动力学（Adsorption kinetics）	21	thermodynamics（3）、activated carbon（3）、methylene blue（2）、graphene oxide（2）、desorption（2）	山东大学（7）、青岛大学（2）、中国石油大学（2）、山东科技大学（2）、山东建筑大学（2）
7	酶法水解（Enzymatic hydrolysis）、酶水解糖化（Enzymatic hydrolysis saccharification）	19	pretreatment（6）、corn stover（5）、liquid hot water pretreatment（3）、PFI refining（2）、water hyacinth（2）	中国科学院（6）、山东大学（5）、齐鲁工业大学（3）、山东理工大学（3）、济宁医学院（1）
8	浮游植物（Phytoplankton）、浮游植物生物量（Phytoplankton biomass）、浮游植物动态（Phytoplankton dynamic）、浮游植物生长（Phytoplankton growth）、浮游植物种群（Phytoplankton population）	25	microalgae（9）、neutral lipid（3）、nannochloropsis（3）、heterogeneous catalyst（2）、transesterification（2）	中国海洋大学（17）、中国科学院（7）、国家海洋局第一海洋研究所（2）、中国科学院烟台海岸带研究所（1）、国家海洋局第一海洋研究所（1）

续表

序号	研究主题	频次	前五个关键词（发文量/篇）	前五个机构（发文量/篇）
9	生物柴油（Biodiesel）、生物柴油生产（Biodiesel production）、生物柴油质量（Biodiesel quality）	19	microalgae（9）、neutral lipid（3）、nannochloropsis（3）、heterogeneous catalyst（2）、transesterification（2）	中国科学院（9）、山东大学（6）、山东省环境保护科学研究设计院（5）、中国海洋大学（2）、山东建筑大学（2）
10	生物燃料（Biofuel）	25	cyanobacteria（3）、yeast（2）、escherichia coli（2）、reed straw（2）、metabolic engineering（2）	中国科学院（16）、山东大学（5）、青岛农业大学（2）、齐鲁工业大学（1）、山东理工大学（1）
11	纤维素酶（Cellulase）、纤维素酶混合物（Cellulase mixtures/cocktails）、纤维素（Cellulose）	28	penicillium decumbens（4）、hydrolysis（3）、pyrolysis（3）、solid state fermentation（2）、penicillium oxalicum（2）	山东大学（15）、中国科学院（3）、山东理工大学（2）、济宁医学院（2）、中国石油大学（1）
12	气化（Gasification）	15	biomass（5）、kinetic analysis（3）、downdraft（3）、pyrolysis（3）、catalyst（2）	中国科学院（5）、青岛科技大学（4）、山东大学（4）、山东百川同创能源有限公司（1）、山东交通大学（1）
13	玉米秸秆（Corn stalk）、玉米（Corn）、玉米棒子（Corn cob）	23	distribution（4）、yellow sea（3）、source apportionment（2）、dimethylsulfoniopropionate（DMSP）（2）、macrobenthos（2）	中国科学院（12）、山东大学（4）、齐鲁工业大学（3）、山东理工大学（2）青岛科技大学（1）
14	预处理（Pretreatment）、预处理严重性（Pretreatment severity）	14	enzymatic hydrolysis（7）、anaerobic digestion（4）、pretreatment（3）、enzymatic saccharification（3）、fermentation（2）	中国科学院（6）、齐鲁工业大学（3）、山东理工大学（3）、泰山医学院（1）、泰山学院（1）
15	生物原油（Bio-oil）	12	enzymatic hydrolysis（5）、poplar（2）、lignin/lignosulfonate（2）、hydrogen production（2）、corn stover（2）	聊城大学（4）、中国水产科学研究院黄海水产研究所（3）、中国科学院（3）、山东理工大学（2）、山东科技大学（2）

序号	研究主题	频次	前五个关键词（发文量/篇）	前五个机构（发文量/篇）
16	分布（Distribution）	12	liquefaction（3）、response surface methodology（2）、enteromorpha prolifera（2）、biomass（2）、ulva prolifera（2）	中国海洋大学（7）、中国科学院（4）、国家海洋局第一海洋研究所（2）、德州学院（1）
17	乙醇（Ethanol）	12	Yellow Sea（5）、East China Sea（3）、polysaccharides（2）、dimethylsulfoniopropionate（DMSP）（2）、monosaccharides（2）	山东大学（5）、中国科学院（3）、山东理工大学（1）、青岛科技大学（1）、中国海洋大学（1）
18	多环芳烃（PAHs）	12	saccharomyces cerevisiae（2）、enzymatic hydrolysis（2）、cellulase（2）、adaptive evolution（2）、kelp slag（1）	中国科学院（6）、中国海洋大学（5）、山东大学（1）、中国地质调查局青岛海洋地质研究所（1）、国家海洋局第一海洋研究所（1）
19	营养盐对旺育石莼（Ulva prolifera）、石莼垫（Ulva mat）、曲浒苔（Ulva flexuosa）	12	source apportionment（5）、reed wetland（2）、soils（2）、PMF（2）、PCA（1）	中国科学院（6）、国家海洋局第一海洋研究所（3）、聊城大学（2）、中国水产科学研究院黄海水产研究所（2）、中国海洋大学（1）
20	厌氧消化（Anaerobic digestion）、厌氧降解（Anaerobic degradation）、厌氧暗发酵（Anaerobic dark fermentation）、厌氧消化系统（Anaerobic digestion system）	16	green tides（5）、Yellow sea（3）、bio-oil（2）、distribution（2）、nutrients（2）	中国科学院（7）、齐鲁工业大学（2）、山东理工大学（2）、中国石油大学（1）、青岛大学（1）

山东省生物质能领域排名第一的研究主题是生物质。生物质是指利用大气、水、土地等通过光合作用而产生的各种有机体，即一切有生命的可以生长的有机物质通称为生物质。它包括植物、动物和微生物。这一主题的研究热点主要有 abundance（7篇）、pyrolysis（7篇）、Yellow Sea（5篇）、kinetics（5篇）、gasification（5篇）等。研究这一主题的机构主要有中国科学院（34篇）、山东大学（12篇）、山东科技大学（6篇）、中国海洋大学（5篇）、

山东省科学院（5篇）等。

山东省生物质能领域排名第二的研究主题是微藻。微藻是一类在陆地、海洋分布广泛，营养丰富、光合利用度高的自养植物，细胞代谢产生的多糖、蛋白质、色素等，使其在食品、医药、基因工程、液体燃料等领域具有很好的开发前景。这一主题的研究热点主要有 biodiesel（9篇）、biomass productivity（3篇）、lipid accumulation（3篇）、transesterification（3篇）、nutrient removal（3篇）等。研究这一主题的研究机构主要有中国科学院（17篇）、山东大学（9篇）、山东省环境保护科学研究设计院（9篇）、中国海洋大学（5篇）、中国科学院大学（4篇）等。

山东省生物质能领域排名第三的研究主题是热解。热解是指物质受热发生分解的反应过程。这一主题的研究热点主要有 kinetics（10篇）、biomass（8篇）、kinetic analysis（4篇）、cellulose（3篇）、gasification（3篇）等。研究这一主题的机构主要有中国科学院（15篇）、山东科技大学（5篇）、山东大学（4篇）、山东理工大学（4篇）、山东百川同创能源有限公司（3篇）等。

第五节 生物质能领域高被引文献分析

一、全国生物质能领域高被引文献分析

在 SCI 期刊数据库中，检索出第一作者机构属于中国的高被引文献，最终确定了全国生物质能领域研究的 20 篇被引频次最高的重点监测论文，如表 4-7 所示。

表 4-7 全国生物质能领域高被引文献 TOP 20

序号	文献	第一作者机构	被引频次
1	Huang R J, Zhang Y, Bozzetti C, et al. High secondary aerosol contribution to particulate pollution during haze events in China[J]. Nature, 2014, 514（7521）: 218-222.	中国科学院地球环境研究所	722
2	Zhang R, Jing J, Tao J, et al. Chemical characterization and source apportionment of $PM_{2.5}$ in Beijing: seasonal perspective[C]// 第八届全国大气细及超细粒子技术研讨会暨 PM $_{2.5}$ 源谱交流会论文集. 2015: 7053-7074.	中国科学院大气物理研究所	375
3	Yuan J H, Xu R K, Zhang H. The forms of alkalis in the biochar produced from crop residues at different temperatures[J]. Bioresource Technology, 2011, 102（3）: 3488-3497.	中国科学院南京土壤研究所	375
4	Hou J, Cao C, Idrees F, et al. Hierarchical porous nitrogen-doped carbon nanosheets derived from silk for ultrahigh-capacity battery anodes and supercapacitors[J]. ACS Nano, 2015, 9（3）: 2556-2564.	北京理工大学	351
5	Xiang S, He Y, Zhang Z, et al. Microporous metal-organic framework with potential for carbon dioxide capture at ambient conditions[J]. Nature Commucations, 2012, 6（3）: 954.	福建师范大学	328
6	Wu Z Y, Li C, Liang H W, et al. Ultralight, flexible, and fire-resistant carbon nanofiber aerogels from bacterial cellulose[J]. Angewandte Chemie International Edition, 2013, 52（10）: 2925-2929.	中国科学技术大学	284
7	Chen B, Chen Z, Lv S. A novel magnetic biochar efficiently sorbs organic pollutants and phosphate[J]. Bioresource Technology, 2011, 102（2）: 716-723.	浙江大学	233
8	Wu X L, Wen T, Guo H L, et al. Biomass-derived sponge-like carbonaceous hydrogels and aerogels for supercapacitors[J]. ACS Nano, 2013, 7（4）: 3589-3597.	中国科学技术大学	226
9	Tang D, Han W, Li P, et al. CO_2 biofixation and fatty acid composition of *Scenedesmus obliquus* and *Chlorella pyrenoidosa* in response to different CO_2 levels[J]. Bioresource Technology, 2011, 102（3）: 3071-3076.	上海交通大学	226
10	Sun L, Tian C, Li M, et al. From coconut shell to porous graphene-like nanosheets for high-power supercapacitors[J]. Journal of Materials Chemistry A, 2013, 1（21）: 6462-6470.	黑龙江大学	221

续表

序号	文献	第一作者机构	被引频次
11	Zhang G, Liu X, Quan Z, et al. Genome sequence of foxtail millet (*Setaria italica*) provides insights into grass evolution and biofuel potential[J]. Nature Biotechnology, 2012, 30（6）: 549-554.	农业部	221
12	Li Y-H, Du Q J, Liu T H, et al. Comparative study of methylene blue dye adsorption onto activated carbon, graphene oxide, and carbon nanotubes[J]. Chemical Engineering Research & Design: Transactions of the Inst, 2013, 91（2）: 361-368.	青岛大学	220
13	Xu X, Li Y, Gong Y, et al. Synthesis of palladium nanoparticles supported on mesoporous N-doped carbon and their catalytic ability for biofuel upgrade[J]. Journal of the American Chemical Society, 2012, 134（41）: 16987-16990.	浙江大学	218
14	Luo Y, Durenkamp M, Nobili M D, et al. Short term soil priming effects and the mineralisation of biochar following its incorporation to soils of different pH[J]. Soil Biology & Biochemistry, 2011, 43（11）: 2304-2314.	中国农业大学	218
15	Chang S T, Wasser S P. The role of culinary-medicinal mushrooms on human welfare with a pyramid model for human health[J]. International Journal of Medicinal Mushrooms, 2012, 14（2）: 95-134.	香港中文大学	207
16	Chen P, Wang L K, Wang G, et al. Nitrogen-doped nanoporous carbon nanosheets derived from plant biomass: an efficient catalyst for oxygen reduction reaction[J]. Energy & Environmental Science, 2014, 7（12）: 4095-4103.	安徽大学	206
17	He M, Sun Y, Han B. Green carbon science: scientific basis for integrating carbon resource processing, utilization, and recycling[J]. Angewandte Chemie International Edition, 2013, 52（37）: 9620-9633.	中国石油化工集团公司	203
18	Lei Y, Zhang Q, He K,et al. Primary anthropogenic aerosol emission trends for China, 1990-2005[J]. Atmospheric Chemistry and Physics, 2011, 11（3）: 931-954.	清华大学	197
19	Gong J, Yue H, Zhao Y, et al. Synthesis of ethanol via syngas on Cu/SiO_2 catalysts with balanced Cu^0-Cu^+ sites[J]. Journal of the American Chemical Society, 2012, 134（34）: 13922-13925.	天津大学	191

序号	文献	第一作者机构	被引频次
20	Xu B, Hou S, Cao G, et al. Sustainable nitrogen-doped porous carbon with high surface areas prepared from gelatin for supercapacitors[J]. Journal of Materials Chemistry, 2012, 22（36）: 19088-19093.	中国人民解放军防化研究院	186

全国生物质能领域的前 20 篇高被引论文中 5 篇为 2011 年发表的，6 篇为 2012 年发表的，5 篇为 2013 年发表的，2 篇为 2014 年发表的，2 篇为 2015 年发表的。

二、山东省生物质能领域高被引文献分析

在 SCI 期刊数据库中，检索出第一作者机构属于山东省的高被引文献，最终确定了山东省生物质能领域研究的 10 篇被引频次最高的重点监测论文，如表 4-8 所示。

表 4-8　山东省生物质能领域高被引文献 TOP 10

序号	文献	第一作者机构	被引频次
1	Li Y-H, Du Q J, Liu T H, et al. Comparative study of methylene blue dye adsorption onto activated carbon, graphene oxide, and carbon nanotubes[J]. Chemical Engineering Research & Design: Transactions of the Inst, 2013, 91（2）: 361-368.	青岛大学	220
2	Jiang L L, Luo S, Fan X, et al. Biomass and lipid production of marine microalgae using municipal wastewater and high concentration of CO_2[J]. Applied Energy, 2011, 88（10）: 3336-3341.	中国科学院青岛生物能源与过程研究所	143
3	Chen L, Liu T, Zhang W, et al. Biodiesel production from algae oil high in free fatty acids by two-step catalytic conversion[J]. Bioresource Technology, 2012, 111（1）: 208-214.	中国科学院青岛生物能源与过程研究所	135
4	Gao Z X, Zhao H, Li Z M, et al. Photosynthetic production of ethanol from carbon dioxide in genetically engineered cyanobacteria[J]. Energy & Environmental Science, 2012, 5（12）: 9857-9865.	中国科学院青岛生物能源与过程研究所	114
5	Tan X M, Yao L, Gao Q, et al. Photosynthesis driven conversion of carbon dioxide to fatty alcohols and hydrocarbons in cyanobacteria[J]. Metabolic Engineering, 2011, 13（2）: 169-176.	中国科学院青岛生物能源与过程研究所	103

续表

序号	文献	第一作者机构	被引频次
6	Liu D, Keesing J K, He P, et al. The world's largest macroalgal bloom in the Yellow Sea, China: formation and implications[J]. Estuarine, Coastal & Shelf Science, 2013, 129: 2-10.	中国科学院烟台海岸带研究所	101
7	Li Y, Du Q, Liu T, et al. Methylene blue adsorption on graphene oxide/calcium alginate composites[J]. Carbohydrate Polymers, 2013, 95（1）: 501-507.	青岛大学	100
8	Si W, Zhou J, Zhang S, et al. Tunable N-doped or dual N, S-doped activated hydrothermal carbons derived from human hair and glucose for supercapacitor applications[J]. Electrochimica Acta, 2013, 107（3）: 397-405.	山东理工大学	99
9	Liu T Z, Wang J F, Hu Q A, et al. Attached cultivation technology of microalgae for efficient biomass feedstock production[J]. Bioresource Technology, 2013, 127（1）: 216-222.	中国科学院青岛生物能源与过程研究所	93
10	Wang H, Xu Z, Li Z, et al. Hybrid device employing three-dimensional arrays of MnO in carbon nanosheets bridges battery-supercapacitor divide[J]. Nano Letters, 2014, 14（4）: 1987-1994.	中国海洋大学	89

山东省生物质能领域的前 10 篇高被引论文中 2 篇为 2011 年发表的，2 篇为 2012 年发表的，5 篇为 2013 年发表的，1 篇为 2014 年发表的。在这 10 篇高被引文献中有 5 篇文章第一作者的机构为中国科学院青岛生物能源与过程研究所。由此可以看出中国科学院青岛生物能源与过程研究所在山东省生物质能领域的领先地位。

被引频次最高的 *Comparative study of methylene blue dye adsorption onto activated carbon, graphene oxide, and carbon nanotubes* 一文，第一作者是青岛大学机电工程学院的 Li Yan-Hui，他的主要研究方向是纳米材料的制备及其在环境保护中的应用研究。在这篇文章中，对溶液的 pH 值和接触时间对染料吸附性能的影响进行了研究。动力学研究表明，吸附数据遵循一个伪二阶动力学模型。等温分析表明吸附数据可以用朗缪尔等温模型来表示。石墨烯氧化物和碳纳米管的 BET 表面积使其具有极强的吸附能力，可归因于 pi-pi 电子供体受体相互作用和静电吸引。

被引频次排名第二的 *Biomass and lipid production of marine microalgae using municipal wastewater and high concentration of CO_2* 一文，第一作者是中国科学院青岛生物能源与过程研究所的 Jiang Liling。在这篇文章中，作者研究了不同比例的城市污水和 15% 的 CO_2 曝气对纳米叶绿体生长的影响，并在氮饥饿和高光照条件下研究了微藻的脂质积累。结果发现，50% 的城市污水中出现了微藻的最优生长，并以 15% 的 CO_2 为基础，进一步显著提高了微藻的生长。

被引频次排名第三的 *Biodiesel production from algae oil high in free fatty acids by two-step catalytic conversion* 一文，第一作者是中国科学院青岛生物能源与过程研究所的 Chen Lin。在这篇文章中，作者研究了储层温度和时间对映体脂质组成的影响。当储存在 4 摄氏度或更高时，湿生物量中的游离脂肪酸含量在第 4 天由微量增加到 62%。采用两步催化转化法，通过酯化和酯交换转化为高游离脂肪酸含量的海藻油。

被引频次排名第四的 *Photosynthetic production of ethanol from carbon dioxide in genetically engineered cyanobacteria* 一文，第一作者是中国科学院青岛生物能源与过程研究所的 Gao Zhengxu。这篇文章表明，因为食品竞争（从以食物为基础的生物质）或成本效益（从木质纤维素生物质）的问题，目前生物乙醇的生产仅限于商业化。在该文中，作者应用了一种综合生物处理策略，将光合生物质生产和微生物转化生产的乙醇合成到光合细菌中，即 *Synechocystis sp.* PCC6803（集胞藻），它可以直接将 CO_2 转化为一种生物系统中的乙醇。

被引频次排名第五的 *Photosynthesis driven conversion of carbon dioxide to fatty alcohols and hydrocarbons in cyanobacteria* 一文，第一作者是中国科学院青岛生物能源与过程研究所的 Tan Xiaoming。在这篇文章中，作者介绍了一种基因工程的蓝藻系统中脂肪醇的生物合成方法，该系统通过不同的表达方式表达了脂肪醇-coa 还原酶，以及环境胁迫对突变株中脂肪醇的生成的影响。该文并对三种典型的原生蓝藻模型菌株的产烃量和乙酰辅酶 a 羧化酶的突变株进行了评价。

第六节　生物质能领域研究热点分析

利用 VOSviewer 软件对全国生物质能领域在国际核心期刊的发文情况进行信息可视化，采用软件聚类的功能，将生物质能领域划分为四个聚类，下面分别对这四个聚类进行详细分析，如图 4-2 所示。

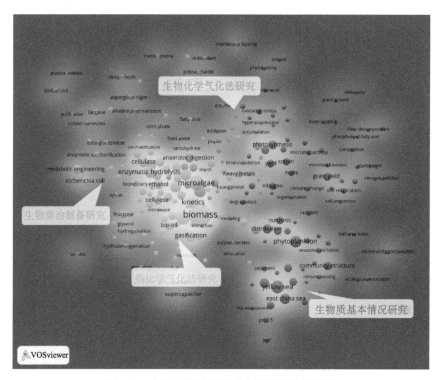

图 4-2　全国生物质能领域主要研究热点领域

将全国生物质能领域的高频关键词进行聚类研究，划分为四类，分别是生物质基本情况研究、生物柴油制备研究、热化学气化法研究和生物化学气化法研究。

参照全国生物质能领域研究热点的划分对山东省生物质能领域的研究热点进行研究，得到图 4-3。

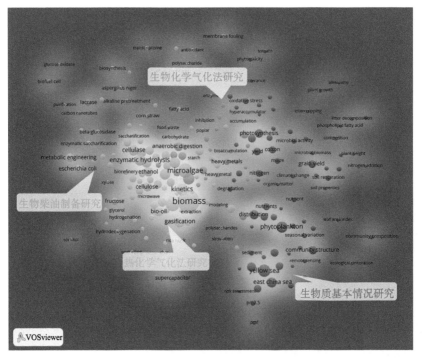

图 4-3　山东省生物质能领域主要研究热点领域

由图 4-3 可以看出，山东省对生物柴油制备研究这一聚类研究得比较多，其次是生物质基本情况研究和热化学气化法研究，对生物化学气化法研究最弱。

一、生物质基本情况研究

生物质基本情况研究这一聚类的研究热点主要有 biomass（10 篇）、green tides（5 篇）、ulva prolifera（5 篇）、water masses（3 篇）、Subei Shoal（3 篇）等。主要研究机构有中国科学院（51 篇）、中国海洋大学（38 篇）、国家海洋局第一海洋研究所（16 篇）、山东农业大学（12 篇）、山东省农业科学院（9 篇）等。

代表性的文献有：Sun Song、Zhang Fang、Li Chaolun 等在 2015 年发表在 *Hydrobiologia* 上 的 *Breeding places, population dynamics, and distribution of the giant jellyfish Nemopilema nomurai（Scyphozoa: Rhizostomeae）in the Yellow Sea and the East China Sea*，Huo Yuanzi、Sun Song、Zhang Fang 等在 2012 年发表在 *Journal of Marine Systems* 上的 *Biomass and estimated production properties of size-fractionated zooplankton in the Yellow Sea, China* 等。

二、生物柴油制备研究

生物柴油制备研究这一聚类的研究热点主要有 biomass（6 篇）、optimization（4 篇）、liquid hot water pretreatment（4 篇）、enzymatic saccharification（4篇）、reed（3篇）等。主要研究机构有中国科学院（56篇）、山东大学（40篇）、山东省环境保护科学研究设计院（9篇）、齐鲁工业大学（8篇）、中国海洋大学（8篇）等。

代表性的文献有：Wang Haisong、Pang Bo、Wu Kejia 等在 2014 年发表在 *Biochemical Engineering Journal* 上的 *Two stages of treatments for upgrading bleached softwood paper grade pulp to dissolving pulp for viscose production* 等。

三、热化学气化法研究

热化学气化法研究这一聚类的研究热点主要有 biomass（8 篇）、sedum plumbizincicola（3篇）、hydrogen（3篇）、peanut shell（3篇）、desorption（3篇）等。主要研究机构有中国科学院（24篇）、山东大学（18篇）、中国海洋大学（8篇）、山东理工大学（7篇）、中国石油大学（6篇）等。

代表性的文献有：Yang Zhiman、Guo Rongbo、Xu Xiaohui 等在 2011 年发 表 在 *International Journal of Hydrogen Energy* 上 的 *Hydrogen and methane production from lipid-extracted microalgal biomass residues*，Gai Chao、Dong Yuping 在 2012 年发表在 *International Journal of Hydrogen Energy* 上的 *Experimental study on non-woody biomass gasification in a downdraft gasifier* 等。

四、生物化学气化法研究

生物化学气化法研究这一聚类的研究热点主要有 Abundance（7 篇）、Enteromorpha prolifera（5 篇）、Kinetic analysis（5 篇）、Yellow Sea（5 篇）、Response surface methodology（5篇）等。主要研究机构有中国科学院（57篇）、山东大学（20 篇）、山东理工大学（12 篇）、山东科技大学（10 篇）、中国海洋大学（8 篇）等。

代表性的文献有：Yu Yue、Wang Hui、Liu Jian 等在 2012 年发表在 *European Journal of Soil Biology* 上 的 *Shifts in microbial community function and structure along the successional gradient of coastal wetlands in Yellow River Estuary*，Hu Limin、Guo Zhigang、Shi Xuefa 等在 2011 年发表在 *Organic Geochemistry* 上的 *Temporal trends of aliphatic and polyaromatic hydrocarbons in the Bohai Sea, China: Evidence from the sedimentary record* 等。

本章的数据选择了 Web of Science 核心合集 SCI 数据库中 2011～2015 年收录的 SCI 论文数据。

第一步，在 Web of Science 核心合集 SCI 数据库中检索海洋能领域的文献，检索依据选择发表在 *Renewable & Sustainable Energy Reviews* 期刊上的 *Scientific production of renewable energies worldwide: an overview* 一文对海洋能领域的限定。类推出检索式为 ts=tidal energy or ts=wave energy or ts=oceanic thermal energy or ts=ocean salinity energy or ts=ocean current energy，精炼文献类型为 Article，精炼国家 / 地区为 PEOPLES R CHINA，得到 9242 条数据。

第二步，检索山东省的论文。利用地址字段进行检索，用省份名称与山东省 143 所普通高校所在城市的英文名称进行检索，另外补充名称比较特殊的几所研究机构，如中国海洋大学（Ocean University of China）、鲁东大学（Ludong University）、中国石油大学（China University of Petroleum）、中国科学院海洋研究所（Institute of Oceanology, Chinese Academy of Sciences）、国家海洋局第一海洋研究所（First Institute of Oceanography）、中国水产科学研究院黄海水产研究所（Yellow Sea Fisheries Research Institute, Chinese Academy of Fishery Sciences）等机构，以及山东的代称（qilu）和标志性建筑泰山（taishan），检索式为 AD＝shandong or qingdao or yantai or weifang or jinan or jining or linyi or taian or weihai or zibo or liaocheng or dongying or zaozhuang or laiwu or rizhao or dezhou or binzhou or heze or "Ocean University of China" or "Ludong University" or qilu or taishan or "China University of Petroleum" or "the Institute of Oceanology" or "the First Institute of Oceanography" or "Yellow Sea Fisheries Research Institute"，最终检索结果为 694 条。检索日期为 2018 年 1 月 10 日。

第一节　海洋能领域发文量分析

科技论文作为科技产出的重要表现形式之一，其发文量可以作为评价海洋能领域科研产出率和科研水平的重要指标。统计全国及山东省海洋能领域在国际核心期刊（SCI）上的发文量，可以作为评价我国在海洋能领域的科研产出率和科研水平的重要指标，如图 5-1 所示。

2011～2015 年，全国在 SCI 上共发表文献 9242 篇。发表论文量呈逐年上升趋势，其中 2015 年发表文献 2288 篇，相比于 2011 年的 1441 篇，提升了约 59%。

2011～2015 年，山东省在 SCI 上共发表文献 694 篇。其中，2015 年发表文献 175 篇，相比于 2011 年的 116 篇，提升了约 51%，2014～2015 年发文量显著增加，说明山东省在海洋能领域的发文量有极大概率越来越多。

通过分析全国和山东省的发文量可知，山东省占全国的比例在 2012～2014 年出现了下降的情况，在 2014～2015 年又大幅度增加。这说明山东省对海洋能的重视程度在 2014～2015 年显著增加。

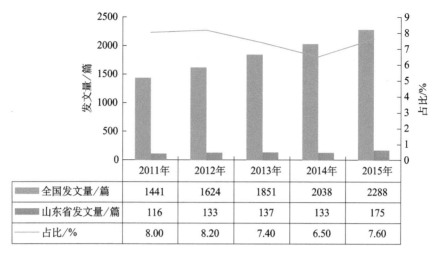

图 5-1 全国和山东省在海洋能领域的发文量及山东省发文量在全国占比的趋势图

	2011年	2012年	2013年	2014年	2015年
全国发文量/篇	1441	1624	1851	2038	2288
山东省发文量/篇	116	133	137	133	175
占比/%	8.00	8.20	7.40	6.50	7.60

第二节 海洋能领域高产机构分析

一、全国海洋能领域高产机构分析

为了识别出全国在海洋能领域的主要研究机构，本书分别统计了全国发文量前 20 的研究机构在国际核心期刊上的发文情况，如表 5-1 所示。

表 5-1 全国海洋能领域高产机构 TOP 20（2011～2015 年）

序号	高产机构	前五个作者（发文量/篇）	发文量/篇	占比/%
1	中国科学院广州能源研究所	Wang Jianguo（31）、Zhang Dong（30）、Jiao Haijun（28）、Li Yongwang（27）、Wang Zhong（24）	1829	19.41
2	中国科学技术大学	Yang Jinlong（31）、Wu Xiaojun（15）、Wang Shui（14）、Li Zhenyu（12）、Sun X（12）	376	3.99
3	北京大学	Zong Q G（14）、Wang Y F（8）、Liu Wenjian（8）、Zhang H（8）、He X T（8）、Zhang Bing（8）、Xue Jianming（8）、Zheng Jiaxin（8）、Fu S Y（8）	347	3.68

续表

序号	高产机构	前五个作者（发文量/篇）	发文量/篇	占比/%
4	清华大学	Van den（23）、Duan Wenhui（17）、Van der（15）、Zhang L（14）、Ning C G（13）	330	3.50
5	南京大学	Xie Daiqian（30）、Guo Hua（19）、Jiang Bin（11）、Lin Sen（10）、Dong Jinming（10）	265	2.81
6	山东大学	Dai Ying（41）、Huang Baibiao（37）、Zhang Huaijin（21）、Yu Haohai（21）、Ma Yandong（19）	262	2.78
7	浙江大学	Yu M Y（11）、Tan Mingqiu（10）、Li Wei（9）、Tao Xiangming（9）、Yang Deren（6）	242	2.57
8	西安交通大学	Xu Kewei（48）、Zhang Jianmin（41）、Zhang Yan（30）、Ji Vincent（19）、Zhang Yanpeng（17）	228	2.42
9	上海交通大学	Wang Weike（10）、Xu Jianqiu（9）、Tang Biyu（7）、Ding Wenjiang（7）、Peng Liming（7）	223	2.37
10	哈尔滨工业大学	Kar Sabyasachi（15）、Yao B Q（15）、Duan X M（12）、Dai T Y（11）、Wang Y Z（10）、Ju Y L（10）	203	2.15
11	四川大学	Gao Tao（19）、Jiang Gang（13）、Chen Xiangrong（11）、Zhang Hong（10）、Cheng Xinlu（7）、Cheng Yan（7）、Cai Lingcang（7）、Ji Guangfu（7）	198	2.10
12	吉林大学	Ma Yanming（14）、Wang Hui（10）、Huang Xuri（10）、Fan Xiaofeng（9）、Yao Bin（9）	189	2.01
13	大连理工大学	Zhao Jijun（35）、Zhang Pengbo（17）、Meng Chang-gong（10）、Wen Bin（8）、Gao Junfeng（8）	182	1.93
14	厦门大学	Wu S Q（18）、Zhu Z Z（16）、Wu Wei（15）、Zhu Zizhong（14）、Kang Junyong（9）	164	1.74
15	中国科学院大学	Wang Jianguo（13）、Jiao Haijun（11）、Li Yongwang（11）、Wang Tao（7）、Tian Xinxin（7）	158	1.68
16	复旦大学	Xiang Hongjun（11）、Xu Xin（10）、Gong X G（9）、Feng D L（8）、Xiang H J（8）	146	1.55
17	北京理工大学	Cao Chuanbao（6）、Jiang Lan（6）、Mahmood Tariq（5）、Chen Chao（5）、Usman Zahid（5）、Zhang Jun-yong（5）	134	1.42
18	武汉大学	Zhou Meng（10）、Deng Xiaohua（10）、Huang Shi-yong（10）、Yuan Zhigang（10）、Zhou Chen（9）、Ni Binbin（9）、Zhao Huijiang（9）	132	1.40

序号	高产机构	前五个作者（发文量/篇）	发文量/篇	占比/%
19	中国工程物理研究所	Chen Xiangrong（10）、Ji Guangfu（9）、Cai Lingcang（8）、Zhang Lin（8）、Cheng Yan（7）	129	1.37
20	重庆大学	Wang Rui（30）、Wu Xiaozhi（25）、Wang Shaofeng（17）、Liu Lili（10）、Hu Chenguo（8）	125	1.33

从国际核心期刊发表的论文量来看，2011～2015 年，全国在海洋能领域发表文献最多的五所机构分别为中国科学院广州能源研究所（1829 篇）、中国科学技术大学（376 篇）、北京大学（347 篇）、清华大学（330 篇）、南京大学（265 篇）。

我国海洋能领域发文量排名第一位的机构是中国科学院广州能源研究所。中国科学院广州能源研究所（以下简称广州能源所）成立于 1978 年，前身为 1973 年成立的广东省地热研究室。1998 年 4 月原中国科学院广州人造卫星观测站并入广州能源所。

广州能源所定位是新能源与可再生能源领域的研究与开发利用，主要从事清洁能源工程科学领域的高技术研究，并以后续能源中的新能源与可再生能源为主要研究方向，兼顾发展节能与能源环境技术，发挥能源战略的重要支撑作用。近期目标：在生物质能源高值化转化与规模化利用、分布式可再生能源独立系统应用示范 2 个方向实现重大突破；在天然气水合物成藏理论与开发研究、海洋能 / 深层地热规模化发电关键技术、太阳能直接利用功能材料及关键技术、低碳发展及能源战略研究 4 个重点培育方向取得重大进展。

广州能源所拥有海洋能源研究室，海洋能源研究室于 1979 年成立，主要从事海洋波浪能研究与开发和海岛可再生能源利用等工作。研究室现有研究与辅助人员 20 名，主要由青、中年人员组成，其中研究员 3 名、副研究员 4 名，培养流体机械及流体动力工程专业的硕士研究生以及热能工程的博士研究生，在学研究生 5 人。实验室面积近 400 平方米，拥有造波水槽、往复流动透平试验台、六自由度动力试验平台和静态动力试验平台等设施，并有波浪能及光伏多能互补海上试验平台一座。自"八五"时期以来，承担国家科技攻关项目 6 项、科技支撑项目课题 1 项、863 计划项目课题 4 项、国家海洋可再生能源专项资金项目 6 项、国家自然科学基金项目十余项[①]。

近年来，广州能源所在海洋波浪能稳定发电研究上获得突破性发展。发明的鹰式波浪能技术获得美国、英国、澳大利亚以及 PCT 专利，具有很好的水动力学性能，在随机波下的波-电总效率达到 24%，已达到国际领先水平。技术可靠性大幅提高，无故障运行时间达到 1 年。鹰式波浪能-光伏发电平台目前正在为海岛供电。在国家自然科学基金支持下研发的单浮体气动式波浪能利用理论和技术，在造波池里获得随机波下波-电转换效率最高达到了 27.1%，在降低波浪能发电成本上可望取得突破性进展。

海洋能领域发文量排名第二位的机构是中国科学技术大学。中国科学技术大学是中国科学院所属的一所以前沿科学和高新技术为主、兼有特色管理和人文学科的综合性全国重点大学。现有 20 个学院（含 5 个科教融合共建学院）、30 个系，设有研究生院，以及苏州研究院、上海研究院、中国科学技术大学先进技术研究院。有数学、物理学、力学、天文学、生物科学、化学共 6 个国家理科基础科学研究和教学人才培养基地，1 个国家生命科学与技术人才培养基地，8 个一级学科国家重点学科，4 个二级学科国家重点学科，2 个国家重点培育学科，18 个安徽省一级国家重点学科。建有国家同步辐射实验室、合肥微尺度物质科学国家实验室（筹）、稳态强磁场科学中心、火灾科学国家重点实验室、核探测技术与核电子学国家重点实验室、语音及语言信息处理国家工程实验室、国家高性能计算中心（合肥）、安徽蒙城地球物理国家野外科学观测研究站等 14 个国家级科研机构和 50 个院省部级重点科研机构[②]。中国科学技术大学在海洋能领域的主要研究学科包括 chemical physics（108 篇）、multidisciplinary materials science（74 篇）、physical atom molecule & chemistry（69 篇）、nanoscience & nanotechnology（54 篇）、multidisciplinary physics（43 篇）等。2011～2015 年，中国科学技术大学在

---

① 以上信息记于 2018 年 4 月 8 日广州能源所官网。

② 以上信息记于 2018 年 4 月 8 日中国科学技术大学官网。

海洋能领域发文 376 篇，其中 2014 年发文量最高，有 116 篇，2015 年有所下降，发表了 93 篇。主要的研究热点包括 density functional theory（8 篇）、sun: corona（6 篇）、waves（5 篇）、shock waves（5 篇）、electronic structure（4 篇）等。

我国海洋能领域发文量排名第三位的是北京大学，发文量有 347 篇，北京大学环境与能源学院（环能学院）组建于 2009 年，该学院的办学宗旨是：建立环境能源前沿学科，树立低碳科研教学典范，培养有能力解决环境能源问题的精英人才，开展环境友好型引领产业发展的新能源研究开发，促进人类社会环境和能源的可持续发展。该学院致力于研究城市化背景下大气环境、水环境和固废污染问题，开发污染物、废弃物资源化能源化技术，开发再生能源新技术，并从技术、金融和管理等多层面综合研究全球和区域性环境能源问题的解决方案。北京大学在海洋能领域的主要研究学科包括 astronomy & astrophysics（74 篇）、chemical physics（46 篇）、Applied physics（44 篇）、multidisciplinary materials science（44 篇）、multidisciplinary physics（39 篇）等。2011～2015 年，发文量呈现逐年上升趋势，其中 2011 年发文 48 篇，2015 年发文 108 篇，发文量提升一倍有余。北京大学海洋能领域主要的研究热点包括 turbulence（7 篇）、shock waves（7 篇）、solar wind（7 篇）、scattering（6 篇）、acceleration of particles（6 篇）等。

二、山东省海洋能领域高产机构分析

为了识别出山东省在海洋能领域的主要研究机构，本书统计了山东省各研究机构在国际核心期刊上的发文情况，如表 5-2 所示。

表 5-2　山东省海洋能领域高产机构 TOP 15（2011～2015 年）

序号	机构	作者前五名（发文量/篇）	发文量/篇	占山东省总量比例/%	占全国总量比例/%
1	山东大学	Dai Ying（41）、Huang Baibiao（37）、Yu Haohai（21）、Zhang Huaijin（21）、Ma Yandong（19）	262	37.75	2.79

续表

序号	机构	作者前五名（发文量/篇）	发文量/篇	占山东省总量比例/%	占全国总量比例/%
2	中国海洋大学	Wu Lixin（9）、Tian Jiwei（8）、Zhao Wei（7）、Jing Zhao（7）、Liu Zhen（6）	105	15.13	1.14
3	中国科学院海洋研究所	Hou Yijun（12）、Song Jinbao（6）、Li Shuang（4）、Hu Po（3）、Li Yuanlong（3）	43	6.34	0.47
4	山东师范大学	Liu Jie（9）、Xu Jun（8）、Meng Qingtian（7）、Su Liangbi（6）、Zheng Lihe（5）	40	5.76	0.39
5	青岛大学	Liu Junhai（9）、Han Wenjuan（8）、Zhang Huaijin（8）、Tian Xueping（6）、Liu Xiaojie（5）	33	4.87	0.36
6	鲁东大学	Wang Meishan（10）、Chang Benkang（7）、Wang Meishan（5）、Wang Honggang（4）、Du Yujie（4）	33	4.57	0.34
7	烟台大学	Li Qingzhong（12）、Cheng Jianbo（12）、Li Wenzuo（12）、Pei Yuwei（7）、Yu Xuefang（4）	25	3.69	0.27
8	济南大学	Zhang Changwen（14）、Wang Peiji（11）、Li Feng（9）、Luan Hangxing（5）、Zheng Fubao（5）	24	3.54	0.26
9	中国石油大学	Guo Wenyue（2）、Xue Qingzhong（2）、Wan Yong（2）、Yang Xinjian（2）、Li Hong（2）	20	2.95	0.22
10	聊城大学	Hu Haiquan（6）、Cui Shouxin（5）、Lv Zengtao（4）、Zhang Guiqing（4）、Song Qi（3）	14	2.06	0.15
11	青岛科技大学	Wang Xia（3）、Zhang Shuaiyi（3）、Wang Ping（3）、Kong Weijin（2）、Xu Jianqiu（2）	11	1.62	0.12
12	曲阜师范大学	Li Fushan（3）、Zhang B T（2）、Yang X Q（2）、Gong Qian（1）、Liu S D（1）	11	1.62	0.12

续表

序号	机构	作者前五名（发文量/篇）	发文量/篇	占山东省总量比例/%	占全国总量比例/%
13	山东科技大学	Zhang Huiyun（3）、Zhang Yuping（2）、Yin Yiheng（2）、Chen Yaodeng（1）、Lin Congmou（1）	10	1.47	0.11
14	山东建筑大学	Yu Haohai（8）、Guo L（7）、Wang Zhengping（7）、Xu Xiaodong（7）、Zhuang Shidong（7）	9	1.33	0.10
15	齐鲁工业大学	Guo Meng（3）、Li Weifeng（2）、Ren Xianghe（2）、Zhang Gang（2）、Zhang Yongwei（2）	7	1.03	0.06

从国际核心期刊发表的论文来看，2011～2015 年，山东省在海洋能领域发表论文最多的 6 个机构分别是山东大学（262 篇）、中国海洋大学（105 篇）、中国科学院海洋研究所（43 篇）、山东师范大学（40 篇）、青岛大学（33 篇）和鲁东大学（33 篇）。

山东省海洋能领域发文量排名第一的机构是山东大学，发文量有 262 篇，占山东省总量比例 37.75%，其在全国发文量排名第六位，总体来说，山东省海洋能领域在全国有一定的地位。山东大学主要的研究学科包括 optics（105 篇）、applied physics（78 篇）、chemical physics（57 篇）、multidisciplinary materials science（45 篇）、physical atom molecule & chemistry（28 篇）等。2011～2015 年，山东大学在海洋能领域的发文量呈现出先下降后上升的趋势，其中 2011 年发文量是 54 篇，2015 年发文量是 67 篇，山东大学在海洋能领域的主要研究热点包括 passively Q-switched（11 篇）、electronic structure（7 篇）、diode-pumped（7 篇）、Q-switched（6 篇）、density functional theory（6 篇）等。

山东省在海洋能领域发文量排名第二的是中国海洋大学，发文量为 105 篇，占山东省总量比例 15.13%。中国海洋大学是一所海洋和水产学科特色显著、学科门类齐全的教育部直属重点综合性大学，是国家"985工程"和

"211 工程"重点建设的高校，2017 年 9 月入选国家"世界一流大学建设高校"（A 类）。中国海洋大学研究海洋能领域的主要学科集中在 oceanography（63 篇）、atmospheric meteorology（11 篇）、engineering ocean（7 篇）、multidisciplinary geosciences（7 篇）、limnology（6 篇）等。2011～2015 年发文量呈现上升趋势，其中 2011 年发文量为 16 篇，2015 年发文量为 30 篇，发文量增加接近一倍。中国海洋大学研究海洋能的主要热点包括 numerical simulation（7 篇）、Luzon Strait（6 篇）、turbulence（5 篇）、internal tide wave（5 篇）、internal waves（5 篇）等。

山东省在海洋能领域发文量排名第四的是山东师范大学，发文量为 40 篇，占比为 5.76%。现有 25 个学院（部），84 个本科专业，9 个博士后科研流动站，10 个博士学位授权一级学科、29 个硕士学位授权一级学科、15 个专业学位授权类别，覆盖十大学科门类，学科、专业学位数量居省属高校前列。有 1 个国家重点学科、1 个国家重点（培育）学科。有 4 个学科进入山东省一流学科立项建设行列，3 个专业（群）获批山东省高水平应用型立项建设重点专业（群），1 个学科进入基本科学指标数据库（ESI）学科排名前 1%。在全国第四轮学科评估（2017 年）中，24 个学科参评，其中有 13 个学科进入 B 级以上等次，是山东省属高校最好成绩（于 2018 年 4 月 8 日记自山东师范大学官网）。山东师范大学研究海洋能领域的主要学科包括 optics（14 篇）、multidisciplinary physics（12 篇）、physical atom molecule & chemistry（9 篇）、chemical physics（9 篇）、applied physics（8 篇）等，2011～2015 年，山东师范大学共发文 40 篇，总体发文量呈上升趋势，其中 2011 年发文量为 8 篇，2015 年发文量为 10 篇。山东师范大学在海洋能领域的主要研究热点包括 diode-pumped（4 篇）、integral cross section（3 篇）、time-dependent wave packet method（3 篇）、vibrational excitation（2 篇）、nonlinear damping（2 篇）等。

第三节 海洋能领域学科分析

一、全国海洋能领域学科分布分析

从国际核心期刊发表的论文量来看，化学物理（1646篇）、材料科学多学科（1447篇）和应用物理学（1187篇）等领域是全国海洋能领域的论文高产领域，论文的发表量都超过了1100篇，如表5-3所示。

表 5-3　全国海洋能领域强势学科国际核心期刊论文发表情况（2011～2015年）

序号	学科	发文量/篇	前五个关键词（发文量/篇）	前五个机构（发文量/篇）
1	化学物理（Chemical physics）	1646	density functional theory（95）、electronic structure（59）、adsorption（51）、first-principles calculations（49）、DFT（48）	中国科学院（372）、中国科学技术大学（108）、南京大学（64）、吉林大学（58）、山东大学（57）
2	材料科学多学科（Multidisciplinary materials science）	1447	electronic structure（78）、first-principles calculations（66）、first-principles（58）、density functional theory（48）、elastic properties（34）	中国科学院（267）、中国科学技术大学（74）、中南大学（52）、吉林大学（51）、清华大学（47）、西安交通大学（46）
3	应用物理学（Applied physics）	1187	electronic structure（34）、density functional theory（33）、first-principles（29）、adsorption（26）、graphene（21）	中国科学院（213）、山东大学（78）、北京大学（44）、西安交通大学（43）、清华大学（42）
4	物理凝聚态物质（Condensed matter physics）	1068	electronic structure（96）、first-principles（71）、density functional theory（63）、first-principles calculations（39）、magnetic properties（32）	中国科学院（201）、陕西师范大学（65）、西安交通大学（50）、清华大学（42）、四川大学（39）

续表

序号	学科	发文量/篇	前五个关键词（发文量/篇）	前五个机构（发文量/篇）
5	物理多学科（Multidisciplinary physics）	1060	electronic structure（61）、first-principles（58）、density functional theory（28）、first-principles calculation（23）、optical properties（19）	中国科学院（157）、四川大学（46）、清华大学（46）、中国科学技术大学（43）、北京大学（39）
6	光学（Optics）	908	Q-switched（19）、nonlinear optics（17）、passively Q-switched（13）、diode-pumped（11）、terahertz（9）	中国科学院（200）、山东大学（105）、哈尔滨工业大学（55）、上海交通大学（39）、清华大学（33）
7	物理原子分子与化学（Physical atom molecule & chemistry）	755	density functional theory（12）、density functional calculations（10）、CASPT2（9）、spectroscopic parameter（9）、stereodynamics（8）	中国科学院（169）、中国科学技术大学（69）、南京大学（41）、清华大学（37）、吉林大学（34）
8	纳米科学与纳米技术（Nanoscience & nanotechnology）	631	density functional theory（16）、first-principles（15）、graphene（15）、first-principles calculations（12）、triboelectric nanogenerator（9）	中国科学院（149）、中国科学技术大学（54）、吉林大学（28）、清华大学（26）、北京大学（25）
9	化学多学科（Multidisciplinary chemistry）	456	electronic structure（19）、density functional theory（18）、graphene（13）、Ab initio calculations（13）、density functional calculations（11）	中国科学院（107）、中国科学技术大学（32）、吉林大学（26）、北京大学（20）、大连理工大学（19）
10	应用数学（Applied mathematics）	397	stability（35）、global existence（31）、convergence（20）、blow-up（18）、blow up（17）	中国科学院（25）、上海交通大学（24）、山西大学（17）、南京信息工程大学（17）、香港大学（14）

二、山东省海洋能领域学科分布分析

为了统计山东省海洋能领域国际核心期刊发表的论文在各学科的发文量及研究该学科较多的机构，了解山东省海洋能领域目前发文量较高的强势学科，本书统计了 2011～2015 年山东省海洋能领域强势学科的国际核心期刊发文量，如表 5-4 所示。

表 5-4 山东省海洋能领域强势学科的国际核心期刊发文量（2011～2015 年）

序号	学科	发文量/篇	前五个关键词（发文量/篇）	高产机构（发文量/篇）
1	光学（Optics）	137	diode-pumped（11）、passively Q-switched（10）、Q-switched（8）、first-principles（4）、optical properties（4）	山东大学（105）、山东师范大学（14）、青岛大学（11）、鲁东大学（6）
2	化学物理（Chemical physics）	113	electronic structure（6）、CASPT2（6）、density functional theory（4）、CASSCF（4）、potential energy curve（4）	山东大学（57）、山东师范大学（9）、鲁东大学（9）、烟台大学（8）、济南大学（5）
3	应用物理学（Applied physics）	109	electronic structure（5）、passively Q-switched（4）、diode-pumped lasers（4）、Q-switched（4）、density functional theory（4）	山东大学（78）、青岛大学（9）、山东师范大学（8）、济南大学（7）、鲁东大学（6）
4	海洋学（Oceanography）	102	South China Sea（8）、Luzon Strait（7）、turbulence（6）、internal tide wave（5）、internal tide（5）	中国海洋大学（63）、中国石油大学（2）、青岛国家海洋实验室（1）
5	材料科学多学科（Multidisciplinary materials science）	74	density functional theory（4）、optical properties（3）、magnetism（3）、first-principles calculations（3）、passively Q-switched（3）	山东大学（45）、济南大学（7）、鲁东大学（4）、烟台大学（3）、中国石油大学（3）
6	物理学多学科（Multidisciplinary physics）	63	electronic structure（5）、integral cross section（3）、band structure（3）、cuprate superconductors（2）、quasi-classical trajectory（2）	山东大学（14）、山东师范大学（12）、济南大学（8）、鲁东大学（8）、青岛大学（5）
7	物理原子分子与化学（Physical atom molecule & chemistry）	58	CASPT2（5）、vibrational excitation（3）、stereodynamics（3）、CASSCF（3）、potential energy curve（3）	山东大学（28）、山东师范大学（9）、烟台大学（6）、鲁东大学（4）、青岛大学（2）
8	物理凝聚态物质（Condensed matter physics）	55	electronic structure（9）、density functional theory（6）、first-principles（4）、optical properties（3）、magnetism（3）	山东大学（20）、青岛大学（7）、鲁东大学（7）、烟台大学（5）、中国石油大学（5）

续表

序号	学科	发文量/篇	前五个关键词（发文量/篇）	高产机构（发文量/篇）
9	化学多学科（Multi-disciplinary chemis-try）	38	quasi-classical trajectory（4）、vector correlations（3）、orientation（3）、alignment（3）、stereodynamics（3）	山东大学（13）、青岛大学（5）、烟台大学（4）、济南大学（3）、中国石油大学（2）
10	纳米科学与纳米技术（Nanoscience & nanotechnology）	32	first-principles calculations（2）、quantum spin hall effect（2）、topo-logical insulators（2）、density func-tional theory（2）、strain engineering（2）	山东大学（20）、济南大学（5）、中国石油大学（2）、青岛大学（2）、烟台大学（1）

从国际核心期刊的发文量来看，光学（137篇）、化学物理（113篇）、应用物理学（109篇）和海洋学（102篇）等学科是山东省海洋能领域的论文高产领域，论文的发表量都超过了100篇。

在山东省海洋能研究中，光学领域的发文量排名第一。海洋光学与海洋能的研究密切相关，通过测定海水的光学性质，为研究海流、上升流、海洋锋、水团、海洋细微结构等提供了一种有效的手段；随机海面的光学研究，为遥测海浪方向谱建立了物理模型，并为现场测定海浪要素提供了快速而又有效的手段。光学的主要研究机构包括山东大学（105篇）、山东师范大学（14篇）、青岛大学（11篇）、鲁东大学（6篇）等，主要的研究热点包括diode-pumped（11篇）、passively Q-switched（10篇）、Q-switched（8篇）、first-principles（4篇）、optical properties（4篇）等。

在山东省海洋能研究中，化学物理领域的发文量排名第二。化学物理，顾名思义，其主要的研究基于物理与化学两大学科，但是对两大学科的侧重点不同，物理方面主要采用理论、实验以及探究方法。而化学方面主要是呈现出规律以及形成化学的理论基础。简而言之，就是以物理的方法探究化学的本质。化学物理与海洋能的研究关系十分紧密，通过物理学的方法、理论以及观点等方式探究海洋的化学变化及现象，因此其理论探究相对会多一些，例如对于密度泛函理论的探究、对于电子结构的探究等。化学物理主要的研究机构包括山东大学（57篇）、山东师范大学（9篇）、鲁东大学（9篇）、烟台大学（8篇）等，主要的研究热点包括electronic structure（6篇）、CASPT2（6篇）、density functional theory（4篇）、CASSCF（4篇）、potential energy curve（4篇）等。

在山东省海洋能研究中，发文量排名第三的是应用物理学。应用物理学与我们熟知的工程学有一定的区别，应用物理学并不会拘泥于某一个或者某一类元器件，而是对物理及其相关学科的理论本质和方法进行探究，由此进行延伸至相关领域的应用。在海洋能的探究过程中，应用物理学的理论基础极其重要，通过对海洋能本质的探究，考虑到对海洋能利用的目的，采用各种物理理论、方法等探究手段，达到人们的需求，正是应用物理理论基础在海洋能的直接应用。因此，其应用方式和引用场合十分多变，例如对于中国南海的探究以及关于海洋潮汐动荡的研究等。应用物理学主要的研究机构包括山东大学（78篇）、青岛大学（9篇）、山东师范大学（8篇）、济南大学（7篇）、鲁东大学（6篇）等，主要的研究热点包括electronic structure（5篇）、passively Q-switched（4篇）、diode-pumped lasers（4篇）、Q-switched（4篇）、density functional theory（4篇）等。

第四节 海洋能领域研究主题分析

一、全国海洋能领域研究主题分布分析

全国海洋能领域的研究主题主要包括电子结构（318篇）、第一性原理（297篇）、第一性原理计算（220篇）以及密度泛函理论（213篇）。这4个研究主题的发文量均超过了200篇，说明全国海洋能领域对这4个主题的研究比较多，如表5-5所示。

表 5-5　全国海洋能领域研究主题 TOP 20

序号	研究主题	频次	前五个关键词（发文量/篇）	前五个机构（发文量/篇）
1	电子结构（Electronic structure、Electronic structures）	318	first-principles（58）、optical properties（35）、density functional theory（34）、magnetic properties（26）、elastic properties（24）	陕西师范大学（29）、中国科学院（26）、湘潭大学（17）、西安交通大学（16）、广西大学（15）
2	第一性原理（First-principles、First-principle、First principles）	297	electronic structure（66）、magnetic properties（20）、elasstic properties（19）、electronic properties（17）、optical properties（16）	陕西师范大学（35）、西安交通大学（21）、中国科学院（20）、西安理工大学（15）、内蒙古工业大学（15）
3	第一性原理计算（First-principles calculations、First-principles calculation）	220	electronic structure（31）、CALPHAD（15）、electronic properties（11）、phase diagram（10）、thermodynamic properties（9）	中国科学院（35）、中南大学（27）、湖南大学（14）、陕西师范大学（10）、湘潭大学（10）、广西大学（9）
4	密度泛函理论（Density functional theory）	213	electronic structure（29）、adsorption（23）、optical properties（10）、electronic properties（10）、elastic properties（9）	中国科学院（35）、四川大学（21）、中国科学院物理化学研究所（14）、陕西师范大学（11）、西北理工大学（10）
5	傅里叶变换（DFT、Density-functional theory、Density-functional theory、Density-function theory、Density-function theory、Density functional theory）	111	adsorption（9）、optical properties（6）、electronic structures（6）、electronic structure（6）、electronic properties（5）	中国科学院（15）、河南师范大学（7）、西北理工大学（7）、南京大学（5）、华东理工大学（5）
6	光学性质（Optical properties、Optical property）	102	electronic structure（48）、density functional theory（16）、first-principles（14）、electronic properties（7）、electronic structures（7）	西北理工大学（9）、鲁东大学（6）、重庆大学（6）、中国科学院（6）、四川大学（5）
7	磁性（Magnetic properties、Magnetic property）	88	electronic structure（30）、first-principles（21）、electronic structures（8）、electronic properties（8）、heusler alloy（7）	陕西师范大学（26）、西安交通大学（19）、西安理工大学（8）、南京师范大学（5）、扬州大学（5）

续表

序号	研究主题	频次	前五个关键词（发文量/篇）	前五个机构（发文量/篇）
8	弹性属性（Elastic properties、Elastic property）	84	electronic structure（21）、thermodynamic properties（16）、first-principles（12）、ab initio calculations（11）、first-principles calculations（9）	四川大学（18）、中国科学院物理化学研究所（9）、成都工业学院（9）、广西大学（8）、重庆大学（8）
9	自始模拟（Ab initio calculations、Ab initio calculation）	81	electronic structure（19）、elastic properties（11）、thermodynamic properties（10）、semiconductors（9）、defects（8）	中国科学院（14）、清华大学（5）、厦门大学（5）、湘潭大学（5）、天津大学（5）
10	吸附（Adsorption）	80	density functional theory（23）、dissociation（12）、DFT（8）、first-principles（8）、first-principles calculations（4）、density functional calculations（4）	中国科学院（11）、陕西师范大学（6）、中国石油化工股份有限公司上海石油化工研究院（6）、武汉大学（5）、中科合成油技术有限公司（4）
11	电子特性（Electronic properties、Electronic property）	80	first-principles（19）、density functional theory（12）、first-principles calculations（9）、magnetic properties（8）、optical properties（8）	陕西师范大学（16）、四川大学（10）、西安理工大学（9）、西安交通大学（9）、中国科学院（7）
12	稳定性（Stability）	74	convergence（20）、solvability（5）、electronic properties（4）、electronic structure（4）、conservation（4）、traveling wave fronts（4）	中国科学院（8）、东南大学（7）、湘潭大学（6）、河南大学（5）、西安交通大学（3）
13	冲击波（Shock waves、Shock wave）	73	acceleration of particles（15）、non-thermal radiation mechanisms（8）、sun: coronal mass ejections（CMEs）（6）、solar wind（6）、turbulence（6）、methods: numerical（6）	中国科学院（20）、北京大学（9）、中国科学技术大学（5）、南京大学（5）、四川大学（5）

续表

序号	研究主题	频次	前五个关键词（发文量/篇）	前五个机构（发文量/篇）
14	石墨烯（Graphene）	67	density functional theory（7）、first-principles（4）、magnetic properties（4）、Q-switched（4）、DFT（3）、adsorption（3）、first-principles calculations（3）	中国科学院（16）、北京大学（4）、东南大学（4）、四川大学（3）、陕西师范大学（3）
15	数值模拟（Numerical simulation）	59	tidal energy（3）、plasma（3）、oscillating water column（2）、rotating detonation（2）、earth's oscillations（2）、detonation wave（2）、wave energy（2）、internal tide（2）	中国科学院（9）、中国海洋大学（7）、大连理工大学（4）、河海大学（3）、北京大学（3）
16	热力学性质（Thermodynamic properties、Thermodynamic property）	59	elastic properties（16）、ab initio calculations（11）、first-principles（10）、first-principles calculations（9）、phase transition（6）、electronic structure（6）	四川大学（9）、中国科学院（7）、成都工业学院（6）、广西大学（5）、中南大学（5）、中国科学院物理化学研究所（4）
17	相变（Phase transition、Phase transitions、Phase transformation）	48	first-principles（8）、first-principles calculations（5）、elastic properties（5）、high pressure（4）、electron microscopy（4）、shock wave（4）	四川大学（8）、中国科学院（7）、湖南大学（5）、中国科学院物理化学研究所（5）、北京科技大学（4）
18	密度泛函计算（Density functional calculations、Density functional calculation）	42	adsorption（4）、photocatalysis（3）、gold（3）、oxidation（2）、doping（2）、CO oxidation（2）、reaction mechanisms（2）、oxygen（2）、graphene（2）、nanostructures（2）、uranium（2）	中国科学院（7）、南开大学（6）、太原理工大学（4）、厦门大学（3）、大同大学（3）
19	全球存在（Global existence）	41	blow-up（8）、blow up（5）、energy decay（4）、initial value problem（4）、exponential decay（3）、nonlinear viscoelastic equation（3）、viscoelastic wave equation（3）	上海交通大学（5）、武汉大学（4）、哈尔滨工程大学（3）、河南科技大学（3）、湖南省科学技术研究开发院（3）

续表

序号	研究主题	频次	前五个关键词（发文量/篇）	前五个机构（发文量/篇）
20	紊流（Turbulence）	34	solar wind（7）、acceleration of particles（6）、magnetohydrodynamics（MHD）（5）、waves（5）、shock waves（5）	中国科学院（13）、北京大学（7）、中国海洋大学（5）、河海大学（3）、南昌大学（2）

二、山东省海洋能领域研究主题分布分析

为展现山东省在海洋能领域的主要研究主题，本书对国际核心期刊文献的研究主题进行统计，得到山东省在海洋能领域前 20 个研究主题，如表 5-6 所示。

表 5-6　山东省海洋能领域研究主题 TOP 20

序号	研究主题	频次	前五个关键词（发文量/篇）	高产机构（发文量/篇）
1	电子构型（Electronic structure、Electronic structures）	21	optical properties（7）、first-principles（7）、work function（4）、adsorption energy（2）、elastic constants（2）	鲁东大学（9）、山东大学（7）、滨州学院（4）、聊城大学（4）、山东科技大学重点实验室（2）
2	第一性原理（First-principles、First principles）	15	electronic structure（8）、optical properties（5）、work function（2）、codoping（1）、elastic properties（1）	鲁东大学（7）、山东大学（5）、滨州学院（5）、烟台大学（1）
3	二极管泵浦（Diode-pumped）	11	passively Q-switched（4）、V:YAG（3）、self-Q-switched（2）、Nd:SSO crystal（1）、1.08 microns（1）	山东大学（7）、山东师范大学（4）、聊城大学（2）
4	光学特性（Optical properties）	10	electronic structure（7）、first-principles（5）、GaN（1）、CdS（1）、density functional theory（1）	鲁东大学（6）、山东大学（3）、济南大学（2）、滨州学院（2）、山东大学（威海）（1）
5	被动调 Q（Passively Q-switched）	10	diode-pumped（4）、V:YAG（3）、composite crystal（2）、$Nd:Lu_{0.15}Y_{0.85}VO_4$（1）、continues-wave（1）	山东大学（10）

续表

序号	研究主题	频次	前五个关键词（发文量/篇）	高产机构（发文量/篇）
6	准经典轨迹（Quasi-classical trajectory、Quasiclassical trajectory（QCT）、Quasiclassical trajectory）	13	stereodynamics（5）、orientation（3）、vector correlations（3）、alignment（3）、reaction stereo-dynamics（2）	山东大学（4）、山东师范大学（1）、青岛大学（1）、中国海洋大学（1）、鲁东大学（1）
7	密度泛函理论（Density functional theory、density functional theories）	10	electronic structure（2）、magnetism（2）、ZnO（2）、anatase titania（001）surface（1）	山东大学（7）、山东大学（威海）（1）、菏泽学院（1）
8	数值模拟（numerical simulation）	8	wave energy（2）、oscillating water column（2）、internal tide（2）、mixed energy（1）、boundary condition（1）	中国海洋大学（7）、海洋石油工程股份有限公司（1）
9	Q开关（Q-switched）	8	LD-pumped（2）、diode-pumped lasers（2）、continuous-wave（1）、diode-pumped（1）、ferroelectric material（1）	山东大学（6）、青岛理工大学（1）、青岛大学（1）、聊城大学（1）
10	吕宋海峡（Luzon Strait、Luzon Strait）	9	internal tide wave（3）、internal tide（3）、South China Sea（1）、anticyclonic eddy（1）、argo profiler and acoustic doppler current profiler（1）	中国海洋大学（6）
11	中国南海（South China Sea、South China Sea）	9	internal tide wave（2）、nonlinear internal wave（1）、eddy heat transport（1）、eddy volume transport（1）、internal solitary wave（1）	中国海洋大学（4）、中国科学院海洋研究所（2）
12	立体动力学（Stereodynamics、Stereodynamics）	9	quasi-classical trajectory（6）、orientation（4）、alignment（4）、collision energy（2）、alignment and orientation（1）	山东大学（3）、鲁东大学（2）、山东师范大学（1）、青岛大学（1）、济宁学院（1）、中国石油大学（1）
13	CASPT2	7	CASSCF（5）、potential energy curve（3）、HMgO（1）、CCSD（T）（1）、dynamic electron correlation（1）	烟台大学（7）
14	湍流（Turbulence）	6	momentum flux（1）、bottom boundary layer（BBL）（1）、diffusion（1）、dissipation rate（1）、heat flux（1）	中国海洋大学（5）

续表

序号	研究主题	频次	前五个关键词（发文量/篇）	高产机构（发文量/篇）
15	波浪能（Wave energy）	6	numerical simulation（2）、oscillating water column（2）、chengshantou headland（1）、China east adjacent seas（1）、conversion efficiency（1）	中国海洋大学（5）、青岛科技大学（1）
16	内潮波（Internal tide wave）	11	Luzon Strait（5）、numerical simulation（3）、seasonal variation（2）、internal waves（2）、numerical methodology（1）	中国海洋大学（8）
17	对准（Alignment）	5	orientation（5）、stereodynamics（3）、quasi-classical trajectory（3）、stereodynamics（1）、product ro-vibrational distributions（1）	山东大学（4）、济宁学院（1）
18	内波（Internal waves、Internal wave）	7	internal tide wave（2）、hurricanes（1）、available potential energy（1）、baroclinic energy flux（1）、circulation（1）	中国海洋大学（5）
19	定位（Orientation）	5	alignment（5）、stereodynamics（3）、quasi-classical trajectory（3）、stereodynamics（1）、product ro-vibrational distributions（1）	山东大学（4）、济宁学院（1）
20	自洽场方法（CASSCF）	5	CASPT2（5）、potential energy curve（2）、HSB+（1）、HSAl（1）、HPBe（1）	烟台大学（5）

山东省海洋能领域排名第一的研究主题是电子构型。电子构型主要是指原子、分子或者离子所处于的一种状态，这种状态与电子的能量有关，依据能量处于不同的能级。一般来说，原子、电子和分子都会处于一定的轨道并具有一定自旋状态，这些位置和状态的总和称为电子构型。海洋能的探究，离不开对电子结构的研究。关于海洋能与电子结构的探究，一般与海洋能发电有关，通过对电子结构进行探究，对海洋能转化为电能的工作方式、吸附能力进行进一步挖掘与研究。主要的研究热点是 optical properties（7篇）、first-principles（7篇）、work function（4篇）、adsorption energy（2篇）和 elastic constants（2篇），主要的研究机构包括鲁东大学（9篇）、山东大学

（7篇）、滨州学院（4篇）、聊城大学（4篇）、山东科技大学重点实验室（2篇）。

山东省海洋能领域排名第二的研究主题是第一性原理。第一性原理主要是指根据原子和电子之间的具体关系，通过具体的数学方式，对我们所需要的数据做出具体的计算。也有人认为，第一性原理可以理解为对某些事物的本质进行理解，进而重新思考如何做才能满足我们的需求，是一个由本质到需求的过程。至于第一性原理在海洋能探究中的作用，则主要集中在第一性原理物理层面的解析。由于第一性原理在电子层面的重要性，海洋能在围观层次的研究一般都离不开第一性原理，例如在海洋能与电能转换的过程中，第一性原理对于电子结构进行探究的重要性得到了极大的体现。主要的研究热点是 electronic structure（8篇）、optical properties（5篇）、work function（2篇）、codoping（1篇）、elastic properties（1篇），主要的研究机构包括鲁东大学（7篇）、山东大学（5篇）、滨州学院（5篇）、烟台大学（1篇）。

山东省海洋能领域排名第三的研究主题是二极管泵浦，主要的研究热点包括 passively Q-switched（4篇）、V:YAG（3篇）、self-Q-switched（2篇）、Nd:SSO crystal（1篇）、1.08 microns（1篇），主要的研究机构包括山东大学（7篇）、山东师范大学（4篇）、聊城大学（2篇）。

山东省海洋能领域排名第四的研究主题是光学特性，主要的研究热点包括 electronic structure（7篇）、first-principles（5篇）、GaN（1篇）、CdS（1篇）、density functional theory（1篇），主要的研究机构包括鲁东大学（6篇）、山东大学（3篇）、济南大学（2篇）、滨州学院（2篇）、山东大学（威海）（1篇）。

山东省海洋能领域排名第五的研究主题是被动调Q，主要的研究热点包括 diode-pumped（4篇）、V:YAG（3篇）、composite crystal（2篇）、Nd:Lu$_{0.15}$Y$_{0.85}$VO$_4$（1篇）、continues-wave（1篇），主要的研究机构包括山东大学（10篇）。

第五节　海洋能领域高被引文献分析

一、全国海洋能领域高被引文献分析

在 SCI 期刊数据库中，检索出第一作者机构属于中国的高被引文献，最终确定了全国海洋能领域研究的 20 篇被引频次最高的重点监测论文，如表 5-7 所示。

表 5-7　全国海洋能领域的高被引文献 TOP 20

序号	文献	第一作者机构	被引频次
1	Fan F R, Tian Z Q, Wang Z L. Flexible triboelectric generator[J]. Nano Energy, 2012, 1（2）: 328-334.	厦门大学	774
2	Zhou G, Wang D W, Yin L C, et al. Oxygen bridges between NiO nanosheets and graphene for improvement of lithium storage[J]. ACS Nano, 2012, 6（4）: 3214-3223.	中国科学院	516
3	Wang Y, Lv J, Li Z, et al. CALYPSO: a method for crystal structure prediction[J]. Computer Physics Communications, 2012, 183（10）: 2063-2070.	吉林大学	469
4	Feng J, Qian X, Huang C W, et al. Strain-engineered artificial atom as a broad-spectrum solar energy funnel[J]. Nature Photonics, 2012, 6（12）: 866-872.	北京大学	391
5	Zhou G, Yin L C, Wang D W, et al. Fibrous hybrid of graphene and sulfur nanocrystals for high-performance lithium-sulfur batteries[J]. ACS Nano, 2013, 7（6）: 5367-5375.	中国科学院	356
6	Sun Y, Zhao L, Pan H, et al. Direct atomic-scale confirmation of three-phase storage mechanism in $Li_4Ti_5O_{12}$ anodes for room-temperature sodium-ion batteries[J]. Nature Communications, 2013, 4（5）: 1870.	中国科学院	351

序号	文献	第一作者机构	被引频次
7	Wei Q, Peng X. Superior mechanical flexibility of phosphorene and few-layer black phosphorus[J]. Applied Physics Letters, 2014, 104（25）: 372-398.	西安电子科技大学	341
8	Zhang Y, Yang L X, Xu M, et al. Nodeless superconducting gap in $A_{(x)}Fe_2Se_2$（A=K,Cs）revealed by angle-resolved photoemission spectroscopy[J]. Nature Materials, 2011, 10（4）: 273-277.	复旦大学	331
9	Wang C, Han X, Xu P, et al. The electromagnetic property of chemically reduced graphene oxide and its application as microwave absorbing material[J]. Applied Physics Letters, 2011, 98（7）: 217.	哈尔滨工业大学	321
10	Long M, Tang L, Wang D, et al. Electronic structure and carrier mobility in graphdiyne sheet and nanoribbons: theoretical predictions[J]. ACS Nano, 2011, 5（4）: 2593-2600.	清华大学	301
11	Wang S, Yu H, Zhang H, et al. Broadband few-layer MoS_2 saturable absorbers[J]. Advanced Materials, 2014, 26（21）: 3538-3544.	山东大学	288
12	Zhang P, Sun F, Xiang Z, et al. ZIF-derived *in situ* nitrogen-doped porous carbons as efficient metal-free electrocatalysts for oxygen reduction reaction[J]. Energy & Environmental Science, 2013, 7（1）: 442-450.	北京大学	286
13	Peng H, Mo Z, Liao S, et al. High performance Fe- and N- Doped carbon catalyst with graphene structure for oxygen reduction[J]. Scientific Reports, 2013, 3（5）: 1765.	华南理工大学	284
14	Xu K, Chen P, Li X, et al. Metallic nickel nitride nanosheets realizing enhanced electrochemical water oxidation[J]. Journal of the American Chemical Society, 2015, 137（12）: 4119-4125.	中国科学技术大学	279
15	Guo H, Lu N, Dai J, et al. Phosphorene nanoribbons, phosphorus nanotubes, and van der Waals multilayers[J]. The Journal of Physical Chemistry, 2014, 118（25）: 14051-14059.	中国科学技术大学	256
16	Sun X, He J, Li G, et al. Laminated magnetic graphene with enhanced electromagnetic wave absorption properties[J]. Journal of Materials Chemistry C, 2012, 1（4）: 765-777.	南京航空航天大学	252
17	Mei J, Ma G, Yang M, et al. Dark acoustic metamaterials as super absorbers for low-frequency sound[J]. Nature Communications, 2012, 3（2）: 756.	香港科技大学	248

续表

序号	文献	第一作者机构	被引频次
18	Liu G B, Shan W Y, Yao Y, et al. Three-band tight-binding model for monolayers of group-VIB transition metal dichalcogenides[J]. Physical Review B, 2013, 88（8）: 166-170.	北京科技大学	240
19	Wu X, Dai J, Zhao Y, et al. Two-dimensional boron monolayer sheets[J]. ACS Nano, 2012, 6（8）: 7443-7453.	中国科学技术大学	223
20	Li X F, Ni X, Feng L, et al. Tunable unidirectional sound propagation through a sonic-crystal-based acoustic diode[J]. Physical Review Letters, 2011, 106（8）: 084301.	南京大学	218

（1）文献 *Flexible triboelectric generator* 主要展示了通过简单、低成本和有效的摩擦充电的方法，将机械能转化为驱动小型电子产品电力来源的过程。热电发生器（TEG）通过堆叠由具有明显不同摩擦电特性的材料制成的两个聚合物片材来制造，金属膜沉积在组装结构的顶部和底部。一旦经受机械变形，由于纳米级表面粗糙度，两个膜之间的摩擦在两侧产生等量但相反的电荷符号。

（2）文献 *Oxygen bridges between NiO nanosheets and graphene for improvement of lithium storage* 通过 X 射线光电子能谱、傅里叶变换红外光谱和拉曼光谱分析，报告了含有氧官能团的石墨烯与 NiO 之间的氧桥，并通过第一性原理计算确认了氧桥的构象。我们发现 NiO 纳米片（NiO NSs）通过氧桥与石墨烯的牢固结合。氧桥主要来源于 NiO NSs Ni 原子上石墨烯的羟基 / 环氧基团的钉扎。通过与氧结合的 Ni 原子在氧化石墨烯上的计算吸附能（具有羟基和环氧的石墨烯的 137eV 和 1.84eV）与石墨烯上的吸附能（126eV）相当。然而，计算出的 Ni 原子在氧化石墨烯表面上的扩散势垒（具有羟基和环氧基的石墨烯的 223eV 和 1.69eV）远大于石墨烯上的（0.19eV）。

（3）文献 *CALYPSO: a method for crystal structure prediction* 开发了一个软件包 CALYPSO（晶体结构分析通过粒子群优化）来预测在给定的化学组成和外部条件（如压力）下材料的能量稳定 / 亚稳晶体结构。CALYPSO 方法基于几种主要技术（例如粒子群优化算法、结构生成的对称约束、消除类似结构的键特征矩阵、每代增强结构多样性的部分随机结构以及惩罚函数等）从头开始全球结构最小化。所有这些技术已被证明对预测全球稳定结构至关重要，这些技术已经被应用到 CALYPSO 代码中。

（4）文献 *Strain-engineered artificial atom as a broad-spectrum solar energy funnel* 从理论和计算上说明，弹性应变是在初始均匀的原子级薄膜中产生连续变化的带隙分布的可行试剂。

（5）文献 *Fibrous hybrid of graphene and sulfur nanocrystals for high-performance lithium-sulfur batteries* 主要通过使用硫 / 二硫化碳 / 醇混合溶液的简单单罐策略获得具有锚定在相互连接的纤维石墨烯上的硫纳米晶体的石墨烯-硫（GS）杂化材料。氧化石墨烯的还原和硫纳米晶体的形成 / 结合被整合。GS 杂化材料具有由纤维状石墨烯构成的高度多孔网络结构，也具有许多导电通路并且容易调节硫含量，因此可以被切割并压成颗粒以直接用作锂硫电池阴极而不使用金属集流体、黏合剂和导电添加剂。多孔网络和硫纳米晶体实现了快速的离子运输和短的 Li^+ 扩散距离，相互连接的纤维石墨烯提供高度导电的电子传输通路，并且含氧（主要是羟基 / 环氧化物）基团显示与多硫化物的强结合，防止其溶解到基于第一性原理计算的电解质。因此，GS 混合动力车表现出高容量、优异的高速性能以及超过 100 个循环的长寿命等优点。这些结果表明，这种独特的混合结构作为阴极用于高性能锂硫电池具有巨大的潜力。

二、山东省海洋能领域高被引文献分析

表 5-8 列出了山东省在海洋能领域中被引频次最高的 10 篇高被引论文。

表 5-8 山东省海洋能领域高被引文献 TOP 10

序号	文献	第一作者机构	被引频次
1	Wang S, Yu H, Zhang H, et al. Broadband few-layer MoS₂ saturable absorbers[J]. Advanced Materials, 2014, 26（21）: 3538-3544.	山东大学	282
2	Ma Y, Dai Y, Guo M, et al. Graphene adhesion on MoS₂ monolayer: an ab initio study[J]. Nanoscale, 2011, 3（9）: 3883-3887.	山东大学	194

续表

序号	文献	第一作者机构	被引频次
3	Ma Y, Dai Y, Guo M, et al. Electronic and magnetic properties of perfect, vacancy-doped, and nonmetal adsorbed $MoSe_2$, $MoTe_2$ and WS_2 monolayers[J]. Physical Chemistry Chemical Physics, 2011, 13（34）: 15546.	山东大学	194
4	Chen X, Tung K K. Varying planetary heat sink led to global-warming slowdown and acceleration[J]. Science, 2014, 345（6199）: 897-903.	中国海洋大学	172
5	Liu J, Wang Y G, Qu Z S, et al. Graphene oxide absorber for 2μm passive mode-locking $Tm:YAlO_3$ laser[J]. Laser Physics Letters, 2012, 9（1）: 15-19.	山东师范大学	82
6	Lu J, Dai Y, Jin H, et al. Effective increasing of optical absorption and energy conversion efficiency of anatase TiO_2 nanocrystals by hydrogenation[J]. Physical Chemistry Chemical Physics, 2011, 13（40）: 18063-18068.	山东大学	72
7	Ma Y, Dai Y, Wei W, et al. First-principles study of the graphene@ $MoSe_2$ Heterobilayers[J]. Journal of Physical Chemistry C, 2011, 115（41）: 20237-20241.	山东大学	67
8	Yu X, Li Y, Cheng J B, et al. Monolayer Ti_2CO_2: a promising candidate for NH_3 sensor or capturer with high sensitivity and selectivity[J]. ACS Applied Materials & Interfaces, 2015, 7（24）: 13707-13713.	烟台大学	62
9	Zhang L, Liu X, You L, et al. Benzo（a）pyrene-induced metabolic responses in Manila clam Ruditapes philippinarum by proton nuclear magnetic resonance（（1）H NMR）based metabolomics[J]. Environmental Toxicology & Pharmacology, 2011, 32（2）: 218.	中国科学院烟台海岸带研究所	62
10	Zhang L, Liu X, You L, et al. Metabolic responses in gills of Manila clam Ruditapes philippinarum exposed to copper using NMR-based metabolomics[J]. Marine Environmental Research, 2011, 72（1）: 33-39.	中国科学院烟台海岸带研究所	62

（1）文献 *Broadband few-layer MoS₂ saturable absorbers* 主要介绍了一种宽带 MoS_2 饱和吸收体的工作原理，并介绍了适用的缺陷。研究结果为二维光电子材料的研究提供了一定的启示。

（2）文献 *Graphene adhesion on MoS$_2$ monolayer: an ab initio study* 研究了二氧化硅单层中石墨烯吸附的几何结构和电子结构。发现石墨烯与 MoS$_2$ 相结合，其夹层间距为 3.32Å，其结合能量为 –23 MeV / C 原子，与吸附排列无关，说明石墨烯与 MoS$_2$ 之间的相互作用较弱。对电子结构的详细分析表明，在 MoS$_2$/ 石墨烯杂化过程中，由于 MoS$_2$ 引起的现场能量的变化，石墨烯的近似线性带色散关系可以保留在 MoS$_2$/ 石墨烯杂化中，并伴随着一个小的带隙（2eV）开口。这些发现是对这一新合成系统实验研究的有益补充，并提出了一种新的途径，以方便在需要有限带宽和高载流子机动性的设备上进行设计。

（3）文献 *Electronic and magnetic properties of perfect, vacancy-doped, and nonmetal adsorbed MoSe$_2$, MoTe$_2$ and WS$_2$ monolayers* 系统地研究了理想、空位掺杂、非金属元素（H、B、C、N、O、F）吸附 MoSe$_2$、MoTe$_2$ 和 WS$_2$ 单分子的电子和磁性的性质。研究发现：① MoSe$_2$、MoTe$_2$ 和 WS$_2$ 表现出令人惊讶的封闭诱导的非直接-直缝交叉；② MoSe$_2$、MoTe$_2$ 和 WS$_2$ 单层的中性原生空缺中，只有 MoSe$_2$ 的 Mo 空缺能诱导自旋极化和长程反铁磁耦合；③ MoSe$_2$、MoTe$_2$ 和 WS$_2$ 纳米片表面非金属元素的吸附可以诱发局部磁矩；h 吸收的 WS$_2$、MoSe$_2$ 和 MoTe$_2$ 单分子和 f-吸附的 WS$_2$ 和 MoSe$_2$ 单层细胞在局部时刻之间显示了长期的反铁磁耦合，即使它们的距离与 12Å 的相同。这些发现是对这些新合成的二维纳米材料的实验研究的一个有用的补充，并提出了一种新的途径来促进自旋电子器件的设计，以补充石墨烯。进一步的实验研究预计将证实有吸引力的预测。

（4）文献 *Varying planetary heat sink led to global-warming slowdown and acceleration* 表明，在中间的海洋深处，一个波动的全球热沉，与人为强迫下的地表变暖的不同气候机制有关：在 20 世纪后半叶，随着更多的热量停留在地表附近，全球气温将迅速升温。在 21 世纪，随着更多的热量进入更深的海洋，地表变暖速度减慢。原位和再分析的数据被用来追踪海洋热吸收的途径。除了太平洋浅海出现的拉尼娜现象，我们还发现，这种减速主要是由于大西洋和南部大洋的热传输到更深层引起，这是由北大西洋亚极地地区的周期性盐度异常引起的。与后一种更深层的热封存机制相关联的冷却周期，在历史上持续了 20～35 年。

（5）文献 *Graphene oxide absorber for 2μm passive mode-locking Tm:YAlO₃ laser* 的研究首次证明了氧化石墨烯作为半导体泵浦的 TM^{3+} 掺杂激光器被动锁模的饱和吸收体（SA）。在 2μm 附近的 Tm:YAlO₃（Tm:YAP）激光器中获得了宽光谱区的亚 10ps 锁模。在 8.64W 的泵浦功率下，在 71.8MHz 的脉冲重复频率（PRF）下，平均输出功率为 268MW，最大脉冲能量为 3.7nJ。

第六节　海洋能领域研究热点分析

利用 VOSviewer 软件对全国海洋能领域在国际核心期刊的发文情况进行信息可视化，采用软件聚类的功能，将海洋能领域的研究热点进行聚类分析，得到图 5-2。

将全国海洋能领域的高频关键词进行聚类研究，划分为四类，分别是电子结构及体系研究、储电材料及相关分析、海洋能稳定性研究以及波浪能的数值模拟分析，如图 5-3 所示。

参照全国海洋能领域研究热点的划分对山东省海洋能领域的研究热点进行研究，得到图 5-4。

由图 5-4 可知，山东省在海洋能领域中，对电子结构及体系的相关研究分析较多，而对于其他领域的相关研究较少。对储电材料及相关分析的研究最少。

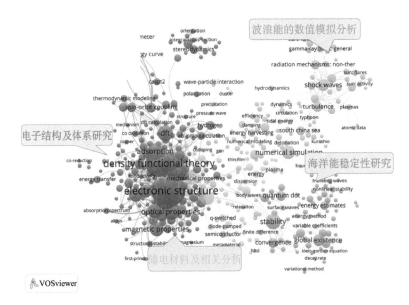

图 5-2　全国海洋能领域主要研究热点领域网络图

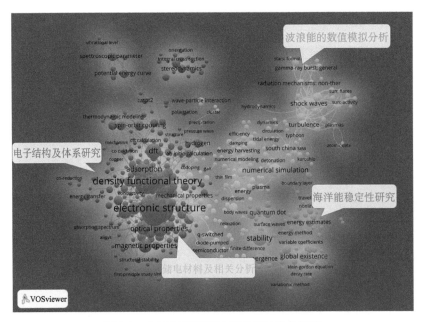

图 5-3　全国海洋能领域主要研究热点领域

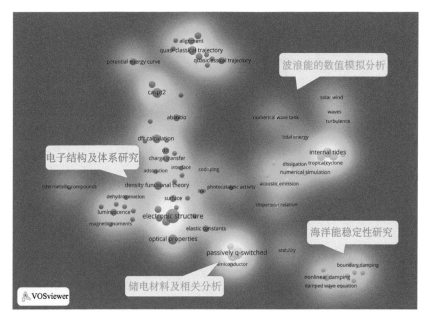

图 5-4　山东省海洋能领域主要研究热点领域

一、电子结构及体系研究

电子结构及体系研究这一领域的主要研究热点包括 electronic structure（265 篇）、first-principles calculations（220 篇）、first-principles（212 篇）以及 density functional theory（209 篇）等。主要的研究机构有山东大学（258 篇）、中国海洋大学（105 篇）、山东师范大学（36 篇）以及青岛大学（33 篇）。代表性的文献有：Ji Yanjun、Du Yujie、Wang Meishan 在 2014 年发表在 *Optik* 上的 *First-principles studies of electronic structure and optical properties of GaN surface doped with Si*，Yu Xiaohua、Chang Benkang、Wang Honggang 等在 2014 年发表 *Solid State Communications* 上的 *First principles research on electronic structure of Zn-doped $Ga_{0.5}Al_{0.5}As$（001）$\beta_{(2)}$（2×4）surface*，Yang Mingzhu、Chang Benkang、Hao Guanghui 等在 2013 年发表在 *Applied Surface Science* 上的 *Theoretical study on electronic structure and optical properties of $Ga_{0.75}Al_{0.25}N$（0001）surface* 以及 Ji Yanjun、Du Yujie、Wang Meishan 在 2014 年发表在 *Optik* 上的 *First-principles studies of electronic structure and optical properties* *of GaN surface doped with Si* 等。

二、储电材料及相关分析

储电材料及相关分析研究这一领域的主要研究热点包括 graphene（67 篇）、mechanical properties（28 篇）、wave propagation（24 篇）以及 Q-switched（19 篇）等。主要的研究机构包括山东大学（258 篇）、中国海洋大学（105 篇）、山东师范大学（36 篇）以及青岛大学（33 篇）。代表性的文献有：Yang Hong-Tao、Ji Wen-Hui 在 2015 年发表在 *Journal of Low Tempera Ture Phyhics* 上的 *The effect of deformation potential magnetopolaron in graphene*，Lu Wei-Tao、Wang Shun-Jin、Wang Yong-Long 等在 2013 年发表在 *Physics Letters A* 上的 *Transport properties of graphene under periodic and quasiperiodic magnetic superlattices*，Zhang Chao、Jiang Hong、Shi Hong-Liang 等在 2014 年发表在 *Journal of Alloys and Compounds* 上的 *Mechanical and thermodynamic properties of α-UH3 under pressure* 以及 Zhang Shuaiyi、Li Hongqiang、Zhao Qiuling 等在 2015 年发表在 *Optics and Laser Technology* 上的 *Integratable pulsed 2-mu m laser with Tm, Mg:LiNbO₃ crystal and single-walled carbon nanotube saturable absorber* 等。

三、海洋能稳定性研究

海洋能稳定性研究这一领域的主要研究热点包括：stability（72 篇）、global existence（41 篇）、convergence（32 篇）、quantum dot（32 篇）。主要的研究机构包括山东大学（258 篇）、中国海洋大学（105 篇）、山东师范大学（36 篇）以及青岛大学（33 篇）。代表性的文献有：Shi Rengang、Yang Hai-tian、Gao Liping 在 2015 年发表在 *Ieee Antennas and Wireless Propagation Letters* 上的 *An adaptive time step FDTD method for maxwell's equations*，Pan Xintian、Zheng Kelong、Zhang Luming 在 2013 年发表在 *Applicaple Analysis* 上的 *Finite difference discretization of the Rosenau-RLW equation*。Xu Xianghui、Lee Yong-Hoon、Fang Zhong Bo 在 2014 年发表在 *Boundary Value Problems* 上的 *Global existence and nonexistence of solutions for quasilinear parabolic equation* 等。

四、波浪能的数值模拟分析

波浪能的数值模拟分析这一领域的主要研究热点包括：numerical simulation（55 篇）、shock waves（69 篇）、turbulence（33 篇）以及 acceleration of particles（26 篇）等。主要的研究机构包括山东大学（258 篇）、中国海洋大学（105 篇）、山东师范大学（36 篇）以及青岛大学（33 篇）。代表性的文献有：Liu Zhen、Zhao Huanyu、Cui Ying 在 2015 年发表在 *China Ocean Engineering* 上的 *Effects of rotor solidity on the performance of impulse turbine for OWC wave energy converter*，Cui Ying、Liu Zhen、Hyun Beom-Soo 在 2015 年发表在 *Journal of Thermal Science* 上的 *pneumatic performance of staggered impulse turbine for OWC wave energy convertor*，Wu Lidan、Miao Chunbao、Zhao Wei 在 2013 年发表在 *Journal of Oceanography* 上的 *Patterns of K_1 and M_2 internal tides and their seasonal variations in the northern South China Sea* 以及 Kong Xiangliang、Chen Yao、Guo Fan 等在 2015 年发表在 *Astrophysical Journal* 上的 *The possible role of coronal streaners as magnetically closed structures in shoock-incuecd energetic electrons and metric type II radio bursts* 等。

第二部分

专利分析报告

第一节　山东省新能源技术领域发明专利申请量情况分析

一、申请量分析

2011~2015 年，山东省新能源技术领域专利申请量为 2065 件，同一时期全国在该领域的专利授权量为 36 386 件，山东省占全国专利申请量的 5.68%。2011 年山东省新能源技术领域专利申请量为 288 件，占全国的 4.10%，而到了 2015 年申请量增至 392 件，占全国的比例上升至 5.25%，2013 年表现最佳，共申请 564 件专利，占全国的 7.53%。山东省该领域的专利申请量的绝对数量（即具体的申请数量）呈现先增加后减少的趋势（图 6-1）。

2011~2015 年山东省在该领域发明专利申请量的全国平均占比为 5.68%，山东省在新能源领域占据了一定的地位。

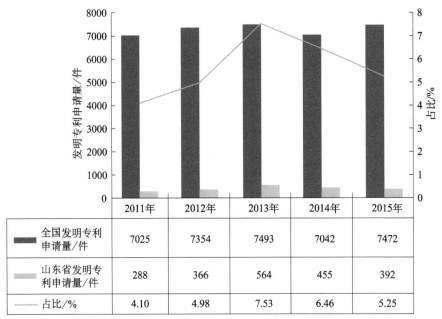

图 6-1　2011～2015 年全国和山东省新能源技术领域发明专利申请量
以及山东省占全国的比例

2011～2015 年山东省在新能源技术领域发明专利申请量为全国第
四名。排名前三的省市分别是江苏省（4828 件）、北京市（3408 件）和广东
省（2281 件），排名前六的省市新能源专利申请量都超过了 2000 件。山东省
在该领域发明专利申请量低于排名第三的广东省（2281 件），稍高于排名第
五的上海市（2018 件），如表 6-1 所示。2015 年，山东省该领域的专利申
请量全国排名第七，可以看出山东省在新能源发明方面具有较强的优势
（图 6-2）。

表 6-1　2011～2015 年全国新能源技术领域发明专利申请量排名表（TOP 10）

排名	省市	发明专利申请量 / 件						占全国比例 /%
		2011 年	2012 年	2013 年	2014 年	2015 年	总计	
1	江苏	925	1037	1116	873	877	4828	13.27
2	北京	641	757	616	680	714	3408	9.37
3	广东	398	359	438	478	608	2281	6.27
4	**山东**	**288**	**366**	**564**	**455**	**392**	**2065**	**5.68**
5	上海	371	393	411	356	487	2018	5.55

续表

排名	省市	发明专利申请量／件						占全国比例／%
		2011 年	2012 年	2013 年	2014 年	2015 年	总计	
6	浙江	336	460	407	371	428	2002	5.50
7	四川	114	295	215	252	431	1307	3.59
8	安徽	121	184	184	229	287	1005	2.76
9	陕西	210	183	249	206	116	964	2.65
10	辽宁	220	154	204	142	191	911	2.50

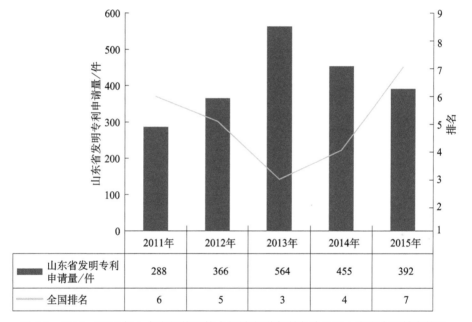

	2011年	2012年	2013年	2014年	2015年
山东省发明专利申请量/件	288	366	564	455	392
全国排名	6	5	3	4	7

图 6-2　2011～2015 年山东省新能源技术领域发明专利申请量及山东省全国排名情况

二、申请（专利权）人分析

2011～2015 年，山东省在新能源技术领域 2065 件专利申请共有 975 名申请（专利权）人，对每个申请（专利权）人的专利申请量进行分析，结果如表 6-2 所示。山东省新能源技术领域的专利申请量位居第一的是山东大学，申请 78 件专利，占总数的 3.78%，进入全国排名的 TOP 50。

表 6-2　2011～2015 年山东省新能源技术领域申请专利中

发明专利申请（专利权）人分布（TOP 10）

省内排名	申请（专利权）人	发明专利申请量 / 件						省内占比 /%	全国排名
		2011 年	2012 年	2013 年	2014 年	2015 年	总计		
1	山东大学	6	7	21	13	31	78	3.78	41
2	青岛锦绣水源商贸有限公司	0	0	0	47	0	47	2.28	77
3	刘伟光	0	0	40	0	0	40	1.94	92
3	青岛经济技术开发区海尔热水器有限公司	1	6	15	9	9	40	1.94	92
5	李华玉	11	10	8	4	6	39	1.89	97
6	山东理工大学	2	4	15	8	6	35	1.69	114
7	山东力诺瑞特新能源有限公司	4	0	9	18	3	34	1.65	118
8	威海澳华新能源有限公司	0	0	25	8	0	33	1.60	122
9	海尔集团公司	4	7	19	1	0	31	1.50	130
10	刘辉	0	0	29	1	0	30	1.45	134

结合技术领域 IPC 分类，对专利申请（专利权）人的主要优势领域进一步分析，得到的结果如表 6-3 所示。

表 6-3　2011～2015 年山东省新能源技术领域

申请专利申请（专利权）人 -IPC- 发明专利申请量对应表（TOP 4）

申请（专利权）人	IPC	IPC 含义	申请量 / 件
山东大学	F24J2/32	太阳热的利用 •• 有蒸发段和冷凝段的，例如热管	14
	F24J2/46	太阳热的利用 • 太阳能集热器的构件、零部件或附件	13
	F24J2/00	太阳热的利用，例如太阳能集热器	10
	F24J2/48	太阳热的利用 •• 以吸收器材料为特征的	9
	F24J2/24	太阳热的利用 •• 工作流体流过管状吸热管道的	8
	F25B27/02	应用特定能源的制冷机器、装置或系统 • 使用废热	8
青岛锦绣水源商贸有限公司	C10L5/44	固体燃料 •• 基于植物物质	47

续表

申请 （专利权）人	IPC	IPC 含义	申请量 /件
刘伟光	F25B27/02	应用特定能源的制冷机器、装置或系统·使用废热	40
	F25B15/02	能连续运转的吸着式机器、装置或系统·不用惰性气体	35
	F25B41/06	流体循环装置·流量限制器，例如毛细管及其配置	6
	F25B15/00	能连续运转的吸着式机器、装置或系统，如吸收式	3
	F25B15/06	能连续运转的吸着式机器、装置或系统··从盐溶液，例如溴化锂中气化水蒸气作制冷剂	1
青岛经济技术 开发区海尔热 水器有限公司	F24J2/46	太阳热的利用·太阳能集热器的构件、零部件或附件	20
	F24J2/40	太阳热的利用·控制装置	11
	F24J2/52	太阳热的利用··底座或支架的配置	7
	F24H9/20	有热发生装置的水加热器，只控制加热器	6
	F24J2/30	太阳热的利用··带有在多种流体之间进行热交换装置的	5
	F24J2/48	太阳热的利用··以吸收器材料为特征的	5

注：各小组类名前的圆点数，表示其缩排的等级，即一点小组、二点小组、三点小组、四点小组等，余同。

三、发明人分析

山东省新能源技术领域 2065 件专利申请共有 3268 名专利发明人，其中排名前 10 的发明人专利申请量合计为 323 件，占全部专利申请量的 15.64%。表 6-4 列出了 2011～2015 年该领域专利申请发明人情况，其中申请量排在前 3 位的是赵炜、王省业、刘伟光。排在第 1 位的发明人赵炜，共申请专利 52 件，略高于排名第 2 的王省业，占山东省新能源技术领域全部申请量的 2.52%。

表 6-4　2011～2015 年山东省新能源技术领域专利申请中发明专利发明人统计（TOP 10）

省内排名	发明人	申请量 /件	省内占比 /%
1	赵　炜	52	2.52
2	王省业	47	2.28
3	刘伟光	40	1.94
4	李华玉	39	1.89
5	陈安祥	38	1.84

续表

省内排名	发明人	申请量 / 件	省内占比 /%
6	刘　辉	30	1.45
7	不公告发明人	26	1.26
8	章莹莹	18	0.87
9	王学明	17	0.82
10	陈　岩	16	0.77

进一步结合技术领域 IPC 分类对专利发明人进行分析，有利于政府、企业迅速掌握主要的研发单位和个人，有利于政府、企业分析主要竞争对手的强势领域，有利于政府、企业寻找合适的合作伙伴，为政府和企业的投资决策以及专利布局调整提供有价值的信息（表 6-5）。

表 6-5　2011～2015 年山东省新能源技术领域
申请专利发明人 -IPC- 发明专利申请量对应表（TOP 3）

发明人	IPC	IPC 含义	申请量 / 件
赵　炜	F24J2/48	太阳热的利用 •• 以吸收器材料为特征的	29
	F24J2/46	太阳热的利用 • 太阳能集热器的构件、零部件或附件	26
	F24J2/24	太阳热的利用 •• 工作流体流过管状吸热管道的	22
	F24J2/00	太阳热的利用，例如太阳能集热器	12
	F24J2/34	太阳热的利用 •• 有贮热体的	12
	H02N11/00	其他类不包含的发电机或电动机；用电或磁装置得到的所谓的永动机	12
王省业	C10L5/44	固体燃料 •• 基于植物物质	47
刘伟光	F25B27/02	应用特定能源的制冷机器、装置或系统 • 使用废热	40
	F25B15/02	能连续运转的吸着式机器、装置或系统 • 不用惰性气体	35
	F25B41/06	流体循环装置 • 流量限制器，例如毛细管及其配置	6
	F25B15/00	能连续运转的吸着式机器、装置或系统，如吸收式	3
	F25B15/06	能连续运转的吸着式机器、装置或系统 •• 从盐溶液，例如溴化锂中气化水蒸气作制冷剂	1

山东省新能源技术领域发明人（申请人不少于 4241 位）之间的合作关系如图 6-3 所示。图左侧显示，TOP 3 发明人之间，赵炜位于该网络最大合作群的核心位置，排名第二、第三位的王省业、刘伟光均作为独立个体进行专

利发明；图右侧显示最大的两个专利发明合作群，分别是以赵炜、陈岩、李艳等为核心的 25 人团体和以刘臻、史宏达、曲娜等人组成的 21 人团体。

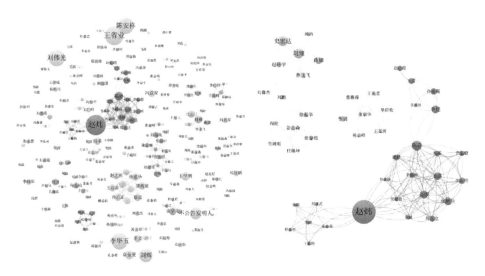

图 6-3　2011～2015 年山东省新能源技术领域发明专利发明人合作网络（TOP 3）

四、IPC 分类号分析 / 技术分析

抽取 2011～2015 年山东省新能源技术领域 2065 件申请发明专利的分类号字段，对分类号进行归纳整理，并按照每个分类号的申请量降序排列，结果如表 6-6 所示。2011～2015 年在该领域申请的 2065 件发明专利共涉及 1207 个 IPC 分类号，其中，22.13% 的专利申请与 F24J2/46（太阳热的利用·太阳能集热器的构件、零部件或附件）有关，7.51% 的申请专利与 F25B27/02（应用特定能源的制冷机器、装置或系统·使用废热）有关。

表 6-6　2011～2015 年山东省新能源技术领域发明专利申请量 IPC 分类号统计（TOP 20）

排名	IPC	IPC 含义	发明专利申请量 / 件						省内占比 /%
			2011年	2012年	2013年	2014年	2015年	总计	
1	F24J2/46	太阳热的利用·太阳能集热器的构件、零部件或附件	64	86	147	85	75	457	22.13
2	F25B27/02	应用特定能源的制冷机器、装置或系统·使用废热	13	14	97	15	16	155	7.51

排名	IPC	IPC 含义	发明专利申请量 / 件						省内占比 /%
			2011年	2012年	2013年	2014年	2015年	总计	
3	F24J2/24	太阳热的利用 •• 工作流体流过管状吸热管道的	4	20	65	22	36	147	7.12
4	F24J2/40	太阳热的利用 • 控制装置	20	22	35	25	29	131	6.34
4	F03D9/00	特殊用途的风力发动机；风力发动机与受它驱动的装置的组合	29	31	19	30	19	128	6.20
6	F24J2/00	太阳热的利用，例如太阳能集热器	11	19	37	30	25	122	5.91
7	F24J2/48	太阳热的利用 •• 以吸收器材料为特征的	11	15	42	24	22	114	5.52
8	F24J2/05	太阳热的利用 •• 由透明外罩所包围的，例如真空太阳能集热器	13	16	41	21	14	105	5.08
9	C10L5/44	固体燃料 •• 基于植物物质	5	18	14	58	8	103	4.99
10	F24J2/30	太阳热的利用 •• 带有在多种流体之间进行热交换装置的	8	12	34	16	15	85	4.12
10	F25B15/02	能连续运转的吸着式机器、装置或系统 • 不用惰性气体	1	1	69	3	7	81	3.92
10	F24J2/10	太阳热的利用 ••• 具有作为聚焦元件的反射器	2	16	11	9	25	63	3.05
10	F03B13/00	特殊用途的机械或发动机；机械或发动机与驱动或从动装置的组合；电站或机组	10	10	13	10	17	60	2.91
10	A61B6/00	用于放射诊断的仪器，如与放射治疗设备相结合的	5	7	7	9	28	56	2.71
15	F24J2/34	太阳热的利用 •• 有贮热体的	4	13	7	8	23	55	2.66
15	F25B41/06	流体循环装置 • 流量限制器，例如毛细管及其配置	10	10	29	1	1	51	2.47
17	E04D13/18	与屋面覆盖层有关的特殊安排或设施；屋面排水 • 能量收集装置的屋面覆盖物，例如，包括太阳能收集板	5	13	12	9	11	50	2.42

续表

排名	IPC	IPC 含义	发明专利申请量 / 件						省内占比/%
			2011年	2012年	2013年	2014年	2015年	总计	
17	F03D11/00	不包含在本小类其他组中或与本小类其他组无关的零件、部件或附件	10	16	6	13	3	48	2.32
17	F24J2/04	太阳热的利用·工作流体流过集热器的太阳能集热器	2	12	9	12	13	48	2.32
20	H02K7/18	结构上与电机连接用于控制机械能的装置·发电机与机械驱动机结构上相连的，例如汽轮机	9	8	12	9	9	47	2.28

第二节　山东省新能源技术领域发明专利授权量情况分析

一、授权量分析

2011～2015 年，山东省新能源技术领域专利授权量为 751 件，同一时期全国在该领域的专利授权量为 13 729 件，山东省占全国专利授权量的 5.47%，山东省在新能源技术领域占据了一定的地位。2011 年山东省在新能源技术领域专利授权量为 116 件，占全国的 3.85%，而到了 2015 年授权量增至 139 件，占全国的比例上升至 8.18%，五年内在全国的占比增加了一倍多。山东省该领域的专利授权量的绝对数量呈现先增加后减少的趋势，2013 年授权量达到最高（212 件）；而相对数量（即在全国的占比）在 2014 年有小幅度的下降，其他年份均呈稳步上升趋势（图 6-4）。

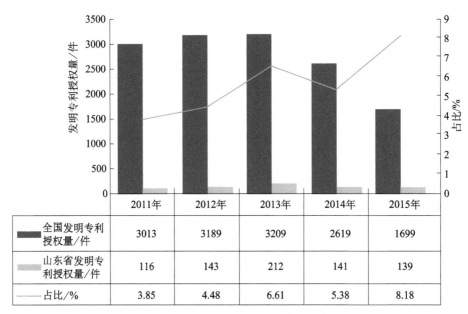

图 6-4 2011～2015 年全国和山东省新能源技术领域发明专利授权量
以及山东省占全国的比例

2011～2015 年山东省在新能源技术领域发明专利授权量为全国第五名（表 6-7）。全国排名前三的省市分布是北京市（1752 件）、江苏省（1291 件）和广东省（1019 件），这三个地区的新能源专利授权量都超过了 1000 件。山东省在该领域发明专利授权量低于排名第四的浙江省（933 件），稍高于排名第六的上海市（743 件）。2015 年，山东省在该领域的专利授权量上升至全国第四位（图 6-5）。

表 6-7 2011～2015 年全国新能源技术领域发明专利授权量排名表（TOP 10）

| 排名 | 省市 | 发明专利授权量 / 件 | | | | | | 占全国比例 /% |
		2011 年	2012 年	2013 年	2014 年	2015 年	总计	
1	北京	347	438	395	360	212	1752	12.76
2	江苏	270	250	292	299	180	1291	9.40
3	广东	185	183	248	225	178	1019	7.42
4	浙江	161	187	237	210	138	933	6.80
5	山东	**116**	**143**	**212**	**141**	**139**	**751**	**5.47**
6	上海	132	165	200	142	104	743	5.41

续表

排名	省市	发明专利授权量 / 件						占全国比例 /%
		2011 年	2012 年	2013 年	2014 年	2015 年	总计	
7	四川	55	151	115	120	123	564	4.11
8	安徽	46	69	83	105	63	366	2.67
9	湖北	48	44	80	103	69	344	2.51
10	辽宁	54	45	81	57	40	277	2.02

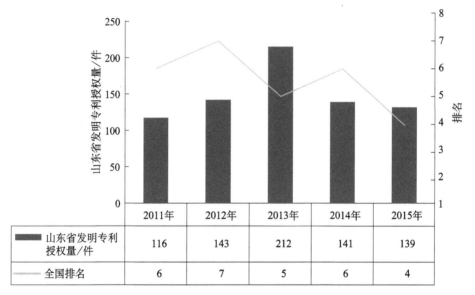

	2011年	2012年	2013年	2014年	2015年
山东省发明专利授权量/件	116	143	212	141	139
全国排名	6	7	5	6	4

图 6-5　2011～2015 年山东省新能源技术领域发明专利授权量及山东省全国排名情况

二、申请（专利权）人分析

2011～2015 年，山东省在新能源技术领域获得授权的 751 件发明专利共有 395 名申请（专利权）人，对每个申请（专利权）人的专利授权量进行分析，结果如表 6-8 所示。山东省新能源技术领域的专利授权量位居第一的是山东大学，有 48 件专利获得授权，占总数的 6.39%；第二名是李华玉，有 36 件专利获得授权，占总数的 4.79%，山东大学和李华玉均进入全国排名的 TOP 50。

表 6-8　2011～2015 年山东省新能源技术领域授权专利中
发明专利申请（专利权）人分布（TOP 10）

省内排名	申请（专利权）人	发明专利申请量 / 件						省内占比 /%	全国排名
		2011 年	2012 年	2013 年	2014 年	2015 年	总计		
1	山东大学	4	5	17	8	14	48	6.39	35
2	李华玉	11	9	7	4	5	36	4.79	48
3	山东理工大学	1	0	15	5	7	28	3.73	66
4	皇明太阳能股份有限公司	4	14	2	2	0	22	2.93	88
5	中国石油大学（华东）	0	2	5	5	6	18	2.40	105
6	赵　炜	0	0	8	6	3	17	2.26	114
7	中国海洋大学	1	1	4	5	2	13	1.73	145
8	山东科技大学	2	1	3	3	3	12	1.60	159
9	烟台斯坦普精工建设有限公司	0	0	9	2	0	11	1.46	173
10	青岛经济技术开发区海尔热水器有限公司	1	2	4	3	0	10	1.33	159

进一步结合技术领域 IPC 分类对专利申请（专利权）人进行分析，有利于政府、企业迅速掌握主要的研发单位和个人，有利于政府、企业分析主要竞争对手的强势领域，有利于政府、企业寻找合适的合作伙伴，为政府和企业的投资决策以及专利布局调整提供有价值的信息（表 6-9）。

表 6-9　2011～2015 年山东省新能源技术领域
授权专利申请人（专利权）-IPC- 发明专利授权量对应表（TOP 3）

申请（专利权）人	IPC	IPC 含义	授权量 / 件
山东大学	F24J2/32	太阳热的利用••有蒸发段和冷凝段的，例如热管〔4〕	12
	F24J2/46	太阳热的利用•太阳能集热器的构件、零部件或附件〔4〕	9
	F24J2/00	太阳热的利用，例如太阳能集热器	8
	F24J2/48	太阳热的利用••以吸收器材料为特征的〔4〕	8
	F24J2/24	太阳热的利用••工作流体流过管状吸热管道的〔4〕	7

续表

申请 （专利权）人	IPC	IPC 含义	授权量 / 件
李华玉	F25B27/02	应用特定能源的制冷机器、装置或系统·使用废热	34
	F25B41/06	流体循环装置·流量限制器，例如毛细管及其配置	22
	F25B15/02	能连续运转的吸着式机器、装置或系统·不用惰性气体	14
	F25B15/12	能连续运转的吸着式机器、装置或系统·用再吸收器的	14
	F25B15/00	能连续运转的吸着式机器、装置或系统，如吸收式	7
山东理工大学	F24J2/46	太阳热的利用·太阳能集热器的构件、零部件或附件〔4〕	10
	F24J2/48	太阳热的利用··以吸收器材料为特征的〔4〕	10
	F24J2/24	太阳热的利用··工作流体流过管状吸热管道的〔4〕	9
	F24J2/05	太阳热的利用··由透明外罩所包围的，例如真空太阳能集热器〔6〕	7
	H02K7/18	结构上与电机连接用于控制机械能的装置·发电机与机械驱动机结构上相连的，例如汽轮机	7

注：在条目末尾方括号中的阿拉伯数字（如〔4〕）指明该条目所在的分类位置表的版次，余同。

三、发明人分析

山东省新能源技术领域 751 件授权专利共有 1765 名专利发明人，其中排名前 10 的发明人专利授权量合计为 160 件，占全部专利授权量的 21.30%。表 6-10 列出了 2011～2015 年该领域授权专利发明人情况，其中授权量排在前 3 位的是李华玉、赵炜、陈岩。排在第 1 位的发明人李华玉，获得授权的发明专利为 36 件，略高于排名第 2 的赵炜，占山东省新能源技术领域全部授权量的 4.79%。

表 6-10　2011～2015 年山东省新能源技术领域授权专利中发明专利发明人统计（TOP 10）

省内 排名	发明人	发明专利申请量 / 件						省内占比 /%
		2011 年	2012 年	2013 年	2014 年	2015 年	总计	
1	李华玉	11	9	7	4	5	36	4.79
2	赵 炜	0	0	17	6	7	30	3.99
3	陈 岩	0	0	15	0	1	16	2.13
4	李 艳	1	0	6	0	5	12	1.60

省内排名	发明人	发明专利申请量/件						省内占比/%
		2011 年	2012 年	2013 年	2014 年	2015 年	总计	
4	孙　锲	0	0	12	0	0	12	1.60
4	张树生	0	0	12	0	0	12	1.60
7	李晓军	0	0	9	2	0	11	1.46
7	王　湛	0	0	11	0	0	11	1.46
9	刘　臻	0	1	4	4	1	10	1.33
10	孙福振	0	0	5	0	5	10	1.33

　　进一步结合技术领域 IPC 分类对专利发明人进行分析，有利于政府、企业迅速掌握主要的研发单位和个人，有利于政府、企业分析主要竞争对手的强势领域，有利于政府、企业寻找合适的合作伙伴，为政府和企业的投资决策以及专利布局调整提供有价值的信息（表 6-11）。

表 6-11　2011～2015 年山东省新能源技术领域
授权专利发明人 -IPC- 发明专利授权量对应表（TOP 3）

发明人	IPC	IPC 含义	授权量/件
李华玉	F25B27/02	应用特定能源的制冷机器、装置或系统·使用废热	34
	F25B41/06	流体循环装置·流量限制器，例如毛细管及其配置	22
	F25B15/02	能连续运转的吸着式机器、装置或系统·不用惰性气体	14
	F25B15/12	能连续运转的吸着式机器、装置或系统·用再吸收器的	14
	F25B15/00	能连续运转的吸着式机器、装置或系统，如吸收式	7
赵　炜	F24J2/48	太阳热的利用··以吸收器材料为特征的〔4〕	21
	F24J2/24	太阳热的利用··工作流体流过管状吸热管道的〔4〕	18
	F24J2/46	太阳热的利用·太阳能集热器的构件、零部件或附件〔4〕	16
	F24J2/00	太阳热的利用，例如太阳能集热器	10
	H02N11/00	其他类不包含的发电机或电动机；用电或磁装置得到的所谓的永动机	7
陈　岩	F24J2/32	太阳热的利用··有蒸发段和冷凝段的，例如热管〔4〕	12
	F24J2/48	太阳热的利用··以吸收器材料为特征的〔4〕	11
	F24J2/24	太阳热的利用··工作流体流过管状吸热管道的〔4〕	8

续表

发明人	IPC	IPC 含义	授权量/件
陈 岩	F24J2/46	太阳热的利用·太阳能集热器的构件、零部件或附件〔4〕	8
	F24J2/00	太阳热的利用，例如太阳能集热器	8

山东省新能源技术领域发明人（授权量不少于3163位）之间的合作关系如图 6-6 所示。由图可知，TOP 3 发明人之间，赵炜和陈岩是互相合作的，而李华玉与赵炜和陈岩没有合作关系，和其他人也没有合作关系。最大的两个合作关系群如图 6-6 右侧所示：一个是以赵炜、陈岩、李艳、孙福振等人形成的合作群，一个是以黄鸣、刘培先、张修田、熊勇刚等人形成的合作群。

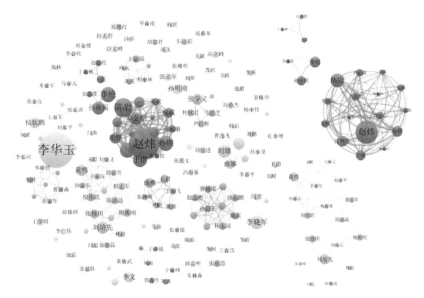

图 6-6 2011～2015 年山东省新能源技术领域授权发明专利发明人合作网络（TOP 3）

四、IPC 分类号分析/技术分析

抽取 2011～2015 年山东省新能源技术领域 751 件授权发明专利的分类号字段，对分类号进行归纳整理，并按照每个分类号的授权量降序排列，结果如表 6-12 所示。2011～2015 年在该领域获得授权的 751 件发明专利共涉及 740 个 IPC 分类号，其中，23.70% 的授权专利与 F24J2/46（太阳热的利用·太阳能集热器的构件、零部件或附件〔4〕）有关，9.45% 的授权专利与 F24J2/24（太阳热的利用··工作流体流过管状吸热管道的〔4〕）有关。

表 6-12　2011～2015 年山东省新能源技术领域发明专利授权量 IPC 分类号统计（TOP 20）

排名	IPC	IPC 含义	发明专利授权量/件						省内占比/%
			2011年	2012年	2013年	2014年	2015年	总计	
1	F24J2/46	太阳热的利用·太阳能集热器的构件、零部件或附件〔4〕	26	28	69	24	31	178	23.70
2	F24J2/24	太阳热的利用··工作流体流过管状吸热管道的〔4〕	1	7	37	8	18	71	9.45
3	F24J2/48	太阳热的利用··以吸收器材料为特征的〔4〕	4	4	34	8	9	59	7.86
4	F24J2/40	太阳热的利用·控制装置〔4〕	4	11	18	10	13	56	7.46
4	F25B27/02	应用特定能源的制冷机器、装置或系统·使用废热	12	12	8	11	13	56	7.46
6	F24J2/00	太阳热的利用，例如太阳能集热器	4	8	21	6	9	48	6.39
7	F24J2/05	太阳热的利用··由透明外罩所包围的，例如真空太阳能集热器〔6〕	4	8	23	4	2	41	5.46
8	F24J2/10	太阳热的利用···具有作为聚焦元件的反射器〔4〕	0	9	7	5	15	36	4.79
9	F03D9/00	特殊用途的风力发动机；风力发动机与受它驱动的装置的组合	12	15	5	2	1	35	4.66
10	E04D13/18	与屋面覆盖层有关的特殊安排或设施；屋面排水·能量收集装置的屋面覆盖物，例如，包括太阳能收集板〔4〕	3	3	9	7	2	24	3.20

续表

排名	IPC	IPC 含义	发明专利授权量 / 件						省内占比 /%
			2011年	2012年	2013年	2014年	2015年	总计	
10	F03B13/00	特殊用途的机械或发动机；机械或发动机与驱动或从动装置的组合	6	3	5	4	6	24	3.20
10	F24J2/32	太阳热的利用••有蒸发段和冷凝段的，例如热管〔4〕	1	1	14	1	7	24	3.20
10	F24J2/34	太阳热的利用••有贮热体的〔4〕	3	5	4	1	11	24	3.20
10	F25B41/06	流体循环装置•流量限制器，例如毛细管及其配置	10	10	3	1	0	24	3.20
15	F03B13/14	特殊用途的机械或发动机；机械或发动机与驱动或从动装置的组合；电站或机组••利用波能〔4〕	2	1	8	6	5	22	2.93
15	F03D3/06	具有基本上与进入发动机的气流垂直的旋转轴线的风力发动机•转子	5	6	3	5	3	22	2.93
17	F24J2/04	太阳热的利用•工作流体流过集热器的太阳能集热器〔4〕	1	8	3	5	2	19	2.53
17	F24J2/30	太阳热的利用••带有在多种流体之间进行热交换装置的〔4〕	3	3	4	3	6	19	2.53
17	H02K7/18	结构上与电机连接用于控制机械能的装置•发电机与机械驱动机结构上相连的，例如汽轮机	4	1	7	4	3	19	2.53
20	F03D11/00	不包含在本小类其他组中或与本小类其他组无关的零件、部件或附件	7	9	1	1	0	18	2.40

第一节 太阳能技术领域的专利申请情况分析

一、申请量分析

2011 年山东省太阳能技术领域专利申请量为 135 件，占全国总申请量的 5.25%；2013 年申请量为 279 件，占全国总申请量的 11.64%。2015 年，相关专利申请量有所下滑，但在申请量及全国占比方面仍多于 2011 年，申请相关专利 178 件，占全国的 9.34%。山东省该领域的专利申请量的绝对数量及相对数量基本呈先上升后下降的趋势（图 7-1）。2011～2015 年山东省在该领域发明专利申请量在全国平均占比 8.55%，在全国范围占据了重要的地位。

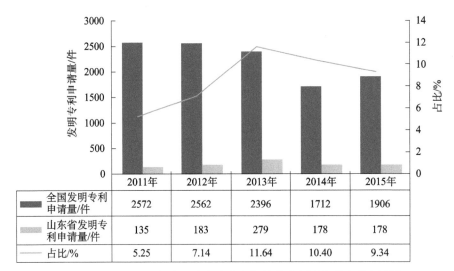

图 7-1　2011～2015 年全国和山东省太阳能技术领域发明专利申请量
以及山东省占全国的比例

　　2011～2015 年山东省在太阳能技术领域发明专利申请量方面位列全国第二（表 7-1），与江苏省（1986 件）、浙江省（895 件）、北京市（857 件）位列这一领域的第一阵营。尤其是 2013～2015 年，山东省在该领域专利申请量始终保持全国第二位（图 7-2）。2012～2013 年，在该领域的申请量实现了大幅度的飞跃，上升幅度超过 50% 申请量远超位于第三位的浙江省（196 件）。2014～2015 年申请量保持不变（178 件）但仍保持在全国第二位。

表 7-1　2011～2015 年全国太阳能技术领域发明专利申请量排名表（TOP 10）

排名	省（自治区、直辖市）	发明专利申请量 / 件						占全国比例 /%
		2011 年	2012 年	2013 年	2014 年	2015 年	总计	
1	江苏	481	518	442	256	289	1986	17.81
2	**山东**	**135**	**183**	**279**	**178**	**178**	**953**	**8.55**
3	浙江	154	255	196	118	172	895	8.03
4	北京	185	216	137	144	175	857	7.69
5	广东	162	118	120	108	118	626	5.62
6	上海	139	149	107	71	97	563	5.05
7	安徽	76	95	102	83	88	444	3.98
8	陕西	119	113	115	63	30	440	3.95

续表

排名	省（自治区、直辖市）	发明专利申请量/件						占全国比例/%
		2011 年	2012 年	2013 年	2014 年	2015 年	总计	
9	广西	12	32	94	85	72	295	2.65
10	四川	34	70	58	48	77	287	2.57

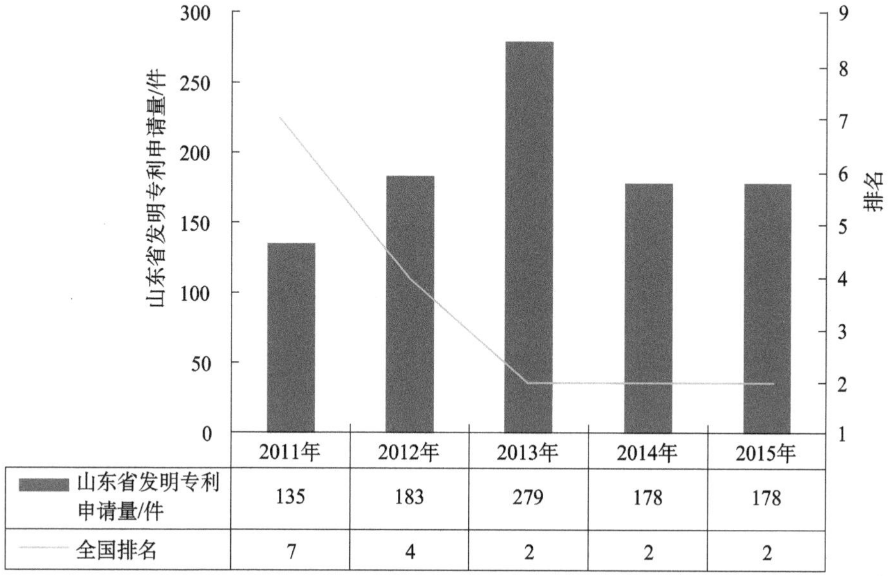

	2011年	2012年	2013年	2014年	2015年
山东省发明专利申请量/件	135	183	279	178	178
全国排名	7	4	2	2	2

图 7-2 2011～2015 年山东省太阳能技术领域发明专利申请量及山东省全国排名情况

二、申请（专利权）人分析

2011～2015 年，山东省太阳能技术领域 953 件发明专利申请共有 457 名申请（专利权）人，对每个申请（专利权）人的专利申请量进行分析，结果如表 7-2 所示。山东省太阳能技术领域的专利申请量位居第一的是青岛经济技术开发区海尔热水器有限公司，共申请专利 37 件，占省内申请量的 3.88%，略领先于排名第二的山东力诺瑞特新能源有限公司（34 件）。专利申请量超过 30 件的还有威海澳华新能源有限公司（33 件）、山东大学（31 件），排名前七位的发明专利的申请（专利权）人专利申请数均超过 25 件，有 3 所机构排名全国前 20（表 7-2）。

表 7-2 2011～2015 年山东省太阳能技术领域
申请专利中发明专利申请（专利权）人分布（TOP 10）

省内排名	申请（专利权）人	发明专利申请量 / 件						省内占比 /%	全国排名
		2011年	2012年	2013年	2014年	2015年	总计		
1	青岛经济技术开发区海尔热水器有限公司	1	5	14	9	8	37	3.88	12
2	山东力诺瑞特新能源有限公司	4	0	9	18	3	34	3.57	16
3	威海澳华新能源有限公司	0	0	25	8	0	33	3.46	17
4	山东大学	2	2	15	0	12	31	3.25	21
5	海尔集团公司	4	6	18	1	0	29	3.04	21
5	皇明太阳能股份有限公司	6	19	1	3	0	29	3.04	26
7	赵炜	0	0	8	8	10	26	2.73	31
8	中国石油大学（华东）	0	5	5	1	6	17	1.78	59
9	山东理工大学	0	0	9	3	4	16	1.68	59
10	滨州市甲力太阳能科技有限公司	0	2	0	2	11	15	1.57	75

进一步结合技术领域 IPC 分类对专利申请（专利权）人进行分析，有利于政府、企业迅速掌握主要的研发单位和个人，有利于政府、企业分析主要竞争对手的强势领域，有利于政府、企业寻找合适的合作伙伴，为政府和企业的投资决策以及专利布局调整提供有价值的信息（表 7-3）。

表 7-3 2011～2015 年山东省太阳能技术领域
申请专利申请（专利权）人 -IPC- 发明专申请权量对应表（TOP 3）

申请（专利权）人	IPC	IPC 含义	申请量 / 件
青岛经济技术开发区海尔热水器有限公司	F24J2/46	太阳热的利用•太阳能集热器的构件、零部件或附件	20
	F24J2/40	太阳热的利用•控制装置	11
	F24J2/52	太阳热的利用••底座或支架的配置	7
	F24J2/30	太阳热的利用••带有在多种流体之间进行热交换装置的	5
	F24J2/48	太阳热的利用••以吸收器材料为特征的	5

续表

申请（专利权）人	IPC	IPC 含义	申请量/件
山东力诺瑞特新能源有限公司	F24J2/46	太阳热的利用·太阳能集热器的构件、零部件或附件	22
	F24J2/00	太阳热的利用，例如太阳能集热器	7
	F24J2/05	太阳热的利用··由透明外罩所包围的，例如真空太阳能集热器	3
	F24J2/24	太阳热的利用··工作流体流过管状吸热管道的	3
	F24J2/40	太阳热的利用·控制装置	3
	F24J2/51	太阳热的利用··隔热	3
威海澳华新能源有限公司	F24J2/30	太阳热的利用··带有在多种流体之间进行热交换装置的	31
	F24J2/46	太阳热的利用·太阳能集热器的构件、零部件或附件	17
	F24J2/24	太阳热的利用··工作流体流过管状吸热管道的	14
	F24J2/05	太阳热的利用··由透明外罩所包围的，例如真空太阳能集热器	12
	F24J2/26	太阳热的利用···有增大表面的，例如突起	7
	F24J2/32	太阳热的利用··有蒸发段和冷凝段的，例如热管	7

发明专利申请量排在前三位的申请（专利权）人主要申请的专利分类号集中在大组 F24J2/00，关于太阳热的利用方面。青岛经济技术开发区海尔热水器有限公司及山东力诺瑞特新能源有限公司两机构在 F24J2/46（太阳热的利用·太阳能集热器的构件、零部件或附件）的申请上表现最为突出，均有 20 件及以上专利的申请，而威海澳华新能源有限公司在 F24J2/30（太阳热的利用··带有在多种流体之间进行热交换装置的）方面的申请上申请量最多，共申请 31 件相关专利，在 F24J2/46（太阳热的利用·太阳能集热器的构件、零部件或附件）方面的申请也超过 15 件，共申请 17 件。

三、发明人分析

山东省太阳能技术领域 953 件申请专利共有 1359 名专利发明人，其中排名前 13 的发明人专利申请量合计为 241 件，超过全部专利申请量的 25%，有 26 名发明人申请量在 2011～2015 年超过 10 件。表 7-4 列出了 2011～2015 年该领域申请专利发明人情况，其中申请量排在前 3 位的是赵炜、陈安祥、王学明。排在第 1 位的发明人赵炜，共申请专利 52 件，占山东省太阳能技术领域全部申请量的 5.46%，分别于 2013～2015 年申请，其中近半数于 2015 年申请。排名位于第二位的陈安祥共申请该领域专利 38 件，占全省 3.99%，其中超过 70% 的专利于 2013 年申请。位于前两位的发明人申请量均超过 30 件，远高于同期其他专利发明人。

表 7-4　2011～2015 年山东省太阳能技术领域
申请专利中发明专利发明人统计（TOP 10）

序号	发明人	发明专利申请量 / 件						省内占比 /%
		2011 年	2012 年	2013 年	2014 年	2015 年	总计	
1	赵　炜	0	0	19	8	25	52	5.46
2	陈安祥	0	1	28	9	0	38	3.99
3	王学明	2	2	2	0	11	17	1.78
4	陈　岩	0	0	15	0	1	16	1.68
5	李　文	0	8	3	3	0	14	1.47
6	蔡　滨	3	5	4	1	0	13	1.36
6	曹树梁	3	5	4	1	0	13	1.36
6	孙启正	3	5	4	1	0	13	1.36
6	王启春	3	5	4	1	0	13	1.36
6	许建华（外 3 人）*	3	5	4	1	0	13	1.36

＊有并列情况，但表中仅列出排名前十的所有发明人专利申请情况。

进一步结合技术领域 IPC 分类对专利发明人进行分析，有利于政府、企业迅速掌握主要的研发单位和个人，有利于政府、企业分析主要竞争对手的强势领域，有利于政府、企业寻找合适的合作伙伴，为政府和企业的投资决策以及专利布局调整提供有价值的信息（表 7-5）。

发明专利申请量排在前三位的发明人主要申请的专利分类号同样集中在大组 F24J2/00，关于太阳热的利用方面。赵炜申请的专利在该分类号下多个分类号小组都有所涉及，尤其是 F24J2/48（太阳热的利用 ·· 以吸收器材料为特征的）、F24J2/46（太阳热的利用 · 太阳能集热器的构件、零部件或附件）以及 F24J2/24（太阳热的利用 ·· 工作流体流过管状吸热管道的）方面，申请

表 7-5 2011～2015 年山东省太阳能技术领域
申请专利发明人 -IPC- 发明专利申请量对应表（TOP 3）

发明人	IPC	IPC 含义	申请量/件
赵 炜	F24J2/48	太阳热的利用 •• 以吸收器材料为特征的	29
	F24J2/46	太阳热的利用 • 太阳能集热器的构件、零部件或附件	26
	F24J2/24	太阳热的利用 •• 工作流体流过管状吸热管道的	22
	F24J2/00	太阳热的利用，例如太阳能集热器	13
	F24J2/34	太阳热的利用 •• 有贮热体的	12
	H02N11/00	其他类不包含的发电机或电动机；用电或磁装置得到的所谓的永动机	12
陈安祥	F24J2/30	太阳热的利用 •• 带有在多种流体之间进行热交换装置的	31
	F24J2/46	太阳热的利用 • 太阳能集热器的构件、零部件或附件	21
	F24J2/24	太阳热的利用 •• 工作流体流过管状吸热管道的	15
	F24J2/05	太阳热的利用 •• 由透明外罩所包围的，例如真空太阳能集热器	14
	F24J2/26	太阳热的利用 ••• 有增大表面的，例如突起	7
	F24J2/32	太阳热的利用 •• 有蒸发段和冷凝段的，例如热管	7
王学明	F24J2/46	太阳热的利用 • 太阳能集热器的构件、零部件或附件	14
	F24J2/24	太阳热的利用 •• 工作流体流过管状吸热管道的	6
	F24J2/05	太阳热的利用 •• 由透明外罩所包围的，例如真空太阳能集热器	5
	F24J2/00	太阳热的利用，例如太阳能集热器	4
	F24J2/40	太阳热的利用 • 控制装置	4

量均超过 20 件。陈安祥在 F24J2/30（太阳热的利用 •• 带有在多种流体之间进行热交换装置的）、F24J2/46（太阳热的利用 • 太阳能集热器的构件、零部件或附件）申请量超过 20 件，尤其是带有在多种流体之间进行热交换装置方面，申请量高达 31 件。王学明在 F24J2/46（太阳热的利用 • 太阳能集热器的构件、零部件或附件）方面的申请量最为突出，申请相关专利 14 件。

山东省太阳能技术领域发明人（申请人不少于 3226 位）之间的合作关系如图 7-3 所示。由图左侧显示，TOP 3 发明人之间，赵炜位于该网络最大合作群的核心位置，排名第二、第三位的陈安祥、王学明均作为独立个体进行专利发明；图右侧显示最大的两个专利发明合作群，分别是以赵炜、陈岩、孙锲等为核心的 30 人团体和以黄鸣、刘培先、张修田等人组成的 21 人团体。

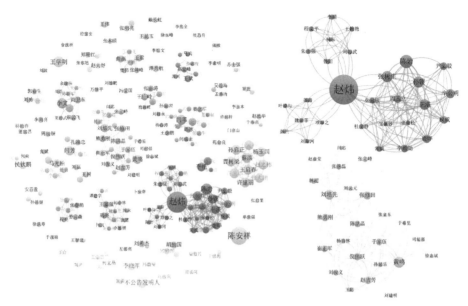

图 7-3　2011~2015 年山东省太阳能技术领域申请发明专利发明人合作网络（TOP 3）

四、IPC 分类号分析 / 技术分析

抽取 2011~2015 年山东省太阳能技术领域 953 件发明专利申请的分类号字段，对分类号进行归纳整理，并按照每个分类号的申请量降序排列，结果如表 7-6 所示。2011~2015 年在该领域申请的 953 件发明专利共涉及 480 个 IPC 分类号，近半数专利涉及 F24J2/46（太阳热的利用·太阳能集热器的构件、零部件或附件），远高于排名第二的 F24J2/24（太阳热的利用··工作流体流过管状吸热管道的），约是第二名的 3 倍。

表 7-6　2011~2015 年山东省太阳能技术领域发明专利申请量 IPC 分类号统计（TOP 20）

排名	IPC	IPC 含义	2011年	2012年	2013年	2014年	2015年	总计 / 件	省内占比 /%
1	F24J2/46	太阳热的利用·太阳能集热器的构件、零部件或附件	64	86	147	85	75	457	47.95
2	F24J2/24	太阳热的利用··工作流体流过管状吸热管道的	4	20	65	22	36	147	15.42
3	F24J2/40	太阳热的利用·控制装置	20	22	35	25	29	131	13.75

排名	IPC	IPC 含义	2011年	2012年	2013年	2014年	2015年	总计 / 件	省内占比 /%
4	F24J2/00	太阳热的利用，例如太阳能集热器	11	19	37	30	25	122	12.80
5	F24J2/48	太阳热的利用··以吸收器材料为特征的	11	15	42	24	22	114	11.96
6	F24J2/05	太阳热的利用··由透明外罩所包围的，例如真空太阳能集热器	13	16	41	21	14	105	11.02
7	F24J2/30	太阳热的利用··带有在多种流体之间进行热交换装置的	8	12	34	16	15	85	8.92
8	F24J2/10	太阳热的利用···具有作为聚焦元件的反射器	2	16	11	9	25	63	6.61
9	F24J2/34	太阳热的利用··有贮热体的	4	13	7	8	23	55	5.77
10	E04D13/18	与屋面覆盖层有关的特殊安排或设施；屋面排水·能量收集装置的屋面覆盖物，例如，包括太阳能收集板	5	13	12	9	11	50	5.25
11	F24J2/04	太阳热的利用·工作流体流过集热器的太阳能集热器	2	12	9	12	13	48	5.04
12	F24J2/32	太阳热的利用··有蒸发段和冷凝段的，例如热管	4	6	23	3	10	46	4.83
13	H02N6/00	光辐射直接转变为电能的发电机	14	15	12	0	0	41	4.30
14	F24J2/26	太阳热的利用···有增大表面的，例如突起	1	1	18	10	8	38	3.99
15	B60L8/00	用自然力所提供的电力的电力牵引，如太阳能、风力	4	9	6	10	8	37	3.88
16	F24J2/52	太阳热的利用··底座或支架的配置	2	5	8	9	7	31	3.25

续表

排名	IPC	IPC 含义	2011年	2012年	2013年	2014年	2015年	总计/件	省内占比/%
17	F24J2/20	太阳热的利用··工作流体在平板之间传送的	1	3	4	12	8	28	2.94
18	F25B27/00	应用特定能源的制冷机器、装置或系统	4	3	9	7	3	26	2.73
19	F24J2/02	太阳热的利用·带有加热物支承件的太阳能集热器，例如利用太阳热的炉、灶、坩埚、熔炉或烘箱	3	8	4	3	7	25	2.62
20	F24D19/10	零部件·控制装置或安全装置的配置或安装	0	1	4	12	5	22	2.31

五、聚类分析

太阳能技术领域的专利申请主要分为 6 类（图 7-4）：F24J2/48（太阳热的利用··以吸收器材料为特征的）、H02N6/00（光辐射直接转变为电能的发电机）、F24J2/46（太阳热的利用·太阳能集热器的构件、零部件或附件）、F24J2/00（太阳热的利用，例如太阳能集热器）、F24J2/10（太阳热的利用···具有作为聚焦元件的反射器）、F25B27/00（应用特定能源的制冷机器、装置或系统）。

（一）太阳能吸收器材料

主要包括的 IPC 分类号是 F24J2/48，与 F24J2/48 相关的专利申请共 114 件，占太阳能技术领域的 11.96%。早期与之相关的技术为 C23C14/14[①]、C23C14/00、B32B9/04，近期与之相关的技术为 H02S20/26、E04B1/76、E04H1/02（图 7-5）。具体相关专利有：由唐竹兴、杨亚琼、孙晓东等发明，2014 年 10 月 13 日山东理工大学申请的名为"一种赤泥陶瓷集热板的制备

---

① 由于网络布局算法，部分分类号被遮挡，故有些 IPC 分类号未在图中显示，余同。

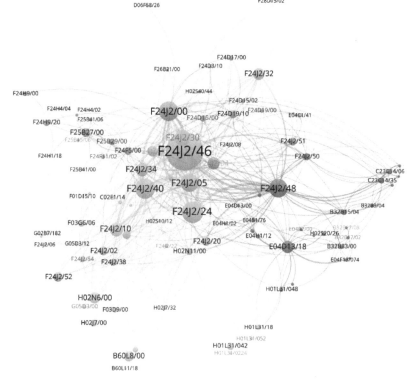

图 7-4　2011～2015 年山东省太阳能技术领域申请发明专利技术图谱

方法"的专利；由欧阳俊、冯君校、卢郁等发明，2013 年 5 月 27 日欧阳俊申请的名为"一种全氮化物耐候性光热涂层及其制备方法"的专利；由许维华、焦红霞、石英利等发明，2011 年 1 月 11 日皇明太阳能股份有限公司申请的名为"一种太阳能集热器用防过热膜层"的专利。

（二）光辐射发电机

主要包括的 IPC 分类号是 H02N6/00，与 H02N6/00 相关的专利申请共 41 件，占太阳能技术领域的 4.30%。早期与之相关的技术为 G05D3/00、B60K16/00、H02J7/00，近期与之相关的技术为 B60L11/18、H01L31/00（图 7-6）。具体相关专利有：由孙元鹏、张振芳发明，2013 年 10 月 10 日立安德森（青岛）电气工程科技有限公司申请的名为"移动应急供电照明设备"的专利；由李廷勇发明，2013 年 7 月 18 日青岛易特优电子有限公司申

请的名为"一种风光互补式智能监控装置"的专利；由陈德章发明，2013 年
1 月 30 日青岛新力方圆机械制造有限公司申请的名为"利用风、水和光发电
的装置"的专利。

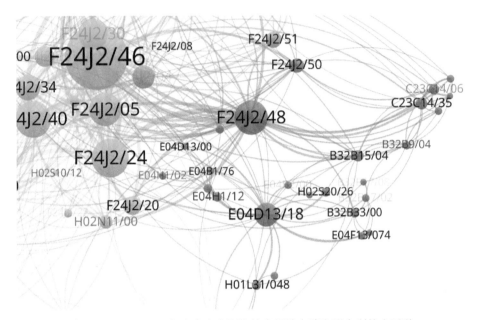

图 7-5　2011~2015 年山东省太阳能技术领域申请发明专利技术图谱
——太阳能吸收器材料类

图 7-6　2011~2015 年山东省太阳能技术领域申请发明专利技术图谱
——光辐射发电机类

（三）太阳能集热器零部件

主要包括的IPC分类号是F24J2/46，与F24J2/46相关的专利申请共457件，占太阳能技术领域的47.95%，是太阳能技术领域专利申请中包含专利数最多的分类。早期与之相关的技术为F24J2/00、F24J2/34、F24J2/30，近期与之相关的技术为H02N11/00、F24J2/22、F24J2/20（图7-7）。具体相关专利有：由任佳启、闵邦政发明，2015年12月23日任佳启申请的名为"一种太阳能热水器"的专利；由辛公明、李鸿如、陈岩发明，2015年12月22日山东大学申请的名为"一种太阳能热水系统输水管解冻装置及其太阳能热水器"的专利；由王学明发明，2015年11月27日滨州市甲力太阳能科技有限公司申请的名为"翘板式水压阀门"的专利。

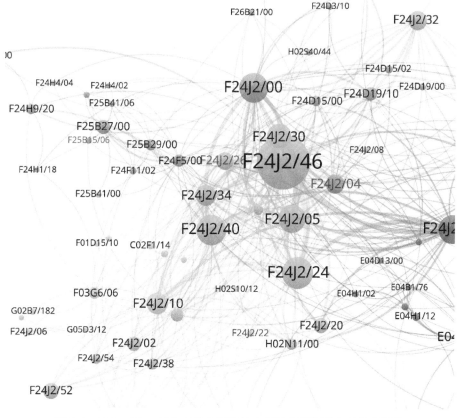

图 7-7　2011～2015年山东省太阳能技术领域申请发明专利技术图谱

——太阳能集热器零部件类

（四）太阳能集热器

主要包括的 IPC 分类号是 F24J2/00，与 F24J2/00 相关的专利申请共122 件，占太阳能技术领域的 12.80%。早期与之相关的技术为 F24D15/02、F26B21/00，近期与之相关的技术为 H02S40/44、F24D3/10（图 7-8）。具体相关专利有：由王学明发明，2015 年 12 月 11 日滨州市甲力太阳能科技有限公司申请的名为"电磁热水补偿器"的专利；由张洪胜发明，2015 年 7 月 3 日济南浩辰机械有限公司申请的名为"环保型集热器"的专利；由徐立霜发明，2015 年 5 月 15 日徐立霜申请的名为"太阳能取暖新风机"的专利。

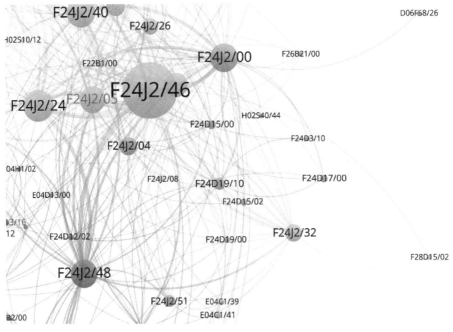

图 7-8　2011～2015 年山东省太阳能技术领域申请发明专利技术图谱
——太阳能集热器类

（五）太阳能反射器

主要包括的 IPC 分类号是 F24J2/10，与 F24J2/10 相关的专利申请共63 件，占太阳能技术领域的 6.61%。早期与之相关的技术为 F01D15/10、G02B7/182，近期与之相关的技术为 F25B41/00（图 7-9）。具体相关专利有：

由郭春生、刘勇、曹桂红发明，2015 年 4 月 28 日山东大学（威海）申请的名为"一种太阳能蓄热系统"的专利；由赵炜发明，2015 年 4 月 7 日青岛中正周和科技发展有限公司申请的名为"一种凸起密度规律变化的太阳能蓄热系统"的专利；由马帅发明，2014 年 7 月 3 日马帅申请的名为"一种具有双轴跟踪功能的分布式太阳能光热系统"的专利。

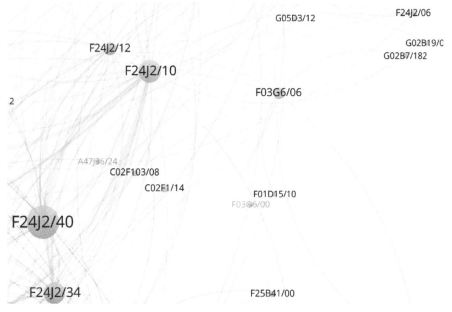

图 7-9　2011～2015 年山东省太阳能技术领域申请发明专利技术图谱
——太阳能反射器类

（六）制冷装置

主要包括的 IPC 分类号是 F25B27/00，与 F25B27/00 相关的专利申请共 26 件，占太阳能技术领域的 2.73%。早期与之相关的技术为 F24H4/04、F25B41/04，近期与之相关的技术为 F24H4/02、F25B15/06（图 7-10）。具体相关专利有：由张洪亮、吴建刚、王文海等发明，2014 年 11 月 19 日张洪亮申请的名为"利用可再生能源的冷热电多联供能源站"的专利；由孙铸滨发明，2014 年 10 月 20 日青岛橡建工程设计有限公司申请的名为"蒸汽闪蒸回收利用装置"的专利；由丁行军、肖定邦、张伟策发明，2014 年 5 月 15 日丁行军、张伟策申请的名为"超导储热式太阳能空调及其实现方法"的专利。

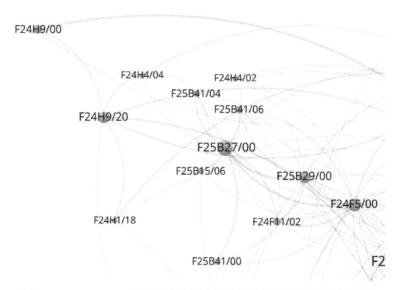

图 7-10　2011～2015 年山东省太阳能技术领域申请发明专利技术图谱
——制冷装置类

第二节　风能技术领域的专利申请情况分析

一、申请量分析

2011 年山东省风能技术领域专利申请量为 53 件，占全国的 2.94%，2014 年申请量上升至 70 件，占全国总申请量的 4.92%，2015 年申请量有所减少。山东省该领域的专利申请量的绝对数量及相对数量基本呈先上升后下降再上升再下降的波动态势（图 7-11）。2011～2015 年山东省该领域发明专利申请量在全国平均占比为 3.85%。

2011～2015 年山东省在风能技术领域发明专利申请量方面位列全国第六（表 7-7），仅次于排名第五的上海市（363 件），稍高于排名第七的辽宁省（279 件），处于第六名左右小幅波动的较稳定状态。2014 年申请量最多（70

件）相对排名（第四位）也最为靠前，在 2015 年表现有所回落（图 7-12）。

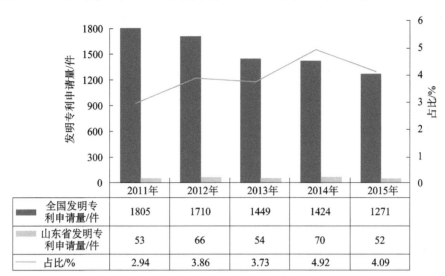

图 7-11 2011～2015 年全国和山东省风能技术领域发明专利申请量及占全国的比例

表 7-7 2011～2015 年全国风能技术领域发明专利申请量排名表

排名	省市	发明专利申请量 / 件						占全国比例 /%
		2011 年	2012 年	2013 年	2014 年	2015 年	总计	
1	江苏	198	210	204	195	142	949	12.39
2	北京	190	213	142	116	127	788	10.29
3	广东	89	66	77	75	72	379	4.95
4	浙江	61	86	79	68	78	372	4.86
5	上海	79	64	79	68	73	363	4.74
6	**山东**	**53**	**66**	**54**	**70**	**52**	**295**	**3.85**
7	辽宁	77	57	53	51	41	279	3.64
8	天津	47	25	32	38	41	183	2.39
9	湖南	30	32	37	36	43	178	2.32
10	四川	24	24	30	39	60	177	2.31

二、申请（专利权）人分析

2011～2015 年，山东省风能技术领域 295 件发明专利申请共有 197 名申请（专利权）人。相对太阳能的申请（专利权）人情况，风能的专利申请

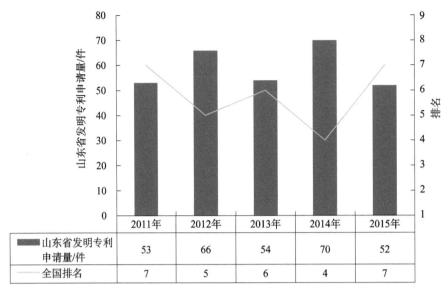

图 7-12　2011～2015 年山东省风能技术领域发明专利申请量及山东省全国排名情况

（专利权）人相对集中。对每个申请（专利权）人的专利申请量进行分析，结果如表 7-8 所示。山东省风能技术领域的专利申请量位居第一的是北车风电有限公司，共申请专利 14 件，占省内申请量 4.75%，略领先于排名第二的山东大学（13 件）。专利申请量超过 10 件的机构还有济南轨道交通装备有限责任公司，共申请专利 11 件。这 3 所机构排名进入全国前 100 名（表 7-8）。

表 7-8　2011～2015 年山东省风能技术领域
申请专利中发明专利申请（专利权）人分布（TOP 10）

省内排名	申请（专利权）人	发明专利申请量 / 件						省内占比 /%	全国排名
		2011 年	2012 年	2013 年	2014 年	2015 年	总计		
1	北车风电有限公司	1	5	1	5	2	14	4.75	62
2	山东大学	2	2	1	5	3	13	4.41	66
3	济南轨道交通装备有限责任公司	3	5	3	0	0	11	3.73	82
4	中国石油大学（华东）	0	1	0	3	2	6	2.03	168
5	青岛经济技术开发区泰合海浪能研究中心	1	0	2	0	2	5	1.69	211
6	山东科技大学	0	1	1	3	0	5	1.69	211
7	岑益南	2	0	1	0	1	4	1.36	268

续表

省内排名	申请（专利权）人	发明专利申请量/件						省内占比/%	全国排名
		2011年	2012年	2013年	2014年	2015年	总计		
8	哈尔滨工业大学（威海）	0	2	0	1	1	4	1.36	268
9	刘典军	1	0	0	3	0	4	1.36	268
10	青岛科技大学	0	1	2	0	1	4	1.36	268

　　进一步结合技术领域 IPC 分类对专利申请（专利权）人进行分析，有利于政府、企业迅速掌握主要的研发单位和个人，有利于政府、企业分析主要竞争对手的强势领域，有利于政府、企业寻找合适的合作伙伴，为政府和企业的投资决策以及专利布局调整提供有价值的信息（表 7-9）。

表 7-9　2011～2015 年山东省风能技术领域
申请专利申请（专利权）人 -IPC- 发明专利申请量对应表（TOP 3）

申请（专利权）人	IPC	IPC 含义	申请量/件
北车风电有限公司	F03D7/00	风力发动机的控制	7
	F03D11/00	不包含在本小类其他组中或与本小类其他组无关的零件、部件或附件	6
	F03D9/00	特殊用途的风力发动机；风力发动机与受它驱动的装置的组合	3
	F03D11/04	不包含在本小类其他组中或与本小类其他组无关的零件、部件或附件·安装结构	2
	F15B21/04	流体致动系统的共有特征；不包含在本小类其他各组中的流体压力制动系统或其部件·同流体性能有关的各种专门措施，例如，排气、黏度变化的补偿、冷却、过滤、预防涡流	1
	F16C35/12	轴承部件的刚性支架；轴承箱，如轴承盖·带滚珠或滚柱轴承	1
山东大学	F03D9/00	特殊用途的风力发动机；风力发动机与受它驱动的装置的组合	7
	F03D9/02	特殊用途的风力发动机；风力发动机与受它驱动的装置的组合·贮存动力的装置	4
	F03D11/02	不包含在本小类其他组中或与本小类其他组无关的零件、部件或附件·动力的传送，例如使用空心排气叶片	3
	F03D3/06	具有基本上与进入发动机的气流垂直的旋转轴线的风力发动机·转子	3
	F03D7/06	风力发动机的控制·具有基本上与进入发动机的气流垂直的旋转轴线的风力发动机	3

续表

申请 （专利权）人	IPC	IPC 含义	申请量 /件
济南轨道交通装备有限责任公司	F03D7/00	风力发动机的控制	6
	F03D11/00	不包含在本小类其他组中或与本小类其他组无关的零件、部件或附件	4
	F03D11/02	不包含在本小类其他组中或与本小类其他组无关的零件、部件或附件•动力的传送，例如使用空心排气叶片	2
	B32B1/08	实质上具有非平面的一般形状的层状产品•管状产品	1
	B32B17/04	实质上由玻璃片或玻璃纤维、矿渣或类似物组成的层状产品•与塑性物质黏合的或埋置于塑性物质之中的	1
	B32B17/06	实质上由玻璃片或玻璃纤维、矿渣或类似物组成的层状产品•由玻璃组成作为薄层的主要或唯一的成分，它与另一层由一种特定物质构成的薄层相贴	1
	B32B27/04	实质上由合成树脂组成的层状产品•作为浸渍、黏合或埋置物质	1
	B32B27/06	实质上由合成树脂组成的层状产品•作为薄层的主要或唯一的成分，它与另一层由一种特定物质构成的薄层相贴	1
	B32B27/40	实质上由合成树脂组成的层状产品•由聚氨酯组成的	1
	H01R39/64	旋转式集电器、分配器或继续器•用于连续汇流的装置	1

发明专利申请量排在前三位的申请（专利权）人主要申请的专利分类号集中在小类 F03D，即风力发动机方面。北车风电有限公司在 F03D7/00（风力发动机的控制）、F03D11/00（不包含在本小类其他组中或与本小类其他组无关的零件、部件或附件）的申请上表现最为突出，分别申请 7 件、6 件。山东大学在 F03D9/00（特殊用途的风力发动机；风力发动机与受它驱动的装置的组合）方面的申请量最多，共申请 7 件。济南轨道交通装备有限责任公司 F03D7/00（风力发动机的控制）方面申请最多（6 件）。

三、发明人分析

山东省风能技术领域 295 件申请专利共有 617 名专利发明人，其中排名前 22 的发明人专利申请量合计为 101 件，超过全部专利申请量 30%。表 7-10 列出了 2011～2015 年该领域申请专利发明人情况，其中申请量排在第一位的是于良峰，申请 8 件风能相关专利，占全省 2.71%。有 5 名发明人专利申请量并列排在第二位，分别是李广伟、刘典军、孙明刚、张立军、赵磊，均申请 7 件专利，占全省 2.37%。仅有 8 名发明人申请量有 5 件及以上。

表 7-10　2011~2015 年山东省风能技术领域
申请专利中发明专利发明人统计（TOP 20）

排名	发明人	发明专利申请量 / 件						省内占比 /%
		2011 年	2012 年	2013 年	2014 年	2015 年	总计	
1	于良峰	2	2	1	3	0	8	2.71
2	李广伟	0	3	1	3	0	7	2.37
2	刘典军	1	0	0	6	0	7	2.37
2	孙明刚	1	0	2	2	2	7	2.37
2	张立军	0	0	2	3	2	7	2.37
2	赵　磊	1	2	0	4	0	7	2.37
7	刘　华	0	0	1	2	2	5	1.69
7	张承慧	2	0	0	2	1	5	1.69
9	岑益南	2	0	1	0	1	4	1.36
9	葛春丽	1	1	0	1	1	4	1.36
9	何金海	1	2	0	1	0	4	1.36
9	黄道兴	4	0	0	0	0	4	1.36
9	李　珂	1	0	0	2	1	4	1.36
9	刘德进	1	0	0	3	0	4	1.36
9	曲俐俐	1	0	0	3	0	4	1.36
9	任孝忠	0	0	0	4	0	4	1.36
9	唐保言	0	0	0	2	2	4	1.36
9	吴树梁	0	2	0	2	0	4	1.36
9	吴　速	1	2	0	1	0	4	1.36
9	徐善忠（外 2 人）	1	0	0	3	0	4	1.36

进一步结合技术领域 IPC 分类对专利发明人进行分析，有利于政府、企业迅速掌握主要的研发单位和个人，有利于政府、企业分析主要竞争对手的强势领域，有利于政府、企业寻找合适的合作伙伴，为政府和企业的投资决策以及专利布局调整提供有价值的信息（表 7-11）。

表 7-11 2011～2015 年山东省风能技术领域
申请专利发明人 -IPC- 发明专利申请量对应表（TOP 6）

发明人	IPC	IPC 含义	申请量/件
于良峰	F03D11/00	不包含在本小类其他组中或与本小类其组无关的零件、部件或附件	4
	F03D7/00	风力发动机的控制	3
	B32B1/08	实质上具有非平面的一般形状的层状产品·管状产品	1
	B32B17/04	实质上由玻璃片或玻璃纤维、矿渣或类似物组成的层状产品··与塑性物质黏合的或埋置于塑性物质之中的	1
	B32B17/06（外 7 个）	实质上由玻璃片或玻璃纤维、矿渣或类似物组成的层状产品·由玻璃组成作为薄层的主要或唯一的成分，它与另一层由一种特定物质构成的薄层相贴	1
李广伟	F03D11/00	不包含在本小类其他组中或与本小类其组无关的零件、部件或附件	4
	F03D7/00	风力发动机的控制	3
	F03D9/00	特殊用途的风力发动机；风力发动机与受它驱动的装置的组合	2
	F03D11/04	不包含在本小类其他组中或与本小类其组无关的零件、部件或附件·安装结构	1
	F16C35/12	轴承部件的刚性支架；轴承箱，如轴承盖··带滚珠或滚柱轴承	1
刘典军	F03D9/00	特殊用途的风力发动机；风力发动机与受它驱动的装置的组合	4
	F03D11/02	不包含在本小类其他组中或与本小类其组无关的零件、部件或附件·动力的传送，例如使用空心排气叶片	3
	F03D9/02	特殊用途的风力发动机；风力发动机与受它驱动的装置的组合·贮存动力的装置	3
	F04B35/02	不包含在其他类目中专门适用于弹性流体的以工作件的驱动装置为特征的，或以与特定驱动发动机或马达的组合或适用于特定驱动发动机或马达为特征的泵·装置是流体的	2
	F04B41/02	专门适用于弹性流体的泵送装置或系统·具有储存容器	2
	F04B41/06	专门适用于弹性流体的泵送装置或系统·两个或多个泵的组合	2
孙明刚	F03D7/06	风力发动机的控制·具有基本上与进入发动机的气流垂直的旋转轴线的风力发动机	4
	F03D3/06	具有基本上与进入发动机的气流垂直的旋转轴线的风力发动机·转子	2
	F03D9/00	特殊用途的风力发动机；风力发动机与受它驱动的装置的组合	2
	F03D9/02	特殊用途的风力发动机；风力发动机与受它驱动的装置的组合·贮存动力的装置	2

续表

发明人	IPC	IPC 含义	申请量/件
孙明刚	F03B13/00（外 8 个）	特殊用途的机械或发动机；机械或发动机与驱动或从动装置的组合；电站或机组	1
张立军	F03D7/06	风力发动机的控制·具有基本上与进入发动机的气流垂直的旋转轴线的风力发动机	4
	F03D9/00	特殊用途的风力发动机；风力发动机与受它驱动的装置的组合	2
	F03D9/02	特殊用途的风力发动机；风力发动机与受它驱动的装置的组合·贮存动力的装置	2
	F03B13/00	特殊用途的机械或发动机；机械或发动机与驱动或从动装置的组合；电站或机组	1
	F03B13/14（外 7 个）	特殊用途的机械或发动机；机械或发动机与驱动或从动装置的组合；电站或机组··利用波能	1
赵　磊	F03D11/00	不包含在本小类其他组中或与本小类其他组无关的零件、部件或附件	4
	F03D7/00	风力发动机的控制	3
	B32B1/08	实质上具有非平面的一般形状的层状产品·管状产品	1
	B32B17/04	实质上由玻璃片或玻璃纤维、矿渣或类似物组成的层状产品··与塑性物质黏合的或埋置于塑性物质之中的	1
	B32B17/06（外 6 个）	实质上由玻璃片或玻璃纤维、矿渣或类似物组成的层状产品·由玻璃组成作为薄层的主要或唯一的成分，它与另一层由一种特定物质构成的薄层相贴	1

　　发明专利申请量排在前两位的发明人主要申请的专利分类号同样集中在小类 F03D，即风力发动机方面。于良峰、李广伟申请量最多的同为 F03D11/00（不包含在本小类其他组中或与本小类其他组无关的零件、部件或附件）和 F03D7/00（风力发动机的控制），分别申请 4 件和 3 件。刘典军申请最多的是 F03D9/00（特殊用途的风力发动机；风力发动机与受它驱动的装置的组合）、F03D11/02（不包含在本小类其他组中或与本小类其他组无关的零件、部件或附件·动力的传送，例如使用空心排气叶片）、F03D9/02（特殊用途的风力发动机；风力发动机与受它驱动的装置的组合·贮存动力的装置）。并列第三名的孙明刚和张立军申请最多的均为 F03D7/06（风力发动机的控制·具有基本上与进入发动机的气流垂直的旋转轴线的风力发动机），均

申请 4 件。而赵磊在 F03D11/00（不包含在本小类其他组中或与本小类其他组无关的零件、部件或附件）方面申请最多，申请 4 件。

　　山东省风能技术领域发明人（申请人不少于 2129 位）之间的合作关系如图 7-13 所示。由图左侧显示，TOP 3 发明人之间，于良峰、李广伟同时位于该网络最大合作群的核心位置，排名第三位的刘典军作为独立个体进行专利发明；图右侧显示最大的两个专利发明合作群，分别是以于良峰、李广伟、赵磊为核心的 21 人团体和以张承慧、李珂、李波等人组成的 12 人团体。

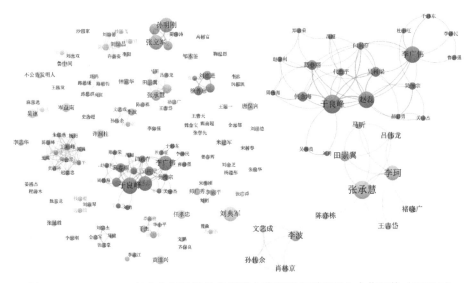

图 7-13　2011～2015 年山东省风能技术领域申请发明专利发明人合作网络（TOP 3）

四、IPC 分类号分析 / 技术分析

　　抽取 2011～2015 年山东省风能技术领域 295 件发明专利申请的分类号字段，对分类号进行归纳整理，并按照每个分类号的申请量降序排列，结果如表 7-12 所示。2011～2015 年在该领域申请的 295 件发明专利共涉及 205 个 IPC 分类号，近半数专利涉及 F03D9/00（特殊用途的风力发动机；风力发动机与受它驱动的装置的组合），远高于排名第二的 F03D11/00（不包含在本小类其他组中或与本小类其他组无关的零件、部件或附件），约是第二名的 2.50 倍。

表 **7-12**　2011～2015 年山东省风能技术领域发明专利申请量 IPC 分类号统计（TOP 20）

排名	IPC	IPC 含义	发明专利申请量 / 件						省内占比 /%
			2011年	2012年	2013年	2014年	2015年	总计	
1	F03D9/00	特殊用途的风力发动机；风力发动机与受它驱动的装置的组合	29	31	19	30	19	128	43.39
2	F03D11/00	不包含在本小类其他组中或与本小类其他组无关的零件、部件或附件	10	16	6	13	3	48	16.27
3	F03D3/06	具有基本上与进入发动机的气流垂直的旋转轴线的风力发动机·转子	8	10	4	12	10	44	14.92
4	B60L8/00	用自然力所提供的电力的电力牵引，如太阳能、风力	4	9	6	10	8	37	12.54
5	F03D7/00	风力发动机的控制	9	8	7	3	8	35	11.86
6	F03D9/02	特殊用途的风力发动机；风力发动机与受它驱动的装置的组合·贮存动力的装置	4	6	8	8	3	29	9.83
7	F03D11/02	不包含在本小类其他组中或与本小类其他组无关的零件、部件或附件·动力的传送，例如使用空心排气叶片	4	6	8	7	3	28	9.49
8	F03D7/06	风力发动机的控制·具有基本上与进入发动机的气流垂直的旋转轴线的风力发动机	3	7	2	7	2	21	7.12
9	F03D11/04	不包含在本小类其他组中或与本小类其他组无关的零件、部件或附件·安装结构	7	1	1	6	4	19	6.44
10	F03D1/06	具有基本上与进入发动机的气流平行的旋转轴线的风力发动机·转子	3	5	4	4	2	18	6.10
11	F03D7/04	风力发动机的控制··自动控制；调节	6	2	2	4	0	14	4.75
12	B60K16/00	与以自然力提供的动力结合的布置，例如太阳、风	2	6	3	1	0	12	4.07

续表

排名	IPC	IPC 含义	发明专利申请量 / 件						省内占比/%
			2011年	2012年	2013年	2014年	2015年	总计	
12	F03B13/00	特殊用途的机械或发动机；机械或发动机与驱动或从动装置的组合；电站或机组	1	0	2	2	7	12	4.07
14	F03D3/00	具有基本上与进入发动机的气流垂直的旋转轴线的风力发动机	5	2	3	1	0	11	3.73
15	F03D7/02	风力发动机的控制·具有基本上与进入发动机的气流平行的旋转轴线的风力发动机	2	2	0	1	4	9	3.05
15	H02S10/12	光伏电站；与其他电能产生系统组合在一起的光伏能源系统··混合风力光伏能源系统	0	0	2	3	4	9	3.05
17	F03D1/00	具有基本上与进入发动机的气流平行的旋转轴线的风力发动机	5	1	1	0	1	8	2.71
17	F03D1/02	具有基本上与进入发动机的气流平行的旋转轴线的风力发动机·具有多个转子的	1	2	2	0	3	8	2.71
17	F03D3/02	具有基本上与进入发动机的气流垂直的旋转轴线的风力发动机·具有多个转子的	0	3	3	1	1	8	2.71
17	F03D3/04	具有基本上与进入发动机的气流垂直的旋转轴线的风力发动机·具有固定式导风装置，例如具有风筒或风道	2	1	0	2	3	8	2.71

五、聚类分析

风能技术领域的专利申请主要分为 5 类（图 7-14）：F03D9/00（特殊用途的风力发动机；风力发动机与受它驱动的装置的组合）、F03D11/00

（不包含在本小类其他组中或与本小类其他组无关的零件、部件或附件）、
F03B13/00（特殊用途的机械或发动机；机械或发动机与驱动或从动装置的
组合；电站或机组）、B60L8/00（用自然力所提供的电力的电力牵引，如太
阳能、风力）、F03D9/02（特殊用途的风力发动机；风力发动机与受它驱动
的装置的组合·贮存动力的装置）。

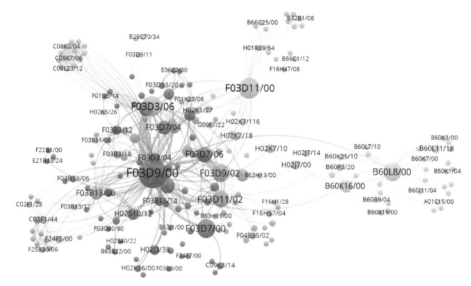

图 7-14　2011～2015 年山东省风能技术领域申请发明专利技术图谱

（一）风力发动机

主要涉及的 IPC 分类号为 F03D9/00，与 F03D9/00 相关的专利申请
共 128 件，占风能技术领域的 43.39%。早期与之相关的技术为 C09K3/14、
H02K16/00、F16D69/02，近期与之相关的技术为 H02J9/04、H02S10/00、
H02S40/10（图 7-15）。具体相关专利有：由师庆信、苏金凤、师哲等发明，
2015 年 10 月 29 日国网山东高唐县供电公司申请的名为"电力户外防盗设备
箱"的专利；由柳荣贵、柳志涛发明，2015 年 9 月 18 日柳荣贵申请的名为
"叶片自垂迎风风力发电机"的专利；由沙同家发明，2015 年 5 月 12 日沙同
家申请的名为"一种垂直轴风力发电机"的专利。

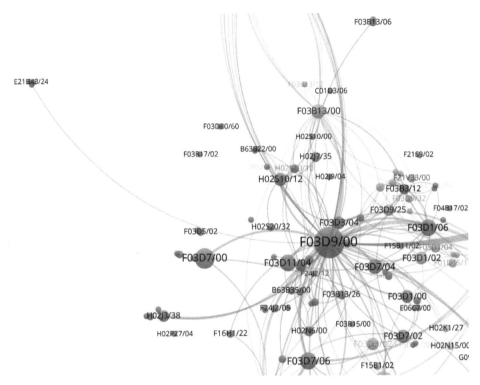

图 7-15　2011~2015 年山东省风能技术领域申请发明专利技术图谱
——风力发动机类

（二）风力发电机零件

主要涉及的 IPC 分类号为 F03D11/00，与 F03D11/00 相关的专利申请共 48 件，占风能技术领域的 16.27%。早期与之相关的技术为 H02K7/10、H02K7/116、B66C25/00，近期与之相关的技术为 B60P3/20、F03D9/11（图 7-16）。具体相关专利有：由魏晓兵、姜文、姜庆禄发明，2014 年 7 月 8 日魏晓兵、姜文、姜庆禄申请的名为"用于风力发电机上的过载保护器"的专利；由马学斌、李英吉发明，2013 年 7 月 24 日李英吉申请的名为"一种10kW 风电机组叶片"的专利；由张雷、曹阳、卢震发明，2012 年 12 月 20 日北车风电有限公司申请的名为"一种用于调节风力发电机组温度的中央空调系统"的专利。

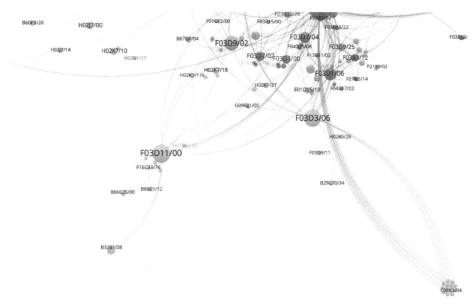

图 7-16　2011～2015 年山东省风能技术领域申请发明专利技术图谱
——风力发电机零件类

（三）电站或机组

主要涉及的 IPC 分类号为 F03B13/00，与 F03B13/00 相关的专利申请共 12 件，占风能技术领域的 4.07%。早期与之相关的技术为 F01D15/10、C02F/28、C02F1/44，近期与之相关的技术为 F03D15/00、F21S9/02、F03B3/18（图 7-17）。具体相关专利有：由王德立、王正、王双德等发明，2015 年 9 月 21 日济宁紫金机电技术有限公司申请的名为"导流聚能式海浪、潮汐、洋流及风力四合一发电系统"的专利；由沙同家发明，2015 年 5 月 12 日沙同家申请的名为"一种垂直轴风力发电机"的专利；由孙明刚发明，2011 年 9 月 29 日青岛经济技术开发区泰合海浪能研究中心申请的名为"一种海上发电系统"的专利。

（四）自然力电力

主要涉及的 IPC 分类号为 B60L8/00，与 B60L8/00 相关的专利申请共 37 件，占风能技术领域的 12.54%。早期与之相关的技术为 H01L31/042、

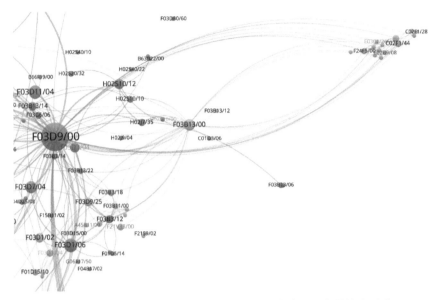

图 7-17　2011～2015 年山东省风能技术领域申请发明专利技术图谱
——电站或机组类

B60K25/10、B60K6/26，近期与之相关的技术为 B60K1/04、B60K17/348、A01C15/00（图 7-18）。具体相关专利有：由冀延军、赵树山、宗良等发明，2014 年 8 月 26 日山东鑫宏光电科技有限公司申请的名为"一种太阳能自充电式电动汽车"的专利；由许润柱发明，2012 年 8 月 2 日许润柱申请的名为"现代木牛流马车"的专利；由季节、杜永生、魏春英等发明，2015 年 5 月 27 日济宁学院申请的名为"可组合的独轮平衡车"的专利。

（五）储能发电装置

主要涉及的 IPC 分类号为 F03D9/02，与 F03D9/02 相关的专利申请共 29 件，占风能技术领域的 9.83%。早期与之相关的技术为 F03D3/00、B63H19/00、B63H13/00，近期与之相关的技术为 F01C13/00、G09F21/00、F16N39/00（图 7-19）。具体相关专利有：由张承慧、李珂、吕伟龙等发明，2014 年 12 月 15 日山东大学申请的名为"一种双转子电机耦合的压缩空气储能风力发电系统"的专利；由苏力新发明，2013 年 11 月 22 日烟台卓越新能源科技有限公司申请的名为"固体蓄热式风力二次发电装置及其控制方法"

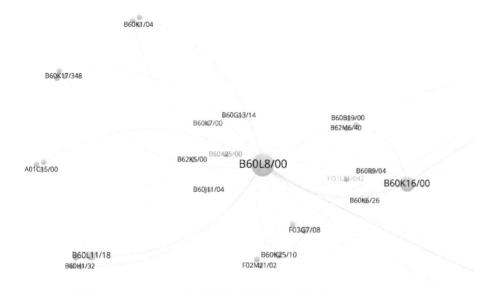

图 7-18　2011～2015 年山东省风能技术领域申请发明专利技术图谱
——自然力电力类

的专利；由孙明刚、张立军、刘华等发明，2013 年 11 月 7 日青岛经济技术
开发区泰合海浪能研究中心申请的名为"一种多层分流式垂直轴风机液压定
速发电系统"的专利。

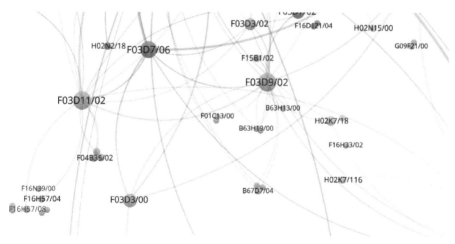

图 7-19　2011～2015 年山东省风能技术领域申请发明专利技术图谱
——储能发电装置类

第三节 生物质能技术领域的专利申请情况分析

一、申请量分析

2011 年山东省生物质能技术领域专利申请量为 32 件,占全国的 6.64%,2013 年申请量上升至 137 件,占全国总申请量的 21.21%。随后申请量有所下降,2014 年申请 102 件,占全国的 14.17%。2015 年下降幅度较大,申请42 件,占全国的 5.38%。山东省该领域的专利申请量的绝对数量及相对数量基本呈先上升后下降趋势(图 7-20)。2011~2015 年山东省在该领域发明专利申请量在全国平均占比约 11.37%,在全国范围占据了重要的地位。

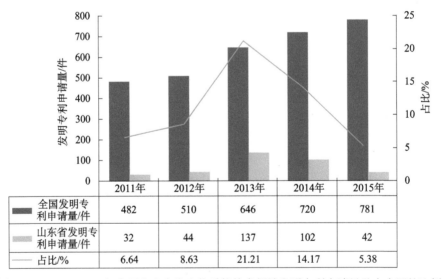

	2011年	2012年	2013年	2014年	2015年
全国发明专利申请量/件	482	510	646	720	781
山东省发明专利申请量/件	32	44	137	102	42
占比/%	6.64	8.63	21.21	14.17	5.38

图 7-20 2011~2015 年全国和山东省生物质能技术领域发明专利申请量及占全国的比例

2011~2015 年山东省在生物质能技术领域发明专利申请量方面位列全国

第一，与江苏省（328件）、北京市（234件）位于第一梯队（表7-13）。2011年山东省位居全国第三，2012～2014年位居第一，尤其是2013年共申请137件专利，远超排名第二位的江苏省（64件）。2015年申请量有显著下降，位次降至全国第六位（图7-21）。

表7-13　2011～2015年全国生物质能技术领域发明专利申请量排名表（TOP 10）

排名	省（自治区、直辖市）	发明专利申请量 / 件						占全国比例 /%
		2011 年	2012 年	2013 年	2014 年	2015 年	总计	
1	山东	32	44	137	102	42	357	11.37
2	江苏	48	43	64	94	79	328	10.45
3	北京	42	42	48	47	55	234	7.45
4	广东	17	29	33	29	66	174	5.54
5	上海	16	23	30	37	61	167	5.32
6	浙江	29	18	26	43	35	151	4.81
7	安徽	12	11	15	23	68	129	4.11
8	广西	4	13	19	30	35	101	3.22
9	湖南	12	13	16	22	32	95	3.03
10	四川	11	19	8	19	24	81	2.58

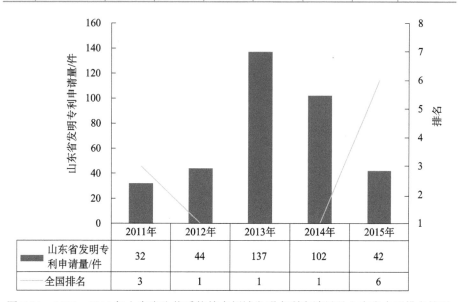

	2011年	2012年	2013年	2014年	2015年
山东省发明专利申请量/件	32	44	137	102	42
全国排名	3	1	1	1	6

图7-21　2011～2015年山东省生物质能技术领域发明专利申请量及山东省全国排名情况

二、申请（专利权）人分析

2011～2015 年，山东省生物质能技术领域 357 件发明专利共有 120 名申请（专利权）人，对每个申请（专利权）人的专利申请量进行分析，结果如表 7-14 所示。山东省生物质能技术领域的专利申请量位居第一的是青岛锦绣水源商贸有限公司，共申请专利 47 件，占省内申请量 13.17%。排名第二的是个人申请（专利权）人刘伟光，申请 40 件，占全省的 11.20%。排名第三的是个人申请李华玉，申请 37 件，占全省的 10.36%。排名第四的是个人申请刘辉，申请 28 件，占全省的 7.84%。上述排在全省前 4 名的专利申请（专利权）人分别在国内排在第一、第二、第四、第五位，且专利申请量均超过 20 件。8 位专利申请（专利权）人排名进入全国前 50，足见山东省在生物质能专利技术方面具有强势地位。

表 7-14 2011～2015 年山东省生物质能技术领域
申请专利中发明专利申请（专利权）人分布（TOP 10）

省内排名	申请（专利权）人	发明专利申请量 / 件						省内占比 /%	全国排名
		2011 年	2012 年	2013 年	2014 年	2015 年	总计		
1	青岛锦绣水源商贸有限公司	0	0	0	47	0	47	13.17	1
2	刘伟光	0	0	40	0	0	40	11.20	2
3	李华玉	11	8	8	4	6	37	10.36	4
4	刘 辉	0	0	28	0	0	28	7.84	5
5	章莹莹	0	0	17	0	0	17	4.76	15
6	青岛嘉能节能环保技术有限公司	0	13	0	0	0	13	3.64	22
7	山东大学	1	0	1	6	4	12	3.36	24
8	青岛水世界环保科技有限公司	0	0	9	0	0	9	2.52	36
9	青岛胜利锅炉有限公司	0	0	6	0	0	6	1.68	59
10	孔令增	0	2	2	1	0	5	1.40	85

进一步结合技术领域 IPC 分类对专利申请（专利权）人进行分析，有利

于政府、企业迅速掌握主要的研发单位和个人，有利于政府、企业分析主要竞争对手的强势领域，有利于政府、企业寻找合适的合作伙伴，为政府和企业的投资决策以及专利布局调整提供有价值的信息（表 7-15）。

表 7-15　2011～2015 年山东省生物质能技术领域
申请专利申请（专利权）人 -IPC- 发明专利申请量对应表（TOP 3）

申请（专利权）人	IPC	IPC 含义	申请量/件
青岛锦绣水源商贸有限公司	C10L5/44	固体燃料 •• 基于植物物质	47
刘伟光	F25B27/02	应用特定能源的制冷机器、装置或系统•使用废热	40
	F25B15/02	能连续运转的吸着式机器、装置或系统•不用惰性气体	35
	F25B41/06	流体循环装置•流量限制器，例如毛细管及其配置	6
	F25B15/00	能连续运转的吸着式机器、装置或系统，如吸收式	3
	F25B15/06	能连续运转的吸着式机器、装置或系统••从盐溶液，例如溴化锂中气化水蒸气作制冷剂	1
李华玉	F25B27/02	应用特定能源的制冷机器、装置或系统•使用废热	37
	F25B41/06	流体循环装置•流量限制器，例如毛细管及其配置	21
	F25B15/02	能连续运转的吸着式机器、装置或系统•不用惰性气体	15
	F25B15/12	能连续运转的吸着式机器、装置或系统•用再吸收器的	14
	F25B15/00	能连续运转的吸着式机器、装置或系统，如吸收式	7

发明专利申请量排在前三位的申请（专利权）人主要申请的专利分类号分布不同。排在第一位的青岛锦绣水源商贸有限公司申请的专利只涉及 C10L5/44（固体燃料 •• 基于植物物质），共申请 47 件，在该领域具有统治性地位。而位于第二、第三位的刘伟光和李华玉申请的专利集中在小类 F25B（制冷机，制冷设备或系统；加热和制冷的联合系统；热泵系统）方面。刘伟光在 F25B27/02（应用特定能源的制冷机器、装置或系统•使用废热）和 F25B15/02（能连续运转的吸着式机器、装置或系统•不用惰性气体）的申请上表现突出，专利申请量均超过 30 件。李华玉关于 F25B27/02（应用特定能源的制冷机器、装置或系统•使用废热，如从内燃机的）的申请超过 30 件，在 F25B41/06（流体循环装置•流量限制器，例如毛细管及其配

置）、F25B15/02（能连续运转的吸着式机器、装置或系统·不用惰性气体）、F25B15/12（能连续运转的吸着式机器、装置或系统·用再吸收器的）方面的申请超过 10 件，涉猎范围较广。

三、发明人分析

山东省生物质能技术领域 357 件申请专利共有 328 个专利发明人，其中排名前 11 的发明人专利申请量合计为 205 件，超过全部专利申请量 50%，有 5 位发明人申请量在 2011～2015 年超过 10 件。表 7-16 列出了 2011～2015 年该领域申请专利发明人情况，其中申请量排在前 3 位的是王省业、刘伟光、李华玉。排在第 1 位的发明人王省业，是青岛锦绣水源商贸有限公司在生物质能领域申请专利的唯一发明人，共申请专利 47 件，占山东省生物质能技术领域全部申请量的 13.17%，均为 2014 年一年申请。排名位于第二位的刘伟光共申请该领域专利 40 件，占全省 11.20%，均为 2013 年申请。位于第三位的李华玉申请 37 件，占全省的 10.36%，2011～2015 年每年都有申请。

表 7-16　2011～2015 年山东省生物质能技术领域
申请专利中发明专利发明人统计（TOP 11）

排名	发明人	发明专利申请量 / 件						省内占比 /%
		2011 年	2012 年	2013 年	2014 年	2015 年	总计	
1	王省业	0	0	0	47	0	47	13.17
2	刘伟光	0	0	40	0	0	40	11.20
3	李华玉	11	8	8	4	6	37	10.36
4	刘　辉	0	0	28	0	0	28	7.84
5	章莹莹	0	0	17	0	0	17	4.76
6	董承来	0	6	0	0	0	6	1.68
6	刘晓娜	0	6	0	0	0	6	1.68
6	王　雷	0	0	0	3	3	6	1.68
6	于明森	0	6	0	0	0	6	1.68
6	于政钦	0	6	0	0	0	6	1.68
6	赵红霞	0	0	0	3	3	6	1.68

进一步结合技术领域 IPC 分类对专利发明人进行分析，有利于政府、企

业迅速掌握主要的研发单位和个人，有利于政府、企业分析主要竞争对手的强势领域，有利于政府、企业寻找合适的合作伙伴，为政府和企业的投资决策以及专利布局调整提供有价值的信息（表 7-17）。

表 7-17 2011～2015 年山东省生物质能技术领域
申请专利发明人 -IPC- 发明专利申请量对应表（TOP 3）

发明人	IPC	IPC 含义	申请量 / 件
王省业	C10L5/44	固体燃料 •• 基于植物物质	47
刘伟光	F25B27/02	应用特定能源的制冷机器、装置或系统 • 使用废热	40
	F25B15/02	能连续运转的吸着式机器、装置或系统 • 不用惰性气体	35
	F25B41/06	流体循环装置 • 流量限制器，例如毛细管及其配置	6
	F25B15/00	能连续运转的吸着式机器、装置或系统，如吸收式	3
	F25B15/06	能连续运转的吸着式机器、装置或系统 •• 从盐溶液，例如溴化锂中气化水蒸气作制冷剂	1
李华玉	F25B27/02	应用特定能源的制冷机器、装置或系统 • 使用废热	37
	F25B41/06	流体循环装置 • 流量限制器，例如毛细管及其配置	21
	F25B15/02	能连续运转的吸着式机器、装置或系统 • 不用惰性气体	15
	F25B15/12	能连续运转的吸着式机器、装置或系统 • 用再吸收器的	14
	F25B15/00	能连续运转的吸着式机器、装置或系统，如吸收式	7

专利发明人与专利申请（专利权）人申请的专利分布相同，此处不再赘述。

山东省生物质能技术领域发明人（申请人不少于 280 位）之间的合作关系如图 7-22 所示。由图左侧显示，TOP 3 发明人王省业、刘伟光、李华玉均作为独立个体进行专利发明，可以看出，生物质能技术领域发明人较为独立，合作率较低；图右侧显示最大的两个专利发明合作群，分别是以单广钦、张宗华、曹西森为核心的 8 人团体和以韩奎华、张新建、张晓峰等 8 人组成的合作群。

四、IPC 分类号分析 / 技术分析

抽取 2011～2015 年山东省生物质能技术领域 357 件发明专利申请的分类号字段，对分类号进行归纳整理，并按照每个分类号的申请量降序排列，结

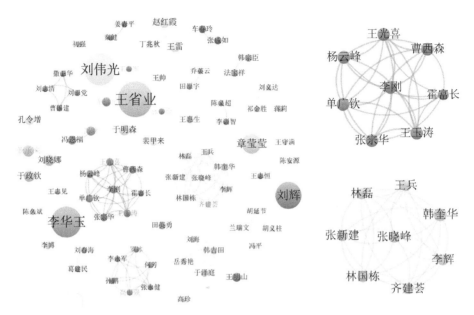

图 7-22　2011～2015 年山东省生物质能技术领域申请发明专利发明人合作网络（TOP 3）

果如表 7-18 所示。2011～2015 年在该领域申请的 357 件发明专利共涉及 231 个
IPC 分类号，其中，155 件专利涉及 F25B27/02（应用特定能源的制冷机器、
装置或系统·使用废热），占全省的 43.42%。排在第二位的是 C10L5/44（固
体燃料··基于植物物质），共申请 103 件专利，占全省的 28.85%。省内占
比超过 10% 的还有 F25B15/02（能连续运转的吸着式机器、装置或系统·不
用惰性气体）和 F25B41/06（流体循环装置·流量限制器，例如毛细管及其
配置）。

表 7-18　2011～2015 年山东省生物质能技术领域发明专利申请量 IPC 分类号统计（TOP 20）

排名	IPC	IPC 含义	发明专利申请量 / 件					总计	省内占比 /%
			2011 年	2012 年	2013 年	2014 年	2015 年		
1	F25B27/02	应用特定能源的制冷机器、装置或系统·使用废热	13	14	97	15	16	155	43.42
2	C10L5/44	固体燃料··基于植物物质	5	18	14	58	8	103	28.85
3	F25B15/02	能连续运转的吸着式机器、装置或系统·不用惰性气体	1	1	68	3	7	80	22.41

续表

排名	IPC	IPC 含义	发明专利申请量 / 件						省内占比 /%
			2011年	2012年	2013年	2014年	2015年	总计	
4	F25B41/06	流体循环装置·流量限制器，例如毛细管及其配置	9	8	28	1	0	46	12.89
5	F23G5/46	专门适用于焚烧废物或低品位燃料的方法或设备··热回收的	0	1	14	8	2	25	7.00
6	C10L5/46	固体燃料··基于污物、家庭的或城市的垃圾	8	2	3	3	5	21	5.88
6	F23G5/44	专门适用于焚烧废物或低品位燃料的方法或设备·零部件；附件	0	1	12	6	2	21	5.88
8	C10L1/14	液体含碳燃料··有机化合物	2	2	2	9	2	17	4.76
9	F25B15/12	能连续运转的吸着式机器、装置或系统·用再吸收器的	4	7	3	0	0	14	3.92
10	F02G5/02	不包含在其他类目中的燃烧发动机余热的利用·排出气体的余热的利用	3	2	1	3	4	13	3.64
11	F25B15/00	能连续运转的吸着式机器、装置或系统，如吸收式	6	0	5	0	1	12	3.36
12	C10L1/19	液体含碳燃料····酯	0	2	1	7	1	11	3.08
13	F23G5/04	专门适用于焚烧废物或低品位燃料的方法或设备··干燥	0	0	10	0	0	10	2.80
14	C10L5/48	固体燃料··基于非矿物来源为主的物质	2	1	0	5	1	9	2.52
15	C10L1/10	液体含碳燃料·含添加剂的	0	0	1	6	1	8	2.24
15	C10L1/16	液体含碳燃料···烃类	0	0	1	6	1	8	2.24
15	C10L1/182	液体含碳燃料····含羟基；其盐	0	1	0	5	2	8	2.24
15	C10L1/185	液体含碳燃料····醚；缩醛；缩酮；醛；酮	0	0	0	6	2	8	2.24
15	C10L1/24	液体含碳燃料···含硫、硒或碲的	1	0	1	4	2	8	2.24

续表

排名	IPC	IPC 含义	发明专利申请量 / 件						省内占比 /%
			2011 年	2012 年	2013 年	2014 年	2015 年	总计	
15	F25B15/04	能连续运转的吸着式机器、装置或系统••从水溶液中气化氨作制冷剂的	0	2	1	4	1	8	2.24

五、聚类分析

生物质能技术领域的专利申请主要分为 5 类（图 7-23）：C10L5/44（固体燃料••基于植物物质）、F23G5/46（专门适用于焚烧废物或低品位燃料的方法或设备••热回收的）、C10L1/14（液体含碳燃料••有机化合物）、F02G5/02（不包含在其他类目中的燃烧发动机余热的利用•排出气体的余热的利用）、F25B27/02（应用特定能源的制冷机器、装置或系统•使用废热）。

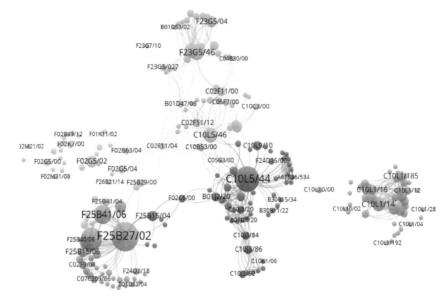

图 7-23　2011～2015 年山东省生物质能技术领域申请发明专利技术图谱

（一）植物物质固体燃料

主要涉及的 IPC 分类号为 C10L5/44，与 C10L5/44 相关的专利申请共 103 件，占生物质能技术领域的 28.85%。早期与之相关的技术为 C10B53/02、B01J20/20、C10J3/66，近期与之相关的技术为 C10L5/42、C10M175/00（图 7-24）。具体相关专利有：由刘振海、李会民发明，2015 年 9 月 21 日山东联合王晁水泥有限公司申请的名为"一种能够代替煤作燃料的水泥窑用农作物秸秆的加工工艺"的专利；由周光涛、刘文志发明，2015 年 7 月 28 日济南精创模具技术开发有限公司申请的名为"生物质成型机油尘分离装置"的专利；由韩奎华、林磊、李辉等发明，2014 年 9 月 18 日济南宝华新能源技术有限公司申请的名为"一种生物质基燃料及制备方法"的专利。

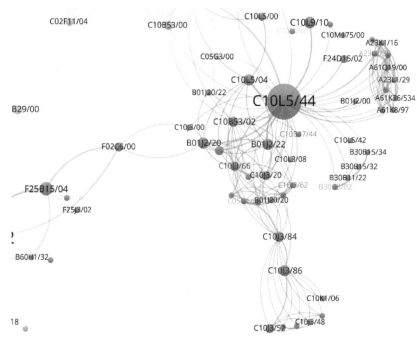

图 7-24　2011～2015 年山东省生物质能技术领域申请发明专利技术图谱
——植物物质固体燃料类

（二）热回收设备

主要涉及的 IPC 分类号为 F23G5/46，与 F23G5/46 相关的专利申请共

25 件，占生物质能技术领域的 7.00%。早期与之相关的技术为 C10L5/46、C04B30/00、C05F7/00，近期与之相关的技术为 C02F11/18、C02F11/02、F23G7/10（图 7-25）。具体相关专利有：由王惠生发明，2014 年 9 月 19 日王惠生申请的名为"一种垃圾焚烧烟气干法处理方法与装置"的专利；由赵改菊、尹凤交、张宗宇等发明，2014 年 4 月 30 日山东天力干燥股份有限公司申请的名为"一种市政污泥减量化、无害化处理系统及处理工艺"的专利；由张亚玉、周圣芳、王志强等发明，2013 年 11 月 18 日山东巨亚环保设备有限公司、临沂市阳光锅炉制造有限公司申请的名为"一种垃圾无害综合处理利用系统"的专利。

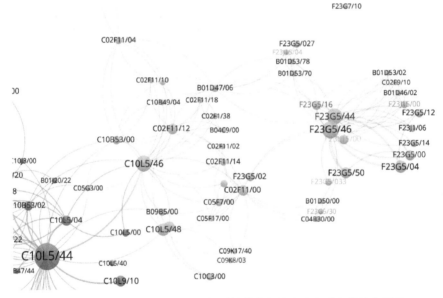

图 7-25 2011～2015 年山东省生物质能技术领域申请发明专利技术图谱
——热回收设备类

（三）有机化合物燃料

主要涉及的 IPC 分类号为 C10L1/14，与 C10L1/14 相关的专利申请共 17 件，占生物质能技术领域的 4.76%。早期与之相关的技术为 C10L1/28、C10L1/32、C10L1/04，近期与之相关的技术为 C10L1/232、C10L1/18（图

7-26）。具体相关专利有：由许国权、于得江发明，2014 年 6 月 4 日山东吉利达能源科技有限公司申请的名为"一种用于国Ⅲ柴油的柴油品质提升剂"的专利；由刘振学、董松祥、牟庆平等发明，2013 年 4 月 8 日黄河三角洲京博化工研究院有限公司申请的名为"一种柴油复合添加剂"的专利；由张成如、车春玲发明，2012 年 2 月 3 日临沂实能德环保燃料化工有限责任公司申请的名为"一种应用于生物柴油的复合添加剂"的专利。

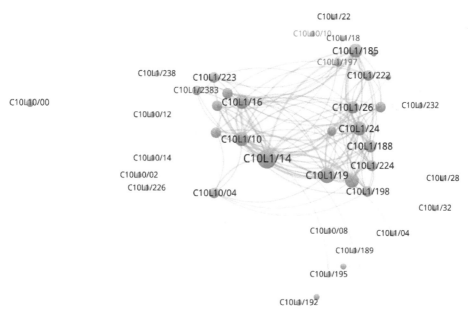

图 7-26　2011～2015 年山东省生物质能技术领域申请发明专利技术图谱
——有机化合物燃料类

（四）排出气体余热的利用装置

主要涉及的 IPC 分类号为 F02G5/02，与 F02G5/02 相关的专利申请共 13 件，占生物质能技术领域的 3.64%。早期与之相关的技术为 F02K7/00、F02M31/08、F02M25/00，近期与之相关的技术为 F02M21/02、F25B30/06、F28D15/02（图 7-27）。具体相关专利有：由段广彬、许方超、范长英发明，2015 年 12 月 2 日济南草履虫电子科技有限公司申请的名为"一种槽轮换向的汽车废气热磁发电设备及发电方法"的专利；由祁金胜、刘义达、安春国等发明，2015 年 4 月 9 日山东电力工程咨询院有限公司申请的名为"一种具有燃料干燥功能的电站启动辅助系统及工作方法"的专利；由刘义达、祁金胜、蒋莉等发明，2015 年 4 月 9 日山东电力工程咨询院有限公司申请的名为"一种发电内燃机余热梯级利用系统"的专利。

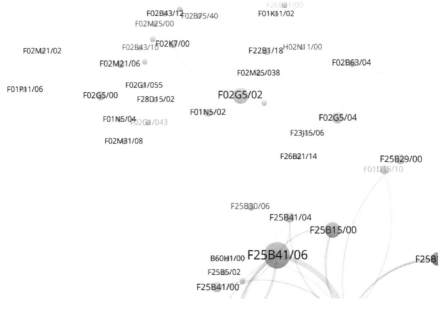

图 7-27　2011～2015 年山东省生物质能技术领域申请发明专利技术图谱
——排出气体余热的利用装置类

（五）内燃机制冷装置

主要涉及的 IPC 分类号为 F25B27/02，与 F25B27/02 相关的专利申请共 155 件，占生物质能技术领域的 43.42%。早期与之相关的技术为 F25B15/12、F25B41/06、F25B15/00，近期与之相关的技术为 F25B30/04、F25B49/04、F25B9/08（图 7-28）。具体相关专利有：由王雷、丁兆秋、赵红霞发明，2015 年 12 月 16 日山东大学申请的名为"一种冷藏车废热驱动引流式喷射式制冷系统"的专利；由李永堂发明，2015 年 9 月 14 日李永堂、李囿桦申请的名为"发电机组综合节水节能系统"的专利；由李华玉发明，2015 年 1 月 23 日李华玉申请的名为"热动联供系统"的专利。

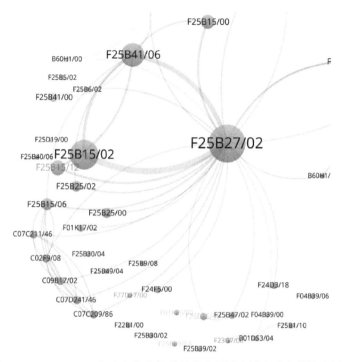

图 7-28 2011～2015 年山东省生物质能技术领域申请发明专利技术图谱
——内燃机制冷装置类

第四节 地热能技术领域的专利申请情况分析

一、申请量分析

地热能专利申请数量在全国范围内不高，2011～2015 年全国共申请 448 件。2011 年、2013 年和 2015 年山东省地热能技术领域专利申请量均为 3 件，分别占全国的 3.70%、3.66% 和 3.49%。2012 年申请 9 件，占全国的 8.82%。2014 年申请量为五年最高，申请 15 件，占全国的 15.46%。山东省地热能专利申请波动较大，但基本与全国申请趋势保持一致（图 7-29）。

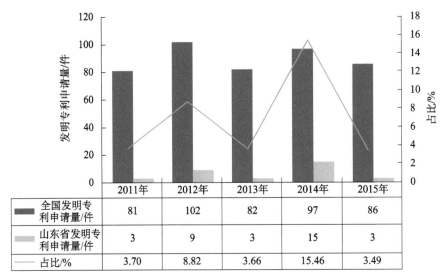

图 7-29 2011～2015 年全国和山东省地热能技术领域
发明专利申请量及山东省占全国的比例

	2011年	2012年	2013年	2014年	2015年
全国发明专利申请量/件	81	102	82	97	86
山东省发明专利申请量/件	3	9	3	15	3
占比/%	3.70	8.82	3.66	15.46	3.49

2011～2015 年山东省在地热能技术领域发明专利申请量方面位列全国第四，低于排在第三位的北京市（42 件），稍高于排在第五位的广东省（29 件）（表 7-19）。2011～2014 年山东省排名均位于全国前 10 位，2015 年排名有所下降，位于全国第 11 位。2012 年、2014 年表现良好，分别排名全国第二和第一位（图 7-30）。

表 7-19 2011～2015 年全国地热能技术领域发明专利申请量排名表

排名	省市	发明专利申请量 / 件						占全国比例 /%
		2011 年	2012 年	2013 年	2014 年	2015 年	总计	
1	陕西	13	8	10	8	10	49	10.94
2	江苏	12	9	8	9	5	43	9.60
3	北京	10	5	9	7	11	42	9.38
4	**山东**	**3**	**9**	**3**	**15**	**3**	**33**	**7.37**
5	广东	4	7	6	8	4	29	6.47
6	四川	3	0	1	10	7	21	4.69
7	天津	4	4	5	2	4	19	4.24
7	浙江	1	8	3	3	4	19	4.24
9	河南	3	4	1	3	6	17	3.79
9	上海	4	1	5	4	3	17	3.79

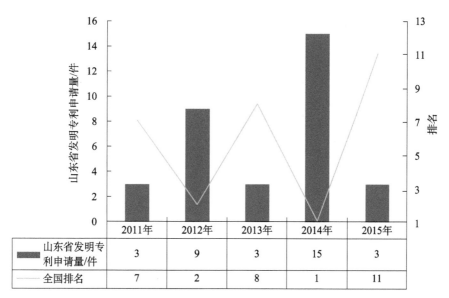

图 7-30 2011～2015 年山东省地热能技术领域发明专利申请量及山东省全国排名情况

二、申请（专利权）人分析

2011～2015 年，山东省地热能技术领域 33 件发明专利申请共有 25 名申请（专利权）人，对每个申请（专利权）人的专利申请量进行分析，结果如表 7-20 所示。山东省地热能技术领域的专利申请量位居第一的是青岛木力新能源科技有限公司，共申请专利 9 件，占省内申请量 27.27%，远高于排名并列第二的海尔集团公司和林钧浩（2 件）。其余仅申请该领域专利 1 件。

表 7-20 2011～2015 年山东省地热能技术领域
申请专利中发明专利申请（专利权）人分布（TOP 10）

省内排名	申请（专利权）人	发明专利申请量 / 件						省内占比/%	全国排名
		2011 年	2012 年	2013 年	2014 年	2015 年	总计		
1	青岛木力新能源科技有限公司	0	0	0	9	0	9	27.27	2
2	海尔集团公司	1	1	0	0	0	2	6.06	23
2	林钧浩	1	0	0	0	1	2	6.06	23
4	戴作峰	0	0	1	0	0	1	3.03	62

续表

省内排名	申请（专利权）人	发明专利申请量／件						省内占比/%	全国排名
		2011年	2012年	2013年	2014年	2015年	总计		
4	方肇洪	0	0	1	0	0	1	3.03	62
4	济南大陆机电股份有限公司	0	1	0	0	0	1	3.03	62
4	济南乡村绿洲农业科技开发有限公司	0	1	0	0	0	1	3.03	62
4	聊城盐杉新材料科技有限公司	0	1	0	0	0	1	3.03	62
4	刘　焓	0	1	0	0	0	1	3.03	62
4	秦　剑	0	1	0	0	0	1	3.03	62

　　进一步结合技术领域 IPC 分类对专利申请（专利权）人进行分析，有利于政府、企业迅速掌握主要的研发单位和个人，有利于政府、企业分析主要竞争对手的强势领域，有利于政府、企业寻找合适的合作伙伴，为政府和企业的投资决策以及专利布局调整提供有价值的信息（表 7-21）。

表 7-21　2011～2015 年山东省地热能技术领域
申请专利申请（专利权）人 -IPC- 发明专利申请量对应表（TOP 3）

申请（专利权）人	IPC	IPC 含义	申请量／件
青岛木力新能源科技有限公司	F24J3/08	其他非燃烧热的产生或利用··利用地热	9
	C02F1/00	水、废水或污水的处理	8
	C02F1/44	水、废水或污水的处理·渗析法、渗透法或反渗透法	8
	C02F9/02	水、废水或污水的多级处理·包括分离步骤	8
	E03B3/04	饮用水或自来水的取水或集水的方法或装置·取自地面水	8
海尔集团公司	F24F5/00	不包含在 F24F1/00 或 F24F3/00 组中的空气调节系统或设备	1
	F24H4/02	利用热泵的流体加热器·液体加热器	1
	F24J2/30	太阳热的利用··带有在多种流体之间进行热交换装置的	1
	F24J3/00	其他非燃烧热的产生或利用	1
	F24J3/08（外4个）	其他非燃烧热的产生或利用··利用地热	1

申请 （专利权）人	IPC	IPC 含义	申请量 /件
林钧浩	F24H3/02	具有热发生装置的空气加热器·用强制循环的	1
	F24J3/00	其他非燃烧热的产生或利用	2
	F04D29/28	零件、部件或附件 ·· 用于离心或螺旋离心泵	1
	F04D29/30	零件、部件或附件 ··· 叶片	1

排在第一位的青岛木力新能源科技有限公司申请专利涉及的分类号较为分散，其中最多的是 F24J3/08（其他非燃烧热的产生或利用 ·· 利用地热），共申请 9 件。其次分别是 C02F1/00（水、废水或污水的处理）、C02F1/44（水、废水或污水的处理·渗析法、渗透法或反渗透法）、C02F9/02（水、废水或污水的多级处理·包括分离步骤）、E03B3/04（饮用水或自来水的取水或集水的方法或装置·取自地面水）各申请 8 件专利。海尔集团公司在 F24F（空气调节；空气增湿；通风；空气流作为屏蔽的应用）、F24H（一般有热发生装置的流体加热器，例如水或空气的加热器）、F24J（不包含在其他类目中的热量产生和利用）等专利中都有所涉猎，分布范围广。林钧浩申请的专利包括 F24H（一般有热发生装置的流体加热器，例如水或空气的加热器）、F24J（不包含在其他类目中的热量产生和利用）、F04D（非变容式泵）方面。

三、发明人分析

山东省地热能技术领域 33 件申请专利共有 68 个专利发明人，其中有 2 位申请量大于 1 件，即冯益安和林钧浩。冯益安共申请该领域专利 9 件，占全省的 27.27%，均为 2014 年申请。林钧浩于 2011 年、2015 年各申请 1 件，共 2 件，占全省的 6.06%（表 7-22）。

表 7-22　2011～2015 年山东省地热能技术领域
申请专利中发明专利发明人统计（TOP 10）

序号	发明人	发明专利申请量 / 件						省内占比 /%
		2011 年	2012 年	2013 年	2014 年	2015 年	总计	
1	冯益安	0	0	0	9	0	9	27.27
2	林钧浩	1	0	0	0	1	2	6.06
3	陈炳泉	0	1	0	0	0	1	3.03
4	陈清祥	0	1	0	0	0	1	3.03
5	陈喜山	0	0	0	1	0	1	3.03
6	陈永杰	1	0	0	0	0	1	3.03
7	崔国栋	0	0	0	1	0	1	3.03
8	戴作峰	0	0	1	0	0	1	3.03
9	方肇洪	0	0	1	0	0	1	3.03
10	高志刚（外 58 个）	0	0	0	0	1	1	3.03

进一步结合技术领域 IPC 分类对专利发明人进行分析，有利于政府、企业迅速掌握主要的研发单位和个人，有利于政府、企业分析主要竞争对手的强势领域，有利于政府、企业寻找合适的合作伙伴，为政府和企业的投资决策以及专利布局调整提供有价值的信息（表 7-23）。

冯益安隶属青岛木力新能源科技有限公司，专利申请分布与之相同，林钧浩在专利申请（专利权）人部分已经介绍，在此不再赘述。

表 7-23　2011～2015 年山东省地热能技术领域
申请专利发明人 -IPC- 发明专利申请量对应表（TOP 2）

发明人	IPC	IPC 含义	申请量 / 件
冯益安	F24J3/08	其他非燃烧热的产生或利用 •• 利用地热	9
	C02F1/00	水、废水或污水的处理	8
	C02F1/44	水、废水或污水的处理 • 渗析法、渗透法或反渗透法	8
	C02F9/02	水、废水或污水的多级处理 • 包括分离步骤	8
	E03B3/04	饮用水或自来水的取水或集水的方法或装置 • 取自地面水	8
林钧浩	F24H3/02	具有热发生装置的空气加热器 • 用强制循环的	1
	F24J3/00	其他非燃烧热的产生或利用	2
	F04D29/28	零件、部件或附件 •• 用于离心或螺旋离心泵	1
	F04D29/30	零件、部件或附件 ••• 叶片	1

山东省地热能技术领域发明人（申请人不少于 168 位）之间的合作关系如图 7-31 所示。由图左侧显示，TOP 2 发明人中冯益安、林钧浩均作为独立个体进行专利发明；图右侧显示最大的两个专利发明合作群，分别是以唐海静、张健、张全刚为核心的 9 人团体和以刘增平、张良华、朱礼建等 8 人组成的合作群。

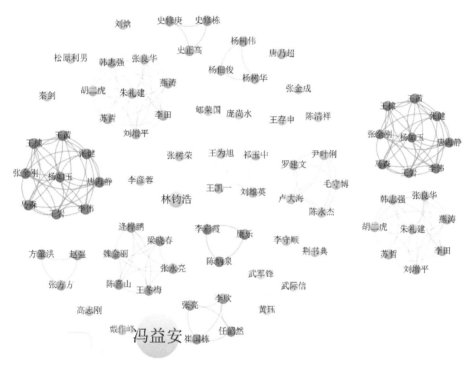

图 7-31 2011～2015 年山东省地热能技术领域申请发明专利发明人合作网络（TOP 2）

四、IPC 分类号分析 / 技术分析

抽取 2011～2015 年山东省地热能技术领域 33 件发明专利申请的分类号字段，对分类号进行归纳整理，并按照每个分类号的申请量降序排列，结果如表 7-24 所示。2011～2015 年在该领域申请的 33 件发明专利共涉及 40 个 IPC 分类号，超半数专利涉及 F24J3/08（其他非燃烧热的产生或利用 •• 利用地热），远高于排名第二的 F24J3/00（其他非燃烧热的产生或利用），是第二名的 2 倍。

表 7-24 2011～2015 年山东省地热能技术领域
发明专利申请量 IPC 分类号统计（TOP 20）

排名	IPC	IPC 含义	发明专利申请量/件						省内占比/%
			2011年	2012年	2013年	2014年	2015年	总计	
1	F24J3/08	其他非燃烧热的产生或利用··利用地热	2	3	2	12	1	20	60.61
2	F24J3/00	其他非燃烧热的产生或利用	1	5	1	1	2	10	30.30
3	C02F1/00	水、废水或污水的处理	0	0	0	8	0	8	24.24
3	C02F1/44	水、废水或污水的处理·渗析法、渗透法或反渗透法	0	0	0	8	0	8	24.24
3	C02F9/02	水、废水或污水的多级处理·包括分离步骤	0	0	0	8	0	8	24.24
3	E03B3/04	饮用水或自来水的取水或集水的方法或装置·取自地面水	0	0	0	8	0	8	24.24
7	F25B30/06	热泵·以低势热源为特征的	0	0	1	1	0	2	6.06
8	A01K63/06	装活鱼的容器，例如水族槽·装于活鱼容器内，或附属于其上的加热或照明设备	0	1	0	0	0	1	3.03
8	A23L3/44	食品或食料的一般保存，例如专门适用于食品或食料的巴氏法灭菌、杀菌	0	1	0	0	0	1	3.03
8	C01C1/04	氨；其化合物··合成法制氨	0	1	0	0	0	1	3.03
8	E03B3/11	饮用水或自来水的取水或集水的方法或装置····与管道组合的，例如，竖井外面的多孔的水平延伸或向上倾斜的管道	0	0	0	1	0	1	3.03
8	E03B3/16	饮用水或自来水的取水或集水的方法或装置···井的构件	0	0	0	1	0	1	3.03
8	E21B33/138	井眼或井的密封或封隔···涂抹井壁；向地层内注水泥	0	0	0	1	0	1	3.03
8	F01K27/00	不包含在其他类目中的，将热能或流体能转变为机械能的装置	0	0	0	1	0	1	3.03

续表

排名	IPC	IPC 含义	发明专利申请量 / 件						省内占比 /%
			2011年	2012年	2013年	2014年	2015年	总计	
8	F01K27/02	不包含在其他类目中的，将热能或流体能转变为机械能的装置·改为利用它们的废热的装置，不包括排气热的利用，如利用发动机的摩擦热	0	0	0	1	0	1	3.03
8	F03G4/00	依靠地热能量产生机械能的装置	0	0	0	1	0	1	3.03
8	F04D29/28	零件、部件或附件··用于离心或螺旋离心泵	0	0	0	0	1	1	3.03
8	F04D29/30	零件、部件或附件···叶片	0	0	0	0	1	1	3.03
8	F24D15/00	其他住宅或区域供热系统	0	1	0	0	0	1	3.03
8	F24D19/10（外 20 个）	零部件·控制装置或安全装置的配置或安装	0	1	0	0	0	1	3.03

五、聚类分析

地热能技术领域的专利申请主要分为 3 类（图 7-32）：F24J3/08（其他非燃烧热的产生或利用··利用地热）、F24F5/00（不包含在 F24F1/00

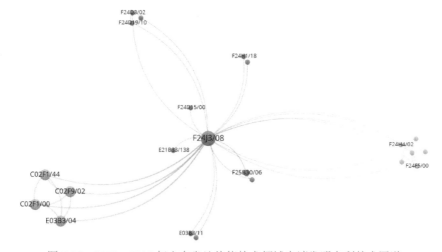

图 7-32　2011～2015 年山东省地热能技术领域申请发明专利技术图谱

或 F24F3/00 组中的空气调节系统或设备）、C02F1/00（水、废水或污水的处理）。

（一）地热能的利用

主要涉及的 IPC 分类号为 F24J3/08，与 F24J3/08 相关的专利申请共20 件，占地热能技术领域的 60.60%。早期与之相关的技术为 F24D15/00、F24D19/10、F24D3/10，近期与之相关的技术为 E03B3/11、E03B3/16、E21B33/138（图 7-33）。具体相关专利有：由王凯一、刘雄英、王为旭等发明，2011 年 11 月 17 日王凯一申请的名为"利用热管摄取地热的供热系统及工艺"的专利；由张亮、崔国栋、李欣等发明，2014 年 12 月 22 日中国石油大学（华东）申请的名为"注超临界 CO_2 开采干热岩地热的预防渗漏工艺"的专利；由武军锋、黄珏、武际信发明，2012 年 12 月 31 日潍坊海生能源科技有限公司申请的名为"全压全自动热水装置"的专利。

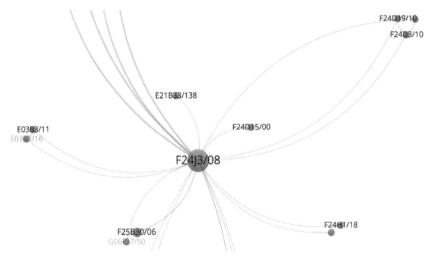

图 7-33　2011～2015 年山东省地热能技术领域申请发明专利技术图谱
——地热能的利用类

（二）空气调节系统或设备

主要涉及的 IPC 分类号为 F24F5/00，与 F24F5/00 相关的专利申请共 1 件，

占地热能技术领域的 3.33%。该聚类其余
分类号申请量均为 1 件，包括 F24H4/02、
F24J2/30、F25B29/00、F25B41/04、
F25B41/06（图 7-34）。该聚类中具体相关
专利有：由毛守博、卢大海、陈永杰等发
明，2011 年 3 月 29 日海尔集团公司、青
岛海尔空调电子有限公司申请的名为"多
功能空调热水系统"的专利；由张树荣发

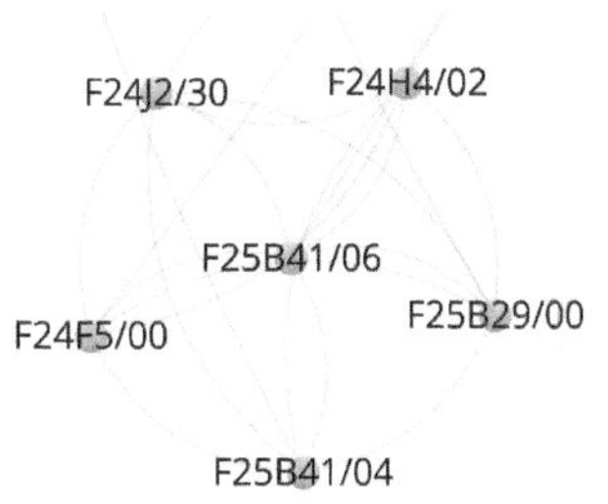

图 7-34　2011～2015 年山东省地热能
技术领域申请发明专利技术图谱——
空气调节系统或设备类

明，2014 年 1 月 2 日潍坊亿佳节能控制科技有限公司申请的名为"一种蒸煮
废汽余热回收系统及其应用"的专利；由武军锋、黄珏、武际信发明，2012
年 12 月 31 日潍坊海生能源科技有限公司申请的名为"全压全自动热水装置"
的专利。

（三）水处理

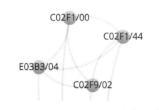

图 7-35　2011～2015 年山东省地热能
技术领域申请发明专利技术图谱——
空气调节系统或设备类

主要涉及的 IPC 分类号为 C02F1/00，
与 C02F1/00 相关的专利申请共 8 件，
占地热能技术领域的 24.24%。该聚类
其余分类号申请量均为 8 件，分别为
C02F1/44、C02F9/02、E03B3/04（图
7-35）。具体相关专利均为冯益安发明，
2014 年 12 月 18 日青岛木力新能源科技
有限公司申请的名为"一种纵向瓦型板状

结构的具有'水向上流'功能的设备""利用硫酸铜制作的具有'水向上流'
功能的设备""一种纵向柱体结构的具有'水向上流'功能的设备"的专利。

第五节　水力发电技术领域的专利申请情况分析

一、申请量分析

2011 年山东省水力发电技术领域专利申请量为 57 件，占全国总申请量的 4.71%，2012 年申请量上升至 71 件，占全国的 6.33%。随后申请量有所下降，但在申请量方面 2015 年仍多于 2011 年，申请相关专利 58 件，占全国的 4.50%。山东省该领域的专利申请量的绝对数量及相对数量基本呈先上升后下降趋势，与全国该领域的专利申请趋势不相一致（图 7-36）。2011～2015 年山东省该领域发明专利申请量在全国平均占比 5.25%。

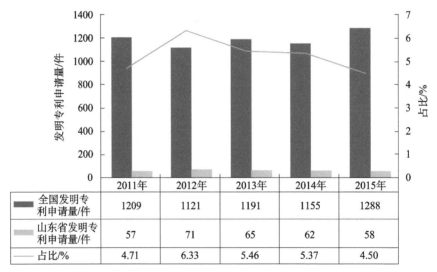

	2011年	2012年	2013年	2014年	2015年
全国发明专利申请量/件	1209	1121	1191	1155	1288
山东省发明专利申请量/件	57	71	65	62	58
占比/%	4.71	6.33	5.46	5.37	4.50

图 7-36　2011～2015 年全国和山东省水力发电技术领域
发明专利申请量及山东省占全国的比例

2011～2015 年山东省在水力发电技术领域发明专利申请量方面位列全国第五，低于排在第四位的广东省（419 件），高于排在第六位的上海市（275件）（表 7-25）。每年的相对排名均位于前 10 位，尤其是 2012 年上升至全国第三，但随后专利申请量逐年递减，全国相对排名有所回落（图 7-37）。

表 7-25　2011～2015 年全国水力发电技术领域发明专利申请量排名表（TOP 10）

排名	省市	发明专利申请量 / 件						占全国比例 /%
		2011 年	2012 年	2013 年	2014 年	2015 年	总计	
1	江苏	131	169	204	162	179	845	14.17
2	北京	103	100	89	80	67	439	7.36
3	浙江	67	70	92	94	99	422	7.08
4	广东	81	57	84	92	105	419	7.03
5	山东	57	71	65	62	58	313	5.25
6	上海	67	48	50	54	56	275	4.61
7	辽宁	67	37	48	42	27	221	3.71
8	四川	13	21	33	41	109	217	3.64
9	湖南	63	28	29	21	37	178	2.98
10	湖北	29	22	35	32	43	161	2.70

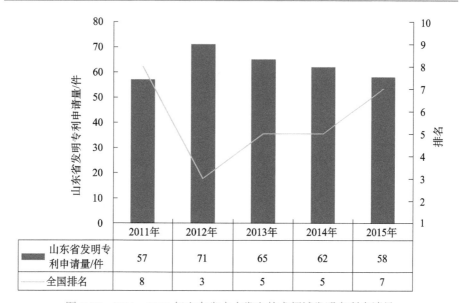

	2011年	2012年	2013年	2014年	2015年
山东省发明专利申请量/件	57	71	65	62	58
全国排名	8	3	5	5	7

图 7-37　2011～2015 年山东省水力发电技术领域发明专利申请量
及山东省全国排名情况

二、申请（专利权）人分析

2011～2015 年，山东省水力发电技术领域 313 件发明专利申请共有 221 名申请（专利权）人，对每个申请（专利权）人的专利申请量进行分析，结果如表 7-26 所示。山东省水力发电技术领域的专利申请量并列排在第一位的是山东理工大学和山东大学，均申请专利 13 件，占省内申请量 4.15%，远高于排在第三位的中国海洋大学（7 件）。这三所机构排名进入全国前 100（表 7-26）。

表 7-26　2011～2015 年山东省水力发电技术领域
申请专利中发明专利申请（专利权）人分布（TOP 10）

省内排名	申请（专利权）人	发明专利申请量 / 件						省内占比 /%	全国排名
		2011 年	2012 年	2013 年	2014 年	2015 年	总计		
1	山东理工大学	2	3	6	1	1	13	4.15	38
1	山东大学	2	2	1	4	4	13	4.15	38
3	中国海洋大学	1	1	2	1	2	7	2.24	89
4	山东科技大学	1	1	0	3	1	6	1.92	112
5	刘典军	2	0	1	2	0	5	1.60	146
5	青岛科技大学	0	1	4	0	0	5	1.60	146
5	潍柴动力股份有限公司	0	3	1	0	1	5	1.60	146
5	张学义	0	2	1	2	0	5	1.60	146
9	青岛格兰德新能源有限公司	0	0	1	3	0	4	1.28	203
9	青岛理工大学（外 3 个）	0	0	1	0	3	4	1.28	203

进一步结合技术领域 IPC 分类对专利申请（专利权）人进行分析，有利于政府、企业迅速掌握主要的研发单位和个人，有利于政府、企业分析主要竞争对手的强势领域，有利于政府、企业寻找合适的合作伙伴，为政府和企业的投资决策以及专利布局调整提供有价值的信息（表 7-27）。

发明专利申请量排在前三位的申请（专利权）人主要申请的专利分类号分布较为广泛。山东理工大学专利申请最多的是 H02K7/18（结构上与电机连接用于控制机械能的装置·发电机与机械驱动机结构上相连的，例如汽轮机），共申请9件。山东大学F03D9/00（特殊用途的风力发动机；风力发动机与受它驱动的装置的组合）涉及最多（7件）。中国海洋大学在F03B13/00（特殊用途的机械或发动机；机械或发动机与驱动或从动装置的组合；电站或机组）申请最多（3件）。

表7-27 2011～2015年山东省水力发电技术领域
申请专利申请（专利权）人-IPC-发明专利申请量对应表（TOP 3）

申请 （专利权）人	IPC	IPC 含义	申请量 /件
山东理工大学	H02K7/18	结构上与电机连接用于控制机械能的装置·发电机与机械驱动机结构上相连的，例如汽轮机	9
	F03D9/00	特殊用途的风力发动机；风力发动机与受它驱动的装置的组合	3
	H02K1/22	磁路零部件··磁路的转动零部件	3
	F03D7/06	风力发动机的控制·具有基本上与进入发动机的气流垂直的旋转轴线的风力发动机	2
	H02K1/12	磁路零部件··磁路的静止零部件的	2
	H02N2/18	利用压电效应、电致伸缩或磁致伸缩的电动机或发电机·从机械输入产生电输出的，例如发电机	2
山东大学	F03D9/00	特殊用途的风力发动机；风力发动机与受它驱动的装置的组合	7
	F03D9/02	特殊用途的风力发动机；风力发动机与受它驱动的装置的组合·贮存动力的装置	4
	F03D7/06	风力发动机的控制·具有基本上与进入发动机的气流垂直的旋转轴线的风力发动机	3
	C08K3/04	使用无机配料··碳元素	2
	C08L23/06 （外4个）	只有1个碳-碳双键的不饱和脂族烃的均聚物或共聚物的组合物，此种聚合物的衍生物的组合物···聚乙烯	2
中国海洋大学	F03B13/00	特殊用途的机械或发动机；机械或发动机与驱动或从动装置的组合；电站或机组	3
	F03B13/14	特殊用途的机械或发动机；机械或发动机与驱动或从动装置的组合；电站或机组··利用波能	2
	F03B3/00	反作用式机械或发动机；其专用部件或零件	2
	F03B3/04	反作用式机械或发动机；其专用部件或零件·通过转子的基本上是轴向流，例如螺旋桨式水轮机	2
	F01D1/24 （外9个）	非变容式机器或发动机·特点为对转式转子受到同一蒸汽工作流体的作用而没有中间静叶片或类似零件	1

三、发明人分析

山东省水力发电技术领域 313 件申请专利中共 761 个专利发明人，其中排名前 11 的发明人专利申请量合计为 67 件，占全部专利申请量超过 20%，仅有 1 位发明人申请量在 2011~2015 年超过 10 件。表 7-28 列出了 2011~2015 年该领域申请专利发明人情况，其中申请量排在前 3 位的是张学义、刘典军、尹红彬。排在第一位的发明人张学义，共申请专利 13 件，占山东省风能技术领域全部申请量的 4.15%，2011~2015 年都有申请。排名位于第二位的刘典军共申请该领域专利 9 件，占全省 2.88%，其中超过 50% 专利于 2014 年申请。位于第三位的发明人尹红彬共申请 7 件专利，于 2013 年、2014 年申请。

表 7-28　2011~2015 年山东省水力发电技术领域
申请专利中发明专利发明人统计（TOP 11）

序号	发明人	发明专利申请量 / 件						省内占比 /%
		2011 年	2012 年	2013 年	2014 年	2015 年	总计	
1	张学义	2	2	6	2	1	13	4.15
2	刘典军	2	0	2	5	0	9	2.88
3	尹红彬	0	0	5	2	0	7	2.24
4	马清芝	0	0	6	0	0	6	1.92
4	张承慧	3	0	0	2	1	6	1.92
6	杜钦君	0	0	5	0	0	5	1.60
6	李 珂	2	0	0	2	1	5	1.60
8	冯海暴	0	0	4	0	0	4	1.28
8	韩尔樑	0	3	1	0	0	4	1.28
8	李志华	0	0	0	0	4	4	1.28
8	刘德进	0	0	4	0	0	4	1.28

进一步结合技术领域 IPC 分类对专利发明人进行分析，有利于政府、企业迅速掌握主要的研发单位和个人，有利于政府、企业分析主要竞争对手的强势领域，有利于政府、企业寻找合适的合作伙伴，为政府和企业的投资决策以及专利布局调整提供有价值的信息（表 7-29）。

表 7-29　2011～2015 年山东省水力发电技术领域
申请专利发明人 -IPC- 发明专利申请量对应表（TOP 3）

发明人	IPC	IPC 含义	申请量 / 件
张学义	H02K7/18	结构上与电机连接用于控制机械能的装置·发电机与机械驱动机结构上相连的，例如汽轮机	13
	H02K1/22	磁路零部件··磁路的转动零部件	4
	H02K1/12	磁路零部件··磁路的静止零部件的	3
	H02K1/27	磁路零部件···有永久磁体的转子铁芯的〔5〕	3
	H02J7/14	用于电池组的充电或去极化或用于由电池组向负载供电的装置·用于从含有非电原动机的充电装置对电池组充电的	1
刘典军	F03D9/00	特殊用途的风力发动机；风力发动机与受它驱动的装置的组合	4
	F03D9/02	特殊用途的风力发动机；风力发动机与受它驱动的装置的组合·贮存动力的装置	3
	F01D15/10	适用于特殊用途的机器或发动机；发动机与其从动装置的组合装置·适用于驱动发电机或与发电机的组合的装置	2
	F03B13/00	特殊用途的机械或发动机；机械或发动机与驱动或从动装置的组合；电站或机组	2
	F03D11/02	不包含在本小类其他组中或与本小类其他组无关的零件、部件或附件·动力的传送，例如使用空心排气叶片	2
尹红彬	H02K7/18	结构上与电机连接用于控制机械能的装置·发电机与机械驱动机结构上相连的，例如汽轮机	7
	H02K1/22	磁路零部件··磁路的转动零部件	3
	H02K1/12	磁路零部件··磁路的静止零部件的	2
	H02K1/17	磁路零部件···有永久磁体的定子铁芯的〔5〕	1
	H02K7/14	结构上与电机连接用于控制机械能的装置·结构上与机械负荷联结的，例如与手提电动工具或风扇	1

　　发明专利申请量排在第一和第三位的发明人张学义和尹红彬申请的专利分类号主要集中在小类 H02K，即电机方面。张学义申请最多的为 H02K7/18（结构上与电机连接用于控制机械能的装置·发电机与机械驱动机结构上相连的，例如汽轮机）相关专利，共申请 13 件。尹红彬申请最多的同样是 H02K7/18，申请 7 件。排在第二位的刘典军申请专利涉及 F03D（风力发动机）、F01D（非变容式机器或发动机，如汽轮机）、F03B（液力机械或液力发动机）等方面。

山东省水力发电技术领域发明人（申请人不少于 2120 位）之间的合作关系如图 7-38 所示。由图左侧显示，排名第一、第三位的发明人张学义、尹红彬在同一专利合作群，排在第二位的刘典军作为独立个体进行专利发明；图右侧显示最大的两个专利发明合作群，分别是以王裕峰、周会军、安康平为核心的 11 人团体和以宋丽、朱广岗、李学山等 10 人组成的合作群。

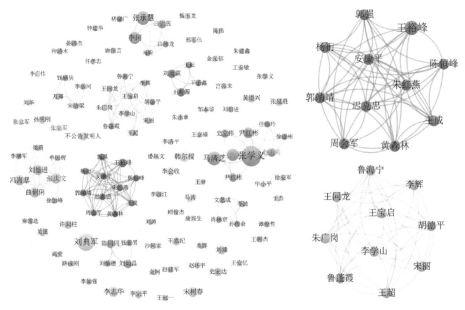

图 7-38 2011～2015 年山东省水力发电技术领域申请发明专利发明人合作网络（TOP 3）

四、IPC 分类号分析 / 技术分析

抽取 2011～2015 年山东省水力发电技术领域 313 件发明专利申请的分类号字段，对分类号进行归纳整理，并按照每个分类号的申请量降序排列，结果如表 7-30 所示。2011～2015 年山东省在该领域申请的 313 件发明专利共涉及 291 个 IPC 分类号：其中，超过 40% 的专利涉及排名第一的 F03D9/00（特殊用途的风力发动机；风力发动机与受它驱动的装置的组合），且远高于排名第二的 F03B13/00（特殊用途的机械或发动机；机械或发动机与驱动或从动装置的组合；电站或机组），约是第二名的 2 倍。

表 7-30 2011～2015 年山东省水力发电技术领域
发明专利申请量 IPC 分类号统计（TOP 20）

排名	IPC	IPC 含义	发明专利申请量 / 件						省内占比 /%
			2011年	2012年	2013年	2014年	2015年	总计	
1	F03D9/00	特殊用途的风力发动机；风力发动机与受它驱动的装置的组合	29	31	19	30	19	128	40.89
2	F03B13/00	特殊用途的机械或发动机；机械或发动机与驱动或从动装置的组合；电站或机组	10	10	13	10	17	60	19.17
3	H02K7/18	结构上与电机连接用于控制机械能的装置·发电机与机械驱动机结构上相连的，例如汽轮机	9	8	12	9	9	47	15.02
4	F03D3/06	具有基本上与进入发动机的气流垂直的旋转轴线的风力发动机·转子	6	8	1	9	5	29	9.27
4	F03D9/02	特殊用途的风力发动机；风力发动机与受它驱动的装置的组合·贮存动力的装置	4	6	8	8	3	29	9.27
6	B62D5/06	机动车；挂车·流体的，即利用压力流体作为车辆转向所需要的大部分或全部作用力	1	7	7	5	4	24	7.67
6	E02B3/02	饮用水或自来水的取水或集水的方法或装置·取自雨水	2	6	6	2	8	24	7.67
8	F03D11/00	不包含在本小类其他组中或与本小类其他组无关的零件、部件或附件	3	6	2	6	1	18	5.75
9	F03D11/02	不包含在本小类其他组中或与本小类其他组无关的零件、部件或附件·动力的传送，例如使用空心排气叶片	4	4	2	5	2	17	5.43
10	F03B3/12	反作用式机械或发动机；其专用部件或零件·叶片；带有叶片的转子	5	4	0	0	6	15	4.79

排名	IPC	IPC 含义	发明专利申请量 / 件					总计	省内占比 /%
			2011年	2012年	2013年	2014年	2015年		
10	F03D7/06	风力发动机的控制 • 具有基本上与进入发动机的气流垂直的旋转轴线的风力发动机	3	6	1	4	1	15	4.79
12	F03B3/00	反作用式机械或发动机；其专用部件或零件	6	3	3	0	1	13	4.15
13	F03B13/14	特殊用途的机械或发动机；机械或发动机与驱动或从动装置的组合；电站或机组 •• 利用波能	3	0	4	2	1	10	3.19
13	F03D7/00	风力发动机的控制	3	1	2	1	3	10	3.19
15	F03D11/04	不包含在本小类其他组中或与本小类其他组无关的零件、部件或附件 • 安装结构	5	0	1	1	2	9	2.88
15	F03D7/04	风力发动机的控制 •• 自动控制；调节	5	0	1	3	0	9	2.88
15	H02S10/12	光伏电站；与其他电能产生系统组合在一起的光伏能源系统 •• 混合风力光伏能源系统	0	0	2	3	4	9	2.88
18	F03B3/18	反作用式机械或发动机；其专用部件或零件 •• 定子叶片；导管或导流片，例如可调的	2	1	1	0	4	8	2.56
18	F03D1/06	具有基本上与进入发动机的气流平行的旋转轴线的风力发动机 • 转子	0	2	3	2	1	8	2.56
18	H02K7/10	结构上与电机连接用于控制机械能的装置 • 结构上与离合器、制动器、传动机构、滑轮、机械起动器相连的	6	1	0	1	0	8	2.56

五、聚类分析

水力发电技术领域的专利申请主要分为 5 类（图 7-39）：F03D9/00（特

殊用途的风力发动机；风力发动机与受它驱动的装置的组合）、E02B3/02
（饮用水或自来水的取水或集水的方法或装置·取自雨水）、H02K7/18（结构
上与电机连接用于控制机械能的装置·发电机与机械驱动机结构上相连的，
例如汽轮机）、F03B13/00（特殊用途的机械或发动机；机械或发动机与驱动
或从动装置的组合；电站或机组）、B62D5/06（机动车；挂车·流体的，即利
用压力流体作为车辆转向所需要的大部分或全部作用力）。

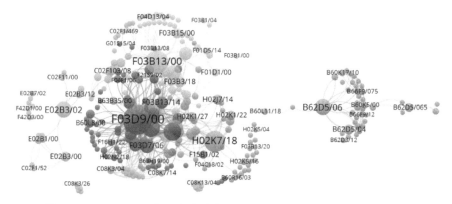

图 7-39　2011～2015 年山东省水力发电技术领域申请发明专利技术图谱

（一）特殊用途的风力发动机

主要涉及的 IPC 分类号为 F03D9/00，与 F03D9/00 相关的专利申请共
128 件，占水力发电技术领域的 40.89%。早期与之相关的技术为 B60K16/00、
F03G7/08、B60L8/00，近期与之相关的技术为 H02B1/24、H02S10/00、
H02P27/04（图 7-40）。具体相关专利有：由师庆信、苏金凤、师哲等发明，
2015 年 10 月 29 日国网山东高唐县供电公司申请的名为"电力户外防盗设备
箱"的专利；由柳荣贵、柳志涛发明，2015 年 9 月 18 日柳荣贵申请的名为
"叶片自垂迎风风力发电机"的专利；由沙同家发明，2015 年 5 月 12 日沙同
家申请的名为"一种垂直轴风力发电机"的专利。

（二）取自雨水的方法或装置

主要涉及的 IPC 分类号为 E02B3/02，与 E02B3/02 相关的专利申请共

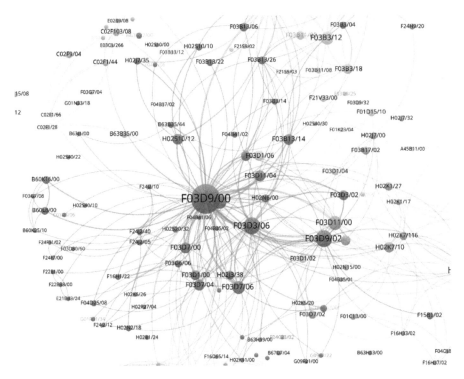

图 7-40　2011～2015 年山东省水力发电技术领域申请发明专利技术图谱
——特殊用途的风力发动机类

24 件，占水力发电技术领域的 7.67%。早期与之相关的技术为 C02F1/52、
C02F9/14，近期与之相关的技术为 E02B7/02、E02B7/20、E02B3/14（图
7-41）。具体相关专利有：由李志强、李旺林、董卫军等发明，2015 年 9 月
17 日李志强、李旺林申请的名为"一种水平牵拉状态下的水面浮体蒸发控制
系统及安装方法"的专利；由马涛、刘强、靖玉明等发明，2015 年 5 月 12 日
山东省环科院环境工程有限公司申请的名为"一种季节性河流重金属污染底
泥疏浚方法"的专利；由康兴生、马涛、贾新强等发明，2015 年 5 月 8 日山
东省环境保护科学研究设计院申请的名为"一种重金属污染底泥疏浚精确控
制方法"的专利。

（三）汽轮机

主要涉及的 IPC 分类号为 H02K7/18，与 H02K7/18 相关的专利申请共

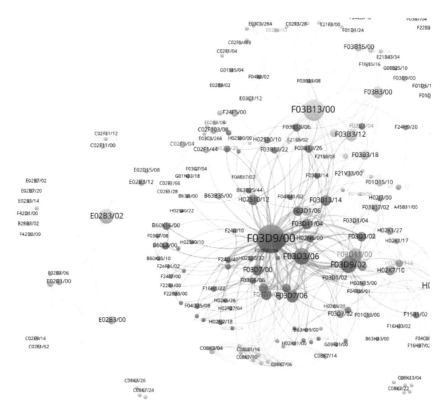

图 7-41 2011～2015 年山东省水力发电技术领域申请发明专利技术图谱
——取自雨水的方法或装置类

47 件，占水力发电技术领域的 15.02%。早期与之相关的技术为 F16H37/02、
F01C13/00、F04B35/01、F04C18/02，近期与之相关的技术为 H02K7/104、
H02K16/02、H02K5/16（图 7-42）。具体相关专利有：由史立伟、张学义、巩
合聪等发明，2015 年 4 月 21 日山东理工大学申请的名为"一种电动车增程
器飞轮式发电装置"的专利；由王自民、王爱宽、田相录等发明，2013 年 12 月
27 日东营市创元石油机械制造有限公司申请的名为"一种井下磁耦合涡轮动
力悬臂式交流发电机"的专利；由张学义、马清芝、杜钦君、尹红彬发明，
2013 年 10 月 12 日山东理工大学申请的名为"发动机废气涡轮驱动永磁发电
机"的专利。

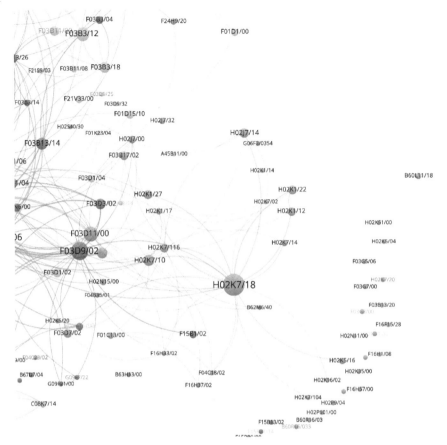

图 7-42　2011～2015 年山东省水力发电技术领域申请发明专利技术图谱
——汽轮机类

（四）电站或机组

主要涉及的 IPC 分类号为 F03B13/00，与 F03B13/00 相关的专利申请共 60 件，占水力发电技术领域的 19.17%。早期与之相关的技术为 F24H9/18、F03B3/06、F22B31/08，近期与之相关的技术为 F03B3/12、F03D9/32、F21S9/03（图 7-43）。具体相关专利有：由王德立、王正、王双德等发明，2015 年 9 月 21 日济宁紫金机电技术有限公司申请的名为"导流聚能式海浪、潮汐、洋流及风力四合一发电系统"的专利；由袁鹏、王树杰、陈东旺等发明，2014 年 12 月 3 日中国海洋大学申请的名为"涡激振动潮流能发电装置"

的专利；由朱杰高、徐海文发明，2013 年 7 月 8 日山东太平洋环保有限公司申请的名为"应用于医药化工污水处理厌氧塔的发电系统及其工作方法"的专利。

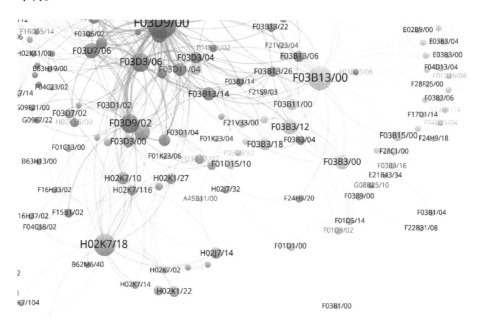

图 7-43　2011～2015 年山东省水力发电技术领域申请发明专利技术图谱
——电站或机组类

（五）压力流体机动装置

主要涉及的 IPC 分类号为 B62D5/06，与 B62D5/06 相关的专利申请共 24 件，占水力发电技术领域的 7.67%。早期与之相关的技术为 B66F9/075、B60K17/28、B60K17/12，近期与之相关的技术为 B62D5/18、B62D7/14、F15B1/26（图 7-44）。具体相关专利有：由赵秀敏、刘林、王宏宇等发明，2015 年 7 月 16 日潍柴动力股份有限公司申请的名为"液压转向系统"的专利；由韩新国发明，2015 年 6 月 1 日潍坊爱地植保机械有限公司申请的名为"一种转向机构"的专利；由韩尔檫、赵强、潘凤文等发明，2012 年 12 月 12 日潍柴动力股份有限公司申请的名为"一种电动液压助力转向系统故障诊断方法与控制器"的专利。

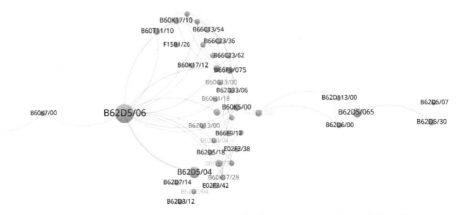

图 7-44　2011～2015 年山东省水力发电技术领域申请发明专利技术图谱
——压力流体机动装置类

第六节　海洋能技术领域的专利申请情况分析

一、申请量分析

2011 年山东省海洋能技术领域专利申请量为 17 件，占全国总申请量的 8.10%，2012 年申请量稍有下降，申请 15 件，占全国的 5.93%。随后申请量逐年上升，2015 年升至 5 年最高，共申请 25 件专利，占全国总申请量的 9.19%。山东省该领域的专利申请量的绝对数量及相对数量基本呈稳步上升趋势（图 7-45）。2011～2015 年山东省该领域发明专利申请量在全国平均占比 7.51%，在全国范围占据了较为重要的地位。

2011～2015 年山东省在海洋能技术领域发明专利申请量方面位列全国第四（表 7-31），与江苏省（186 件）、浙江省（148 件）、广东省（109 件）位于海洋能技术领域第一梯队。每年的排名均位于前 10 位，经历了 2012 年的

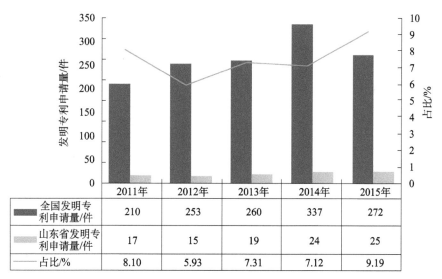

	2011年	2012年	2013年	2014年	2015年
全国发明专利申请量/件	210	253	260	337	272
山东省发明专利申请量/件	17	15	19	24	25
占比/%	8.10	5.93	7.31	7.12	9.19

图 7-45 2011～2015 年山东省海洋能技术领域发明专利申请量占全国的比例

低谷,2013～2015 年排名逐年上升(图 7-46)。2015 年,山东省在该领域的申请量达到全国第三的水平,并呈现出波动式上升的态势。

表 7-31 2011～2015 年全国海洋能技术领域发明专利申请量排名表

排名	省市	发明专利申请量 / 件						占全国比例 /%
		2011 年	2012 年	2013 年	2014 年	2015 年	总计	
1	江苏	20	31	50	55	30	186	13.96
2	浙江	28	38	26	34	22	148	11.11
3	广东	20	17	25	24	23	109	8.18
4	**山东**	**17**	**15**	**19**	**24**	**25**	**100**	**7.51**
5	上海	11	16	16	9	31	83	6.23
6	北京	9	19	18	15	13	74	5.56
7	湖南	3	1	3	45	7	59	4.43
7	辽宁	14	8	14	12	11	59	4.43
9	福建	6	10	11	22	6	55	4.13
10	天津	4	8	4	13	16	45	3.38

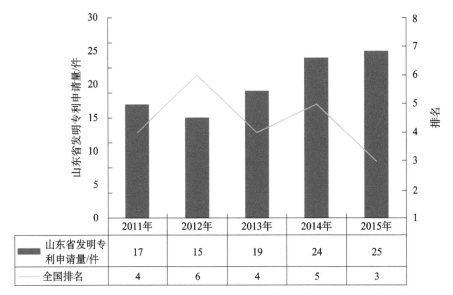

图 7-46　2011～2015 年山东省海洋能技术领域发明专利申请量及山东省全国排名情况

二、申请（专利权）人分析

2011～2015 年，山东省海洋能技术领域 100 件发明专利申请共有 58 名申请（专利权）人，对每个申请（专利权）人的专利申请量进行分析，结果如表 7-32 所示。山东省海洋能技术领域的专利申请量位居第一的是中国海洋大学，共申请专利 15 件，占省内申请量 15%，略领先于排名第二的山东大学（12 件）。第三到第五位分别是山东科技大学、银世德、路广耀。全国共703 名申请（专利权）人在海洋能技术领域有过申请，其中山东省有 9 名申请（专利权）人进入全国前 100 名。

表 7-32　2011～2015 年山东省生海洋能技术领域
申请专利中发明专利申请（专利权）人分布（TOP 14）

省内排名	申请（专利权）人	发明专利申请量 / 件						省内占比 /%	全国排名
		2011年	2012年	2013年	2014年	2015年	总计		
1	中国海洋大学	1	0	6	5	3	15	15	13
2	山东大学	1	2	3	0	6	12	12	16
3	山东科技大学	1	0	0	3	2	6	6	30
4	银世德	2	1	0	1	1	5	5	39

续表

省内排名	申请（专利权）人	发明专利申请量/件						省内占比/%	全国排名
		2011年	2012年	2013年	2014年	2015年	总计		
5	路广耀	0	2	1	1	0	4	4	45
6	国网山东省电力公司	0	0	0	0	3	3	3	56
6	国家海洋局第一海洋研究所	0	0	2	0	1	3	3	56
6	青岛松灵电力环保设备有限公司	0	0	0	3	0	3	3	56
6	曲言明	0	1	2	0	0	3	3	56
10	国网山东省电力公司经济技术研究院	0	0	0	0	2	2	2	100
10	青岛经济技术开发区泰合海浪能研究中心	2	0	0	0	0	2	2	100
10	山东省科学院海洋仪器仪表研究所	0	1	0	1	0	2	2	100
10	于传祖	1	0	0	0	0	2	2	100
10	中国石油大学（华东）	0	1	0	1	0	2	2	100

　　进一步结合技术领域 IPC 分类对专利申请（专利权）人进行分析，有利于政府、企业迅速掌握主要的研发单位和个人，有利于政府、企业分析主要竞争对手的强势领域，有利于政府、企业寻找合适的合作伙伴，为政府和企业的投资决策以及专利布局调整提供有价值的信息（表 7-33）。

表 7-33　2011～2015 年山东省海洋能技术领域
申请专利申请（专利权）人 -IPC- 发明专利申请量对应表（TOP 3）

申请（专利权）人	IPC	IPC 含义	申请量/件
中国海洋大学	F03B13/14	特殊用途的机械或发动机；机械或发动机与驱动或从动装置的组合；电站或机组 •• 利用波能	7
	F03B13/16	特殊用途的机械或发动机；机械或发动机与驱动或从动装置的组合；电站或机组 ••• 利用波动构件和另一构件之间的相对运动〔4〕	3
	F03B13/22	特殊用途的机械或发动机；机械或发动机与驱动或从动装置的组合；电站或机组 ••• 利用由波浪运动引起水的流动来驱动，例如液压马达或涡轮机〔4〕	3

续表

申请 （专利权）人	IPC	IPC 含义	申请量 /件
中国海洋大学	F03B3/04	反作用式机械或发动机；其专用部件或零件·通过转子的基本上是轴向流，例如螺旋桨式水轮机	2
	F03B11/00 （外 10 个）	液力机械或液力发动机，不包含在组 F03B1/00 至 F03B9/00 中或组 F03B1/00 至 F03B9/00 无关的部件或零件	1
山东大学	F03B13/22	特殊用途的机械或发动机；机械或发动机与驱动或从动装置的组合；电站或机组 ••• 利用由波浪运动引起水的流动来驱动，例如液压马达或涡轮机〔4〕	4
	F03B13/14	特殊用途的机械或发动机；机械或发动机与驱动或从动装置的组合；电站或机组 •• 利用波能	3
	B63C11/52	水下居住或作业设备；搜索水下物体的装置	2
	F03B13/16	特殊用途的机械或发动机；机械或发动机与驱动或从动装置的组合；电站或机组 ••• 利用波动构件和另一构件之间的相对运动〔4〕	2
	F03B13/18	特殊用途的机械或发动机；机械或发动机与驱动或从动装置的组合；电站或机组 •••• 其中另一构件至少在一点上相对海底或海岸固定〔4〕	2
山东科技大学	F03B13/14	特殊用途的机械或发动机；机械或发动机与驱动或从动装置的组合；电站或机组 •• 利用波能	5
	F03B13/00	特殊用途的机械或发动机；机械或发动机与驱动或从动装置的组合；电站或机组	1
	F03B13/18	特殊用途的机械或发动机；机械或发动机与驱动或从动装置的组合；电站或机组 •••• 其中另一构件至少在一点上相对海底或海岸固定〔4〕	1
	F03D9/00	特殊用途的风力发动机；风力发动机与受它驱动的装置的组合	1
	H02N2/18 （外 2 个）	利用压电效应、电致伸缩或磁致伸缩的电动机或发电机·从机械输入产生电输出的，例如发电机	1

发明专利申请量排在前三位的申请（专利权）人主要申请的专利分类号集中在小类 F03B，即关于液力机械或液力发动机方面。中国海洋大学及山东科技大学两机构在 F03B13/14（特殊用途的机械或发动机；机械或发动机与驱动或从动装置的组合；电站或机组 •• 利用波能）的申请上表现最为突出，均有 5 件或以上专利的申请，而山东大学在 F03B13/22（特殊用途的机械或

发动机；机械或发动机与驱动或从动装置的组合；电站或机组 ••• 利用由波浪运动引起水的流动来驱动，例如液压马达或涡轮机〔4〕)方面的申请上申请量最多，共申请 4 件相关专利，在 F03B13/14 方面也有 3 件申请。

三、发明人分析

山东省海洋能技术领域 100 件申请专利共有 243 个专利发明人，其中排名前 10 的发明人专利申请量合计为 72 件，超过全部专利申请量的 70%，前 2 位发明人申请量在 2011～2015 年超过 10 件。表 7-34 列出了 2011～2015 年该领域申请专利发明人情况，其中申请量排在前 3 位的是刘臻、史宏达、曲娜。并列排在第 1 位的发明人刘臻和史宏达，申请专利 12 件，占山东省海洋能技术领域全部申请量的 12%，同时于 2013～2015 年申请。排名位于第三位的曲娜共申请该领域专利 8 件，占全省 8%，同样于 2013～2015 年申请。

表 7-34 2011～2015 年山东省海洋能技术领域专利申请中发明人统计（TOP 10）

序号	发明人	发明专利申请量／件						省内占比/%
		2011 年	2012 年	2013 年	2014 年	2015 年	总计	
1	刘 臻	0	0	6	5	1	12	12
1	史宏达	0	0	6	5	1	12	12
3	曲 娜	0	0	4	3	1	8	8
4	刘延俊	1	2	0	1	3	7	7
5	曹飞飞	0	0	2	3	1	6	6
6	曲言明	0	1	4	0	0	5	5
6	银世德	2	1	0	1	1	5	5
6	赵环宇	0	0	2	3	0	5	5
9	韩 治	0	0	2	1	1	4	4
9	路广耀（外 1 个）	0	2	1	1	0	4	4

进一步结合技术领域 IPC 分类对专利发明人进行分析，有利于政府、企业迅速掌握主要的研发单位和个人，有利于政府、企业分析主要竞争对手的强势领域，有利于政府、企业寻找合适的合作伙伴，为政府和企业的投资决策以及专利布局调整提供有价值的信息（表 7-35）。

表 7-35　2011～2015 年山东省海洋能技术领域
申请专利发明人 -IPC- 发明专利申请量对应表（TOP 3）

发明人	IPC	IPC 含义	申请量 / 件
刘 臻	F03B13/14	特殊用途的机械或发动机；机械或发动机与驱动或从动装置的组合；电站或机组 •• 利用波能	7
	F03B13/22	特殊用途的机械或发动机；机械或发动机与驱动或从动装置的组合；电站或机组 ••• 利用由波浪运动引起水的流动来驱动，例如液压马达或涡轮机	3
	F03B13/16	特殊用途的机械或发动机；机械或发动机与驱动或从动装置的组合；电站或机组 ••• 利用波动构件和另一构件之间的相对运动〔4〕	2
	F03B3/04	反作用式机械或发动机；其专用部件或零件•通过转子的基本上是轴向流，例如螺旋桨式水轮机	2
	F03B11/00（外 5 个）	液力机械或液力发动机，不包含在组 F03B1/00 至 F03B9/00 中或与组 F03B1/00 至 F03B9/00 无关的部件或零件	1
史宏达	F03B13/14	特殊用途的机械或发动机；机械或发动机与驱动或从动装置的组合；电站或机组 •• 利用波能	7
	F03B13/22	特殊用途的机械或发动机；机械或发动机与驱动或从动装置的组合；电站或机组 ••• 利用由波浪运动引起水的流动来驱动，例如液压马达或涡轮机	3
	F03B13/16	特殊用途的机械或发动机；机械或发动机与驱动或从动装置的组合；电站或机组 ••• 利用波动构件和另一构件之间的相对运动〔4〕	2
	F03B3/04	反作用式机械或发动机；其专用部件或零件•通过转子的基本上是轴向流，例如螺旋桨式水轮机	2
	F03B11/00（外 7 个）	液力机械或液力发动机，不包含在组 F03B1/00 至 F03B9/00 中或与组 F03B1/00 至 F03B9/00 无关的部件或零件	1
曲 娜	F03B13/14	特殊用途的机械或发动机；机械或发动机与驱动或从动装置的组合；电站或机组 •• 利用波能	3
	F03B13/22	特殊用途的机械或发动机；机械或发动机与驱动或从动装置的组合；电站或机组 ••• 利用由波浪运动引起水的流动来驱动，例如液压马达或涡轮机	3
	F03B13/16	特殊用途的机械或发动机；机械或发动机与驱动或从动装置的组合；电站或机组 ••• 利用波动构件和另一构件之间的相对运动〔4〕	2
	F03B11/00	液力机械或液力发动机，不包含在组 F03B1/00 至 F03B9/00 中或与组 F03B1/00 至 F03B9/00 无关的部件或零件	1
	F03B13/06（外 4 个）	特殊用途的机械或发动机；机械或发动机与驱动或从动装置的组合；电站或机组•抽水蓄能型电站或机组	1

发明专利申请量排在前三位的发明人主要申请的专利分类号同样集中在小类 F03B，关于液力机械或液力发动机方面，且都在 F03B13/14（特殊用途的机械或发动机；机械或发动机与驱动或从动装置的组合；电站或机组 •• 利用波能）方面专利申请量最多。其中刘臻、史宏达均为合作发明，申请专利分类号相同。三人申请专利量第二的是 F03B13/22（特殊用途的机械或发动机；机械或发动机与驱动或从动装置的组合；电站或机组 ••• 利用由波浪运动引起水的流动来驱动，例如液压马达或涡轮机）。

山东省海洋能技术领域发明人（申请人不少于 267 位）之间的合作关系如图 7-47 所示。由图左侧显示，排名 TOP 3 的发明人刘臻、史宏达、曲娜均在同一专利合作群（最大）；图右侧显示最大的两个专利发明合作群，分别是以刘臻、史宏达、曲娜为核心的 25 人团体和以刘延俊、丁洪鹏、刘科显等16 人组成的合作群。

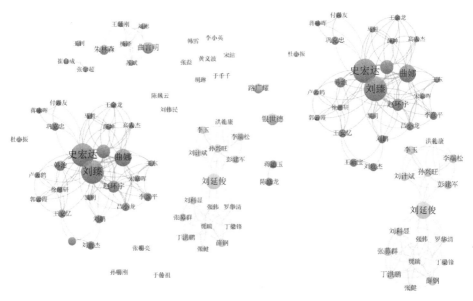

图 7-47　2011～2015 年山东省海洋能技术领域申请发明专利发明人合作网络（TOP 3）

四、IPC 分类号分析 / 技术分析

抽取 2011～2015 年山东省海洋能技术领域 100 件发明专利申请的分类号

字段，对分类号进行归纳整理，并按照每个分类号的申请量降序排列，结果如表 7-36 所示。2011～2015 年在该领域申请的 100 件发明专利共涉及 67 个 IPC 分类号，且 IPC 分布较为集中，近半数专利涉及 F03B13/14（特殊用途的机械或发动机；机械或发动机与驱动或从动装置的组合；电站或机组 ·· 利用波能）。且远高于排名第二的 F03B13/22（特殊用途的机械或发动机；机械或发动机与驱动或从动装置的组合；电站或机组 ··· 利用由波浪运动引起水的流动来驱动，例如液压马达或涡轮机），是第二名的 2 倍。

表 7-36　2011～2015 年山东省海洋能技术领域
发明专利申请量 IPC 分类号统计（TOP 20）

排名	IPC	IPC 含义	发明专利申请量 / 件						省内占比 / %
			2011 年	2012 年	2013 年	2014 年	2015 年	总计	
1	F03B13/14	特殊用途的机械或发动机；机械或发动机与驱动或从动装置的组合；电站或机组 · 利用波能	8	7	10	14	7	46	46
2	F03B13/22	特殊用途的机械或发动机；机械或发动机与驱动或从动装置的组合；电站或机组 ··· 利用由波浪运动引起水的流动来驱动，例如液压马达或涡轮机	5	4	3	6	5	23	23
3	F03B13/16	特殊用途的机械或发动机；机械或发动机与驱动或从动装置的组合；电站或机组 ··· 利用波动构件和另一构件之间的相对运动	1	1	1	2	4	9	9
3	F03D9/00	特殊用途的风力发动机；风力发动机与受它驱动的装置的组合	2	1	2	3	1	9	9
3	F03G7/04	不包含在其他类目中的产生机械动力的机构或不包含在其他类目中的能源利用 · 利用自然界中存在的压力差或温差	1	2	2	0	4	9	9
6	F03B13/18	特殊用途的机械或发动机；机械或发动机与驱动或从动装置的组合；电站或机组 ···· 其中另一构件至少在一点上相对海底或海岸固定	1	2	2	0	2	7	7

续表

排名	IPC	IPC 含义	发明专利申请量 / 件					总计	省内占比 / %
			2011年	2012年	2013年	2014年	2015年		
7	F03B11/00	液力机械或液力发动机，不包含在组 F03B1/00 至 F03B9/00 中或与组 F03B1/00 至 F03B9/00 无关的部件或零件	1	0	0	2	2	5	5
7	F03B13/00	特殊用途的机械或发动机；机械或发动机与驱动或从动装置的组合；电站或机组	1	0	1	2	1	5	5
7	F03B13/26	特殊用途的机械或发动机；机械或发动机与驱动或从动装置的组合；电站或机组··利用潮汐能	2	0	1	2	0	5	5
7	H02S10/10	光伏电站；与其他电能产生系统组合在一起的光伏能源系统·包括辅助电力能源，如混合柴油光伏能源系统	0	0	0	4	1	5	5
11	B63H21/17	船上推进动力设备或装置的使用··用电动机的	1	1	0	1	1	4	4
11	F03B13/20	特殊用途的机械或发动机；机械或发动机与驱动或从动装置的组合；电站或机组····其中两个构件均可相对海底或海岸运动	0	0	1	1	2	4	4
11	F03B3/12	反作用式机械或发动机；其专用部件或零件·叶片；带有叶片的转子	3	0	0	0	1	4	4
14	B63B35/00	适合于专门用途的船舶或类似的浮动结构	0	1	1	1	0	3	3
14	B63H19/02	其他类目不包含的达到船只推进的装置·通过使用从周围水的运动得到的能量，例如从船只的横摇或纵摇	2	1	0	0.	0	3	3
16	B63C11/52	水下居住或作业设备；搜索水下物体的装置	0	0	0	0	2	2	2

续表

排名	IPC	IPC 含义	发明专利申请量 / 件					总计	省内占比 / %
			2011 年	2012 年	2013 年	2014 年	2015 年		
16	F03B13/06	特殊用途的机械或发动机；机械或发动机与驱动或从动装置的组合；电站或机组·抽水蓄能型电站或机组	0	0	2	0	0	2	2
16	F03B13/12	特殊用途的机械或发动机；机械或发动机与驱动或从动装置的组合；电站或机组·以利用波能或潮汐能为特点的	0	0	0	1	1	2	2
16	F03B15/00	液力机械或液力发动机，控制	0	0	0	2	0	2	2
16	F03B3/04（外 6 个）	反作用式机械或发动机；其专用部件或零件·通过转子的基本上是轴向流，例如螺旋桨式水轮机	0	0	2	0	0	2	2

五、聚类分析

海洋能技术领域的专利申请主要分为 4 类（图 7-48）：F03B13/22（特殊用途的机械或发动机；机械或发动机与驱动或从动装置的组合；电站或机组···利用由波浪运动引起水的流动来驱动，例如液压马达或涡轮机）、F03B13/16（特殊用途的机械或发动机；机械或发动机与驱动或从动装置的组合；电站或机组···利用波动构件和另一构件之间的相对运动）、F03B13/14（特殊用途的机械或发动机；机械或发动机与驱动或从动装置的组合；电站或机组··利用波能）、F03G7/04（不包含在其他类目中的产生机械动力的机构或不包含在其他类目中的能源利用·利用自然界中存在的压力差或温差）。

（一）液压马达或涡轮机

主要涉及的 IPC 分类号为 F03B13/22，与 F03B13/22 相关的专利申请共 23 件，占海洋能技术领域的 23%。早期与之相关的技术为 F03B3/14、F03D3/06、B63B38/00，近期与之相关的技术为 F03B13/12、F03D1/06、

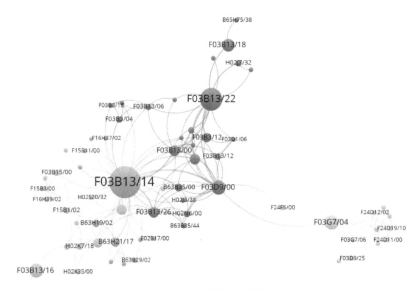

图 7-48　2011～2015 年山东省海洋能技术领域申请发明专利技术图谱

F03D3/06（图 7-49）。具体相关专利有：由张益、于千千、胡琳等发明，2015 年 5 月 18 日国网山东省电力公司经济技术研究院、国家电网有限公司申请的名为"漂浮式海浪能量转换装置"的专利；由张益、韩雪、胡琳等发明，2015 年 5 月 18 日国网山东省电力公司经济技术研究院、国家电网有限公司申请的名为"往复式海浪发电装置"的专利；由史宏达、曹飞飞、刘臻等发明，2014 年 10 月 20 日中国海洋大学申请的名为"振荡浮子波浪能发电装置的潮位自适应装置"的专利。

（二）组合构件发电装置

主要涉及的 IPC 分类号为 F03B13/16，与 F03B13/16 相关的专利申请共 9 件，占海洋能技术领域的 9.00%。早期与之相关的技术为 H02K7/10、H02K7/18，近期与之相关的技术为 B63H19/02、H02K35/00（图 7-50）。具体相关专利有：由史宏达、曹飞飞、刘臻等发明，2015 年 5 月 15 日中国海洋大学申请的名为"振荡浮子波浪能发电装置机械式潮位自适应系统"的专利；由刘贵杰、王新宝、刘鹏等发明，2015 年 1 月 8 日中国海洋大学、青岛光明环保技术有限公司申请的名为"波浪发电装置"的专利；由尚立昌发明，2011 年 12 月 10 日尚立昌申请的名为"组合式采波单元体装置"的专利。

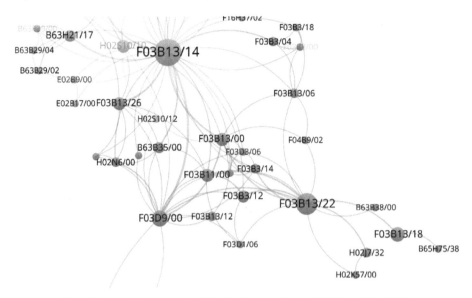

图 7-49　2011～2015 年山东省海洋能技术领域申请发明专利技术图谱
——液压马达或涡轮机类

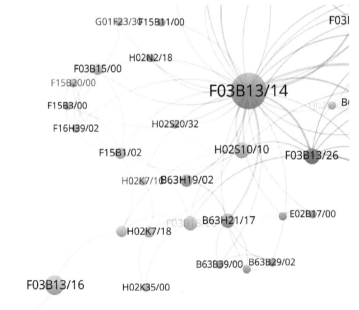

图 7-50　2011～2015 年山东省海洋能技术领域申请发明专利技术图谱
——组合构件发电装置类

（三）波能发动机组

主要涉及的 IPC 分类号为 F03B13/14，与 F03B13/14 相关的专利申请共 46 件，占海洋能技术领域的 46%。早期与之相关的技术为 B63H19/02、F16H37/02，近期与之相关的技术为 E02B17/00、E02B9/00、H02N2/18（图 7-51）。具体相关专利有：由李彦平、刘大海、李晓璇发明，2015 年 12 月 7 日国家海洋局第一海洋研究所申请的名为"自动适应潮位的振荡浮子发电装置"的专利；由杜小振、朱文斗、张燕等发明，2015 年 7 月 14 日山东科技大学申请的名为"一种基于压电效应的振荡水柱式波浪能发电装置"的专利；由蒋德玉、陈修龙、吴良凯等发明，2015 年 6 月 15 日山东科技大学申请的名为"一种并联式浮子海洋能发电装置"的专利。

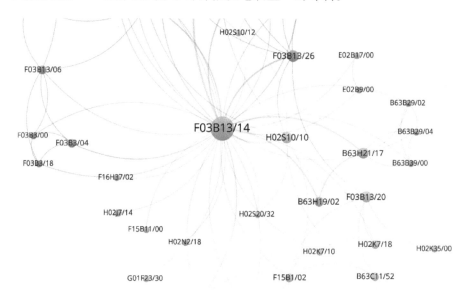

图 7-51　2011～2015 年山东省海洋能技术领域申请发明专利技术图谱
——波能发动机组类

（四）压力差或温差能利用

主要涉及的 IPC 分类号为 F03G7/04，与 F03G7/04 相关的专利申请共 9 件，占海洋能技术领域的 9.00%。早期与之相关的技术为 F24F5/00，近期与之相关的技术为 F24J2/10、F24J2/34、F24J2/46（图 7-52）。具体相关专利有：由贾守训发明，2015 年 3 月 10 日贾守训申请的名为"一种自循环式节能温差发动机"的专利；由刘伟民、陈凤云发明，2013 年 9 月 10 日国家海洋局第一海洋研究所申请的名为"一种小温差热力发电系统"的专利。

图 7-52　2011～2015 年山东省海洋能技术领域申请发明专利技术图谱
——压力差或温差能利用类

第七节　核能技术领域的专利申请情况分析

一、申请量分析

2011 年山东省核能技术领域专利申请量为 35 件，占全国总申请量的 2.08%，2012 年申请量降至 30 件，占全国的 1.51%。随后申请量逐年上升，2015 年申请量升至 5 年最高，共申请核能技术专利 70 件，占全国的 2.75%。山东省该领域的专利申请量的绝对数量及相对数量基本呈先下降后缓步上升趋势（图 7-53）。2011～2015 年山东省在该领域发明专利申请量在全国平均占比 2.19%。

2011～2015 年山东省在核能技术领域发明专利申请量方面位列全国第八，排名位于浙江省（280 件）与安徽省（228 件）之间（表 7-37）。2011 年山东省全国排名最高，位居第八；2013 年、2014 年排名有所下降，降至第十位；2015 年又有所上升，升至第九位（图 7-54）。

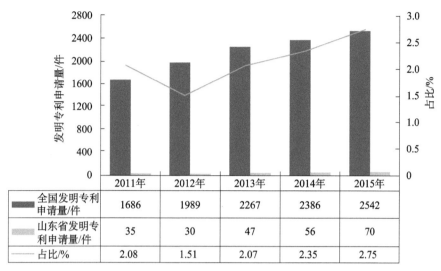

	2011年	2012年	2013年	2014年	2015年
全国发明专利申请量/件	1686	1989	2267	2386	2542
山东省发明专利申请量/件	35	30	47	56	70
占比/%	2.08	1.51	2.07	2.35	2.75

图 7-53　2011～2015 年全国和山东省核能技术领域发明专利申请量
及山东省占全国的比例

表 7-37　2011～2015 年全国核能技术领域发明专利申请量排名表（TOP 10）

排名	省市	发明专利申请量 / 件						占全国比例 /%
		2011 年	2012 年	2013 年	2014 年	2015 年	总计	
1	北京	205	270	252	329	313	1369	12.59
2	江苏	154	204	278	209	230	1075	9.89
3	广东	96	102	155	207	271	831	7.64
4	上海	101	131	170	151	217	770	7.08
5	四川	44	168	101	117	189	619	5.69
6	湖北	27	35	57	97	73	289	2.66
7	浙江	49	40	49	71	71	280	2.58
8	**山东**	**35**	**30**	**47**	**56**	**70**	**238**	**2.19**
9	安徽	14	43	32	73	66	228	2.10
10	陕西	39	20	49	60	44	212	1.95

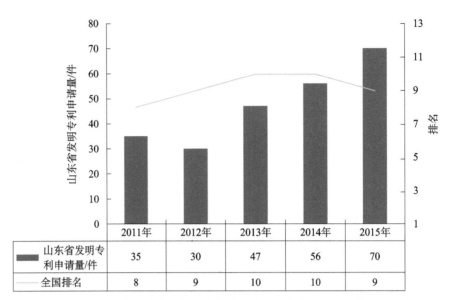

图 7-54　2011～2015 年山东省核能技术领域发明专利申请量及山东省全国排名情况

二、申请（专利权）人分析

2011～2015 年山东省核能技术领域 238 件发明专利申请共有 163 名申请（专利权）人，对每个申请（专利权）人的专利申请量进行分析，结果如表 7-38 所示。山东省核能技术领域的专利申请量位居第一的是威海中复西港船艇有限公司，共申请专利 12 件，占省内申请量 5.04%，领先于并列排名第二的车培彩和山东大学（申请 8 件核能技术专利）。全国共有 3310 位申请（专利权）人申请过核能技术专利，山东省有 8 位进入全国前 300 名（表 7-38）。

表 7-38　2011～2015 年山东省核能技术领域
申请专利中发明专利申请（专利权）人分布（TOP 10）

省内排名	申请（专利权）人	发明专利申请量/件					总计	省内占比/%	全国排名
		2011年	2012年	2013年	2014年	2015年			
1	威海中复西港船艇有限公司	0	3	6	3	0	12	5.04	136
2	车培彩	8	0	0	0	0	8	3.36	192
2	山东大学	0	1	0	2	5	8	3.36	192
4	山东新华医疗器械股份有限公司	2	4	0	1	0	7	2.94	215
5	青岛优维奥信息技术有限公司	0	0	0	6	0	6	2.52	235

续表

省内排名	申请（专利权）人	发明专利申请量 / 件						省内占比 /%	全国排名
		2011 年	2012 年	2013 年	2014 年	2015 年	总计		
5	银世德	2	2	0	1	1	6	2.52	235
7	牟炳彦	5	0	0	0	0	5	2.10	271
7	彭伟明	0	0	5	0	0	5	2.10	271
9	山东交通学院	0	3	0	1	0	4	1.68	336
9	山东省科学院海洋仪器仪表研究所（外 1 个）	0	0	2	1	1	4	1.68	336

　　进一步结合技术领域 IPC 分类对专利申请（专利权）人进行分析，有利于政府、企业迅速掌握主要的研发单位和个人，有利于政府、企业分析主要竞争对手的强势领域，有利于政府、企业寻找合适的合作伙伴，为政府和企业的投资决策以及专利布局调整提供有价值的信息（表 7-39）。

表 7-39　2011～2015 年山东省核能技术领域
申请专利申请（专利权）人 -IPC- 发明专利申请量对应表（TOP 3）

申请（专利权）人	IPC	IPC 含义	申请量 / 件
威海中复西港船艇有限公司	B63H5/16	直接作用在水上的推进部件在船上的配置 •• 以安装在凹槽内为特点的；有固定导水部件的；防止螺旋桨被污物堵塞的装置，例如护板、罩笼或滤网	3
	B63H23/36	从推进动力设备至推进部件的动力传递 •• 尾轴管	2
	B63H5/07	直接作用在水上的推进部件在船上的配置 • 螺旋桨的	2
	B32B15/04	实质上由金属组成的层状产品 • 由金属组成作为薄层的主要或唯一的成分，它与另一层由一种特定物质构成的薄层相贴	1
	B63H1/14（外 9 个）	直接作用在水上的推进部件	1
车培彩	B63B1/36	船体或水翼的流体动力学特征或流体静力学特征 ••• 用机械装置的	7
	B63H5/04	直接作用在水上的推进部件在船上的配置 •• 有固定导水部件的	7
	B63H21/17	船上推进动力设备或装置的使用 •• 用电动机的	6
	B63B3/00	船体结构	1
	B63H11/103	用喷射即反作用原理达到推进的 ••• 有提高推进流体效率的装置，例如排水管装有提高流量的装置	1

申请 （专利权）人	IPC	IPC 含义	申请量 /件
山东大学	G01V5/00	应用核辐射进行勘探或探测，例如，利用天然的或诱导的放射性	3
	B63H23/02	从推进动力设备至推进部件的动力传递·用机械传动装置的	2
	B63H5/125	直接作用在水上的推进部件在船上的配置··相对于船体活动安装的，例如可调整方向的	2
	B01J20/22	固体吸附剂组合物或过滤助剂组合物；用于色谱的吸附剂；用于制备、再生或再活化的方法·包含有机材料	1
	B01J20/30 （外 8 个）	用超声波、声波或次声波的诊断·制备，再生或再活化的方法〔3〕	1

发明专利申请量排在前三位的申请（专利权）人主要申请的专利分类号主要分布在小类 B63H，即关于船舶的推进装置或操舵装置方面。威海中复西港船艇有限公司在 B63H5/16（直接作用在水上的推进部件在船上的配置··以安装在凹槽内为特点的；有固定导水部件的；防止螺旋桨被污物堵塞的装置，例如护板、罩笼或滤网）的申请上表现最为突出，申请 3 件相关专利。而车培彩作为个人申请专利在 B63B1/36（船体或水翼的流体动力学特征或流体静力学特征···用机械装置的）和 B63H5/04（直接作用在水上的推进部件在船上的配置··有固定导水部件的）的申请量最多，均申请 7 件相关专利；在 B63H21/17（船上推进动力设备或装置的使用··用电动机的）的申请为 6 件。山东大学申请核能技术专利较为分散，在 G01V5/00（应用核辐射进行勘探或探测，例如，利用天然的或诱导的放射性）的申请量最多，共申请 3 件，其余主要分布在 B63H（船舶的推进装置或操舵装置）、B01J（化学或物理方法，例如，催化作用、胶体化学；其有关设备）、G01V（借助于测定材料的化学或物理性质来测试或分析材料）等方面。

三、发明人分析

山东省核能技术领域 238 件申请专利共有 575 个专利发明人，其中排名前 10 的发明人专利申请量合计为 52 件，占全部专利申请量近 22%。表 7-40 列出了 2011～2015 年该领域申请专利发明人情况，其中申请量排在前 3 位的是车培彩、银世德、张涛。排在第一位的发明人车培彩，共申请专利 8 件，占山东省核能技术领域全部申请量的 3.36%，全部专利均由 2011 年申请。排名并列位于第二位的银世德和张涛，均申请该领域专利 6 件，占全省 2.52%。其中银世德除 2013 年无专利申请外，其余 4 年均有申请，张涛 6 件专利均于 2014 年一年申请。

表 7-40　2011～2015 年山东省核能技术领域专利申请中发明人统计（TOP 10）

序号	发明人	发明专利申请量 / 件						省内占比 /%
		2011 年	2012 年	2013 年	2014 年	2015 年	总计	
1	车培彩	8	0	0	0	0	8	3.36
2	银世德	2	2	0	1	1	6	2.52
2	张 涛	0	0	0	6	0	6	2.52
4	胡慧君	0	0	2	0	3	5	2.10
4	牟炳彦	5	0	0	0	0	5	2.10
4	彭伟明	0	0	5	0	0	5	2.10
4	邵 飞	0	0	2	0	3	5	2.10
8	焦其禄	0	1	3	0	0	4	1.68
8	赵 鹏	0	1	3	0	0	4	1.68
8	惠毅毅	0	1	3	0	0	4	1.68

进一步结合技术领域 IPC 分类对专利发明人进行分析，有利于政府、企业迅速掌握主要的研发单位和个人，有利于政府、企业分析主要竞争对手的强势领域，有利于政府、企业寻找合适的合作伙伴，为政府和企业的投资决策以及专利布局调整提供有价值的信息（表 7-41）。

表 7-41　2011～2015 年山东省核能技术领域
申请专利发明人 -IPC- 发明专利申请量对应表（TOP 3）

发明人	IPC	IPC 含义	申请量 / 件
车培彩	B63B1/36	船体或水翼的流体动力学特征或流体静力学特征 ••• 用机械装置的	7
	B63H5/04	直接作用在水上的推进部件在船上的配置 •• 有固定导水部件的	7
	B63H21/17	船上推进动力设备或装置的使用 •• 用电动机的	6
	B63B3/00	船体结构	1
	B63H11/103	用喷射即反作用原理达到推进的 ••• 有提高推进流体效率的装置，例如排水管装有提高流量的装置	1

续表

发明人	IPC	IPC 含义	申请量/件
银世德	F03B13/14	特殊用途的机械或发动机；机械或发动机与驱动或从动装置的组合；电站或机组 •• 利用波能	5
	B63H19/02	其他类目不包含的达到船只推进的装置 • 通过使用从周围水的运动得到的能量，例如从船只的横摇或纵摇	4
	B63H21/17	船上推进动力设备或装置的使用 •• 用电动机的	4
	B63B29/02	船舶或其他水上船只；船用设备，其他类目不包含的船员或乘客居住舱 • 舱室或其他起居空间；其结构或布置	1
	B63B29/04（外2个）	船舶或其他水上船只；船用设备，其他类目不包含的船员或乘客居住舱 •• 船用家具	1
张涛	G21F1/02	以材料组分为特征的防护物 • 均匀的防护材料的选择	4
	G21F1/10	以材料组分为特征的防护物 •• 有机物质，在有机载体中的弥散	4
	G21F1/08	以材料组分为特征的防护物 •• 金属；合金；金属陶瓷，即陶瓷和金属烧结的混合物	1

发明专利申请量排在前三位的发明人有两位主要申请的专利分类号集中在小类 B63B（船舶或其他水上船只；船用设备）和 B63H（船舶的推进装置或操舵装置）两方面。发明人申请量排在第一位的车培彩同时是排名第二的专利申请人，在申请（专利权）人分析部分（表 7-38）已经做出描述。发明人排名第二的银世德，申请最多的专利是 F03B13/14（特殊用途的机械或发动机；机械或发动机与驱动或从动装置的组合；电站或机组 •• 利用波能）申请专利 5 件。并列第二位的张涛申请的专利主要集中在大组 G21F1/00（以材料组分为特征的防护物），在 G21F1/02（以材料组分为特征的防护物 • 均匀的防护材料的选择）、G21F1/10（以材料组分为特征的防护物 •• 有机物质，在有机载体中的弥散）申请较多，各申请 4 件相关专利。

山东省核能技术领域发明人（申请人不少于 2107 位）之间的合作关系如图 7-55 所示。由图左侧显示，排名 TOP 3 的发明人车培彩、银世德、张涛均作为独立个体进行专利发明；图右侧显示最大的两个专利发明合作群，分别是以晏桂珍、杨中伟、王军涛为核心的 11 人团体和以刘东彦、刘岩、张述伟等 9 人组成的合作群。

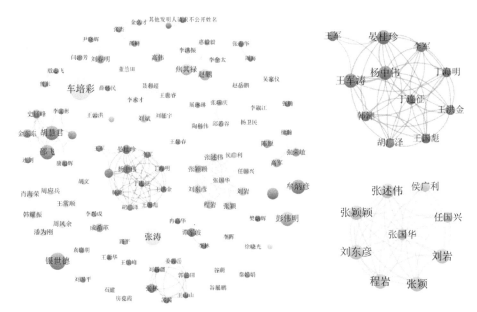

图 7-55 2011～2015 年山东省核能技术领域申请发明专利发明人合作网络（TOP 3）

四、IPC 分类号分析 / 技术分析

抽取 2011～2015 年山东省核能技术领域 238 件发明专利申请的分类号字段，对分类号进行归纳整理，并按照每个分类号的申请量降序排列，结果如表 7-42 所示。2011～2015 年在该领域申请的 238 件发明专利共涉及 263 个 IPC 分类号，其中 A61B6/00（用于放射诊断的仪器，如与放射治疗设备相结合的）申请最多，申请 56 件，占全省总申请量的 23.53%，相较其他新能源排在第一位的分类号比例较低。排名第二的 B63H21/17（船上推进动力设备或装置的使用··用电动机的）共申请专利 24 件，占全省 10.08%。

表 7-42 2011～2015 年山东省核能技术领域发明专利申请量 IPC 分类号统计（TOP 20）

排名	IPC	IPC 含义	发明专利申请量 / 件					总计	省内占比 /%
			2011年	2012年	2013年	2014年	2015年		
1	A61B6/00	用于放射诊断的仪器，如与放射治疗设备相结合的	5	7	7	9	28	56	23.53
2	B63H21/17	船上推进动力设备或装置的使用··用电动机的	8	4	1	5	6	24	10.08

排名	IPC	IPC 含义	发明专利申请量 / 件						省内占比 /%
			2011年	2012年	2013年	2014年	2015年	总计	
3	B63H5/04	直接作用在水上的推进部件在船上的配置 ·· 有固定导水部件的	12	0	0	0	0	12	5.04
4	B63B1/36	船体或水翼的流体动力学特征或流体静力学特征 ··· 用机械装置的	10	0	0	0	0	10	4.20
5	A61B6/04	用于放射诊断的仪器，如与放射治疗设备相结合的 · 病人的定位；可倾斜床或其类似物	1	0	1	2	2	6	2.52
5	A61B6/10	用于放射诊断的仪器，如与放射治疗设备相结合的 · 安全装置的应用或配合	0	1	2	2	1	6	2.52
5	B63H5/16	直接作用在水上的推进部件在船上的配置 ·· 以安装在凹槽内为特点的；有固定导水部件的；防止螺旋桨被污物堵塞的装置，例如护板、罩笼或滤网	0	2	2	1	1	6	2.52
5	G21F3/00	以其物理形态（如颗粒）或材料的形状为特征的防护物	1	0	2	2	1	6	2.52
5	G21F3/02	以其物理形态（如颗粒）或材料的形状为特征的防护物 · 衣服	1	0	4	0	1	6	2.52
10	A61B8/00	用超声波、声波或次声波的诊断	0	0	1	1	3	5	2.10
10	B63B1/32	船体或水翼的流体动力学特征或流体静力学特征 · 用于改变船体固有流体动力学特征的其他措施	3	0	1	0	1	5	2.10
10	B63H19/02	其他类目不包含的达到船只推进的装置 · 通过使用从周围水的运动得到的能量，例如从船只的横摇或纵摇	2	2	1	0	0	5	2.10
10	F03B13/14	特殊用途的机械或发动机；机械或发动机与驱动或从动装置的组合；电站或机组 ·· 利用波能	2	1	0	1	1	5	2.10

续表

排名	IPC	IPC 含义	发明专利申请量 / 件					总计	省内占比/%
			2011年	2012年	2013年	2014年	2015年		
10	G01T1/02	X 射线辐射、γ 射线辐射、微粒子辐射或宇宙线辐射的测量·剂量计（G01T1/15 优先）	1	1	1	1	1	5	2.10
10	G01T1/36	X 射线辐射、γ 射线辐射、微粒子辐射或宇宙线辐射的测量·测量 X 射线或核辐射的能谱分布	0	0	2	1	2	5	2.10
10	G21F1/02	以材料组分为特征的防护物·均匀的防护材料的选择	0	0	0	4	1	5	2.10
10	G21F1/10	以材料组分为特征的防护物··有机物质，在有机载体中的弥散	0	0	1	4	0	5	2.10
18	A61B6/03	用于放射诊断的仪器，如与放射治疗设备相结合的·依次在不同平面中诊断的仪器；立体放射诊断的	0	1	1	1	1	4	1.68
18	B63H1/14	直接作用在水上的推进部件	1	1	1	1	0	4	1.68
18	B63H1/36（外 4 个）	直接作用在水上的推进部件·单以漂浮性能为特征的，例如鼓状物	0	0	0	1	3	4	1.68

五、聚类分析

核能技术领域的专利申请主要分为 4 类（图 7-56）：B63H21/17（船上推进动力设备或装置的使用··用电动机的）、B63H1/36（直接作用在水上的推进部件·单以漂浮性能为特征的，例如鼓状物）、B63H5/04（直接作用在水上的推进部件在船上的配置··有固定导水部件的）、B63H11/02（用喷射即反作用原理达到推进的·推进介质是周围的水）。

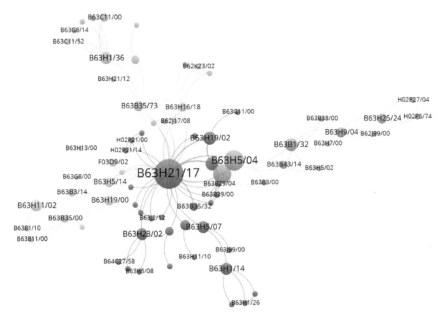

图 7-56　2011～2015 年山东省核能技术领域申请发明专利技术图谱

（一）电动船

主要涉及的 IPC 分类号为 B63H21/17，与 B63H21/17 相关的专利申请共 24 件，占核能技术领域的 10.08%。早期与之相关的技术为 B63H1/26、B64C11/18，近期与之相关的技术为 H02P21/00、H02P21/14、H02P27/08（图 7-57）。具体相关专利有：由赵志强、肖阳、王云洪等发明，2015 年 11 月 16 日青岛海西电机有限公司申请的名为"一种船舶轮缘集成推进器"的专利；由赵志强、张艳敏、王云洪等发明，2015 年 11 月 16 日青岛海西电机有限公司申请的名为"深海磁力耦合器推进装置"的专利；由银世德发明，2015 年 10 月 21 日银世德申请的名为"防晕自发电电动船"的专利。

（二）鼓状物推进装置

主要涉及的 IPC 分类号为 B63H1/36，与 B63H1/36 相关的专利申请共 4 件，占核能技术领域的 1.68%。早期与之相关的技术为 B62K23/02、B62M1/00、B62M9/02，近期与之相关的技术为 B63C11/52、B63G8/14、

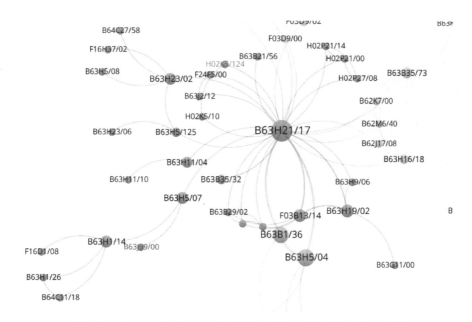

图 7-57　2011～2015 年山东省核能技术领域申请发明专利技术图谱
——电动船类

B63B69/00（图 7-58）。具体相关专利有：由孙清杰发明，2014 年 7 月 25 日孙清杰申请的名为"一种水面滑行装置"的专利；由张明辉、李健祥、薛海涛发明，2015 年 10 月 9 日山东科技大学申请的名为"一种多功能水下移动装置"的专利；由李其谕发明，2015 年 6 月 19 日李其谕申请的名为"水下多功能鱼形机器人"的专利。

（三）固定导水部件船

主要涉及的 IPC 分类号为 B63H5/04，与 B63H5/04 相关的专利申请共 12 件，占核能技术领域的 5.04%。早期与之相关的技术为 B63B1/36、B63B3/00，近期与之相关的技术为 B62J99/00、B63H7/00、B63H9/04（图 7-59）。具体相关专利主要有由车培彩发明，2011 年 4 月 29 日车培彩申请的名为"叶轮供水更充分的低水阻的船""增速舱入水口带有高度可变密封体的低水阻的船""前吸后推的低水阻的船"的专利。

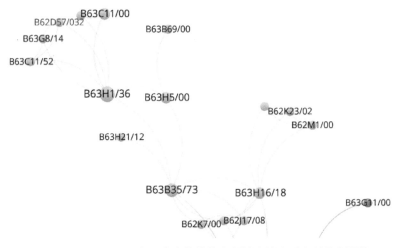

图 7-58　2011～2015 年山东省核能技术领域申请发明专利技术图谱
——鼓状物推进装置类

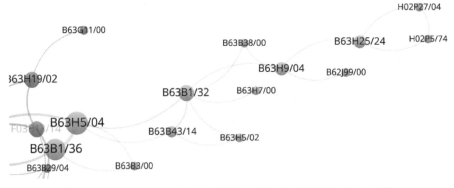

图 7-59　2011～2015 年山东省核能技术领域申请发明专利技术图谱
——固定导水部件船类

（四）水推进船

主要涉及的 IPC 分类号为 B63H11/02，与 B63H11/02 相关的专利申请共 4 件，占核能技术领域的 1.68%。早期与之相关的技术为 B63B3/14、F03D9/00，近期与之相关的技术为 B63H13/00、B63B1/10、B63B11/00（图 7-60）。具体相关专利有：由徐洪林、徐晓光发明，2012 年 5 月 31 日徐洪林申请的名为"一种船舶推进器"的专利；由孙志伟发明，2011 年 5 月 29

日孙志伟申请的名为"船舶的喷水混流推进体"的专利；由陈丕智、王军、滕瑶等发明，2013 年 8 月 16 日中集海洋工程研究院有限公司、烟台中集来福士海洋工程有限公司、中国国际海运集装箱（集团）股份有限公司申请的名为"双吃水三体科学考察船"的专利。

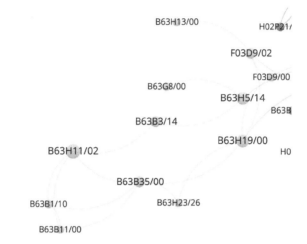

图 7-60　2011～2015 年山东省核能技术领域申请发明专利技术图谱
——水推进船类

第八章
山东省新能源技术细分领域
发明专利授权情况分析

　　2011～2015 年山东省新能源技术领域专利授权量为 751 件，获得专利授权量最多的细分领域是太阳能技术领域（340 件），其次是水能技术领域（118 件）、风能技术领域（106 件）、生物质能技术领域（102 件），获得专利授权量较少的细分领域是核能技术领域（86 件）、海洋能技术领域（50 件），而地热能技术领域只获得了 9 件专利授权。从各个细分技术领域占全国的比例来看，山东省在太阳能技术领域、海洋能技术领域的优势较为明显，而在核能技术领域的则不具有优势（表 8-1）。

表 8-1　2011～2015 年山东新能源技术领域发明专利授权量统计

技术领域	山东 / 件	全国 / 件	占比 /%
新能源	751	13 729	5.47
太阳能	340	3 264	10.42
风　能	106	2 380	4.45
生物质能	102	1 303	7.83
水　能	118	1 801	6.55
核　能	86	5 203	1.65
海洋能	50	549	9.11
地热能	9	173	5.20

《山东省"十三五"战略性新兴产业发展规划》中关于新能源技术的发展部分提到"高效发展风能、优化发展太阳能、推广发展生物质能"。本书以此为依据，优先针对山东省新能源技术细分领域中太阳能技术领域、风能技术领域、生物质能技术领域发明专利获得授权情况进行专利计量分析和知识图谱可视化，而对其他细分领域的分析放在其后。

第一节　太阳能技术领域的专利授权情况分析

一、授权量分析

2011～2015 年，山东省太阳能技术领域专利授权量为 340 件，同一时期全国在该领域的专利授权量为 3264 件，山东省占全国专利授权量的 10.42%，山东省在太阳能技术领域占据了重要的地位。2011 年山东省在太阳能技术领域的专利授权量为 40 件，占全国的 5.63%，而到了 2015 年授权量增至 59 件，占全国的比例上升至 13.50%。山东省该领域的专利授权量的绝对数量（即具体的授权数量）呈总体上升的态势，而相对数量（即在全国的占比）在 2014 年有小幅度的下降，其他年份均呈稳步上升趋势（图 8-1）。

2011～2015 年山东省在太阳能技术领域发明专利授权量为全国第 4 名（表 8-2），与排在前三名的江苏省（416 件）、浙江省（379 件）和北京市（343 件）位列这一领域的第一阵营，远高于排名第五的广东省（196 件）。在 2013 年，山东省在该领域的专利授权量全国排名第二，略低于排名第一浙江省（122 件）。在 2015 年，山东省与江苏省并列全国第一位（图 8-2）。

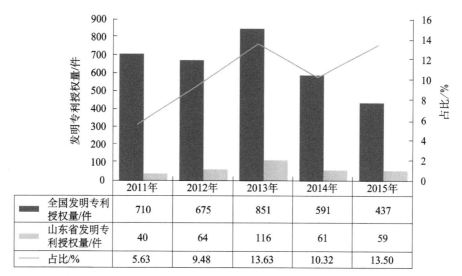

	2011年	2012年	2013年	2014年	2015年
全国发明专利授权量/件	710	675	851	591	437
山东省发明专利授权量/件	40	64	116	61	59
占比/%	5.63	9.48	13.63	10.32	13.50

图 8-1　2011～2015 年全国和山东省太阳能技术领域发明专利授权量
及山东省占全国的比例

表 8-2　2011～2015 年全国太阳能技术领域发明专利授权量排名表（TOP 10）

排名	省市	发明专利授权量／件						占全国比例 /%
		2011 年	2012 年	2013 年	2014 年	2015 年	总计	
1	江苏	111	68	97	81	59	416	12.75
2	浙江	63	83	122	64	47	379	11.61
3	北京	63	88	69	71	52	343	10.51
4	**山东**	**40**	**64**	**116**	**61**	**59**	**340**	**10.42**
5	广东	44	34	57	32	29	196	6.00
6	上海	27	34	37	31	15	144	4.41
7	安徽	32	23	40	27	12	134	4.11
8	河南	18	8	21	13	17	77	2.36
9	河北	20	14	18	14	8	74	2.27
10	四川	8	17	20	12	13	70	2.14

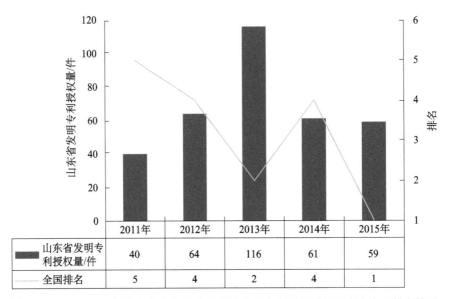

图 8-2　2011～2015 年山东省太阳能技术领域发明专利授权量及山东省全国排名情况

二、申请（专利权）人分析

2011～2015 年，山东省在太阳能技术领域获得授权的 340 件发明专利共有 163 名申请（专利权）人，对每个申请（专利权）人的专利授权量进行分析，结果如表 8-2 所示。山东省太阳能技术领域的专利授权量位居第一的是山东大学，共有 24 件专利获得授权，占总数的 7.06%，略领先于排名第二的皇明太阳能股份有限公司。第三到五位分别是山东理工大学、赵炜、烟台斯坦普精工建设有限公司，排名前五的发明专利的申请（专利权）人获得的专利授权数均超过 10 件（表 8-3）。

表 8-3　2011～2015 年山东省太阳能技术领域发明专利授权量（TOP 11）

省内排名	申请（专利权）人	发明专利授权量 / 件					总计	省内占比 /%	全国排名
		2011 年	2012 年	2013 年	2014 年	2015 年			
1	山东大学 *	1	2	14	0	7	24	7.06	6
2	皇明太阳能股份有限公司	4	14	2	2	0	22	6.47	7
3	山东理工大学	0	0	9	4	6	19	5.59	10
4	赵　炜	0	0	8	6	3	17	5.00	13

续表

省内排名	申请（专利权）人	发明专利授权量/件						省内占比/%	全国排名
		2011年	2012年	2013年	2014年	2015年	总计		
5	烟台斯坦普精工建设有限公司	0	0	9	2	0	11	3.24	32
6	青岛经济技术开发区海尔热水器有限公司 **	1	2	4	3	0	10	2.94	26
6	中国石油大学（华东）	0	1	5	0	4	10	2.94	38
8	山东力诺瑞特新能源有限公司	0	0	3	5	1	9	2.65	44
9	海尔集团公司	2	2	4	0	0	8	2.35	38
10	青岛科瑞新型环保材料有限公司	0	0	0	5	2	7	2.06	60
10	山东威特人工环境有限公司	0	3	2	2	0	7	2.06	60

* 山东大学的授权量包括山东大学（威海）获得的发明专利授权数量。

** 青岛经济技术开发区海尔热水器有限公司在与重庆海尔热水器有限公司共同申请专利时省代码为重庆，故导致其全国排名高于烟台斯坦普精工建设有限公司。

　　进一步结合技术领域 IPC 分类对专利申请（专利权）人进行分析，有利于政府、企业迅速掌握主要的研发单位和个人，有利于政府、企业分析主要竞争对手的强势领域，有利于政府、企业寻找合适的合作伙伴，为政府和企业的投资决策以及专利布局调整提供有价值的信息（表 8-4）。

表 8-4　2011～2015 年山东省太阳能技术领域
授权专利申请（专利权）人 -IPC- 发明专利授权量对应表（TOP 3）

申请（专利权）人	IPC	IPC 含义	授权量/件
山东大学	F24J2/32	太阳热的利用 •• 有蒸发段和冷凝段的，例如热管〔4〕	14
	F24J2/46	太阳热的利用 • 太阳能集热器的构件、零部件或附件〔4〕	11
	F24J2/00	太阳热的利用，例如太阳能集热器	9
	F24J2/48	太阳热的利用 •• 以吸收器材料为特征的〔4〕	9
	F24J2/24	太阳热的利用 •• 工作流体流过管状吸热管道的〔4〕	7
皇明太阳能股份有限公司	F24J2/46	太阳热的利用 • 太阳能集热器的构件、零部件或附件〔4〕	11
	F24J2/40	太阳热的利用 • 控制装置〔4〕	7
	F24J2/02	太阳热的利用 • 带有加热物支承件的太阳能集热器，例如利用太阳热的炉、灶、坩埚、熔炉或烘箱〔4〕	4

申请 （专利权）人	IPC	IPC 含义	授权量 /件
皇明太阳能股份有限公司	F24J2/24	太阳热的利用 •• 工作流体流过管状吸热管道的〔4〕	4
	F24J2/05	太阳热的利用 •• 由透明外罩所包围的，例如真空太阳能集热器〔6〕	3
	F24J2/12	太阳热的利用 •••• 抛物面的〔4〕	3
山东理工大学	F24J2/46	太阳热的利用 • 太阳能集热器的构件、零部件或附件〔4〕	10
	F24J2/48	太阳热的利用 • 以吸收器材料为特征的〔4〕	10
	F24J2/24	太阳热的利用 • 工作流体流过管状吸热管道的〔4〕	9
	F24J2/05	太阳热的利用 • 由透明外罩所包围的，例如真空太阳能集热器〔6〕	7
	F24J2/40	太阳热的利用 • 控制装置〔4〕	6

三、发明人分析

山东省太阳能技术领域 340 件授权专利中共 679 个专利发明人，其中排名前 10 的发明人专利授权量合计为 131 件，占全部专利授权量的 38.53%。表 8-5 列出了 2011～2015 年该领域授权专利发明人情况，其中授权量排在前 3 位的是赵炜、陈岩、孙锲、张树生。排在第 1 位的发明人赵炜，获得授权的发明专利为 30 件，约是排名第 2 的陈岩的两倍，占山东省太阳能技术领域全部授权量的 8.82%，大大超过了其他发明人的发明专利授权量。

表 8-5 2011～2015 年山东省太阳能技术领域授权专利中发明专利发明人统计（TOP 10）

省内排名	发明人	发明专利授权量 / 件						省内占比 /%
		2011 年	2012 年	2013 年	2014 年	2015 年	总计	
1	赵 炜	0	0	17	6	7	30	8.82
2	陈 岩	0	0	15	0	1	16	4.71
3	孙 锲	0	0	12	0	0	12	3.53
3	张树生	0	0	12	0	0	12	3.53
5	李晓军	0	0	9	2	0	11	3.24
5	李 艳	0	0	6	0	5	11	3.24
5	王 湛	0	0	11	0	0	11	3.24

续表

省内排名	发明人	发明专利授权量 / 件						省内占比 /%
		2011 年	2012 年	2013 年	2014 年	2015 年	总计	
8	孙福振	0	0	5	0	5	10	2.94
9	刘培先	0	7	2	0	0	9	2.65
9	辛公明	0	0	8	0	1	9	2.65

进一步结合技术领域 IPC 分类对专利发明人进行分析，有利于政府、企业迅速掌握主要的研发单位和个人，有利于政府、企业分析主要竞争对手的强势领域，有利于政府、企业寻找合适的合作伙伴，为政府和企业的投资决策以及专利布局调整提供有价值的信息（表 8-6）。

表 8-6　**2011～2015 年山东省太阳能技术领域**
授权专利发明人 -IPC- 发明专利授权量对应表（TOP 3）

发明人	IPC	IPC 含义	授权量 / 件
赵炜	F24J2/48	太阳热的利用••以吸收器材料为特征的〔4〕	21
	F24J2/24	太阳热的利用••工作流体流过管状吸热管道的〔4〕	18
	F24J2/46	太阳热的利用•太阳能集热器的构件、零部件或附件〔4〕	16
	F24J2/00	太阳热的利用，例如太阳能集热器	10
	H02N11/00	其他类不包含的发电机或电动机；用电或磁装置得到的所谓的永动机	7
陈岩	F24J2/32	太阳热的利用••有蒸发段和冷凝段的，例如热管〔4〕	12
	F24J2/48	太阳热的利用••以吸收器材料为特征的〔4〕	11
	F24J2/00	太阳热的利用，例如太阳能集热器	8
	F24J2/24	太阳热的利用••工作流体流过管状吸热管道的〔4〕	8
	F24J2/46	太阳热的利用•太阳能集热器的构件、零部件或附件〔4〕	8
张树生	F24J2/32	太阳热的利用••有蒸发段和冷凝段的，例如热管〔4〕	12
	F24J2/00	太阳热的利用，例如太阳能集热器	8
	F24J2/48	太阳热的利用••以吸收器材料为特征的〔4〕	8
	F24J2/24	太阳热的利用••工作流体流过管状吸热管道的〔4〕	7
	F24J2/46	太阳热的利用•太阳能集热器的构件、零部件或附件〔4〕	5

续表

发明人	IPC	IPC 含义	授权量 /件
	F24J2/32	太阳热的利用 •• 有蒸发段和冷凝段的，例如热管〔4〕	12
	F24J2/00	太阳热的利用，例如太阳能集热器	8
孙 锲	F24J2/48	太阳热的利用 •• 以吸收器材料为特征的〔4〕	8
	F24J2/24	太阳热的利用 •• 工作流体流过管状吸热管道的〔4〕	7
	F24J2/46	太阳热的利用 • 太阳能集热器的构件、零部件或附件〔4〕	5

山东省太阳能技术领域发明人（授权量不少于 1195 位）之间的合作关系如图 8-3 所示。由图右侧可知，TOP 3 发明人之间是互相合作的，形成了紧密的合作关系。最大的两个合作关系群如图 8-3 左侧所示：一个是以黄鸣、刘培先、张修田等人形成的合作群，一个是以赵炜、陈岩、孙锲等人形成的合作群。

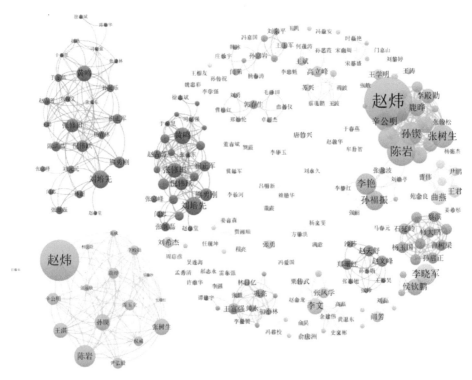

图 8-3　2011～2015 年山东省太阳能技术领域授权发明专利发明人合作网络

四、IPC 分类号分析 / 技术分析

抽取 2011～2015 年山东省太阳能技术领域 340 件授权发明专利的分类号字段，对分类号进行归纳整理，并按照每个分类号的授权量降序排列，结果如表 8-7 所示。2011～2015 年在该领域获得授权的 340 件发明专利共涉及 277 个 IPC 分类号，多于一半的授权专利与 F24J2/46（太阳热的利用·太阳能集热器的构件、零部件或附件〔4〕）有关。排名第一的 F24J2/46（太阳热的利用·太阳能集热器的构件、零部件或附件〔4〕）远高于排名第二的 F24J2/24（太阳热的利用··工作流体流过管状吸热管道的〔4〕），约是第二名的 2.5 倍。

表 8-7　2011～2015 年山东省太阳能技术领域发明专利授权量 IPC 分类号统计（TOP 20）

排名	IPC	IPC 含义	发明专利授权量 / 件						占比 /%
			2011 年	2012 年	2013 年	2014 年	2015 年	总计	
1	F24J2/46	太阳热的利用·太阳能集热器的构件、零部件或附件〔4〕	26	28	69	24	31	178	52.35
2	F24J2/24	太阳热的利用··工作流体流过管状吸热管道的〔4〕	1	7	37	8	18	71	20.88
3	F24J2/48	太阳热的利用··以吸收器材料为特征的〔4〕	4	4	34	8	9	59	17.35
4	F24J2/40	太阳热的利用·控制装置〔4〕	4	11	18	10	13	56	16.47
5	F24J2/00	太阳热的利用，例如太阳能集热器	4	8	21	6	9	48	14.12
6	F24J2/05	太阳热的利用·由透明外罩所包围的，例如真空太阳能集热器〔6〕	4	8	23	4	2	41	12.06
7	F24J2/10	太阳热的利用···具有作为聚焦元件的反射器〔4〕	0	9	7	5	15	36	10.59
8	E04D13/18	与屋面覆盖层有关的特殊安排或设施；屋面排水·能量收集装置的屋面覆盖物，例如，包括太阳能收集板〔4〕	3	3	9	7	2	24	7.06

排名	IPC	IPC 含义	发明专利授权量 / 件						占比 /%
			2011 年	2012 年	2013 年	2014 年	2015 年	总计	
8	F24J2/32	太阳热的利用••有蒸发段和冷凝段的，例如热管〔4〕	1	1	14	1	7	24	7.06
8	F24J2/34	太阳热的利用••有贮热体的〔4〕	3	5	4	1	11	24	7.06
11	F24J2/04	太阳热的利用•工作流体流过集热器的太阳能集热器〔4〕	1	8	3	5	2	19	5.59
11	F24J2/30	太阳热的利用••带有在多种流体之间进行热交换装置的〔4〕	3	3	4	3	6	19	5.59
13	F24J2/52	太阳热的利用••底座或支架的配置〔4〕	1	4	4	4	4	17	5.00
14	F24J2/26	太阳热的利用•••有增大表面的，例如突起〔4〕	0	0	9	4	3	16	4.71
15	F24J2/12	太阳热的利用••••抛物面的〔4〕	3	3	4	2	0	12	3.53
16	H02N11/00	其他类不包含的发电机或电动机；用电或磁装置得到的所谓的永动机	1	0	2	5	3	11	3.24
17	F24D15/00	其他住宅或区域供热系统	0	3	4	0	3	10	2.94
17	F24J2/20	太阳热的利用••工作流体在平板之间传送的〔4〕	0	1	2	3	4	10	2.94
19	B32B15/04	实质上由金属组成的层状产品•由金属组成作为薄层的主要或唯一的成分，它与另一层由一种特定物质构成的薄层相贴	1	0	8	0	0	9	2.65
19	F24J2/02（外2个）	太阳热的利用•带有加热物支承件的太阳能集热器，例如利用太阳热的炉、灶、坩埚、熔炉或烘箱〔4〕	1	5	0	2	1	9	2.65

五、聚类分析

太阳能技术领域的授权专利主要分为 5 类（图 8-4）：F24J2/05（太阳热的利用·由透明外罩所包围的，例如真空太阳能集热器〔6〕）、F24J2/48（太阳热的利用·以吸收器材料为特征的〔4〕）、F24J2/24（太阳热的利用·工作流体流过管状吸热管道的〔4〕）、E04D13/18（与屋面覆盖层有关的特殊安排或设施；屋面排水·能量收集装置的屋面覆盖物，例如，包括太阳能收集板〔4〕）、F24J2/46（太阳热的利用·太阳能集热器的构件、零部件或附件〔4〕）。

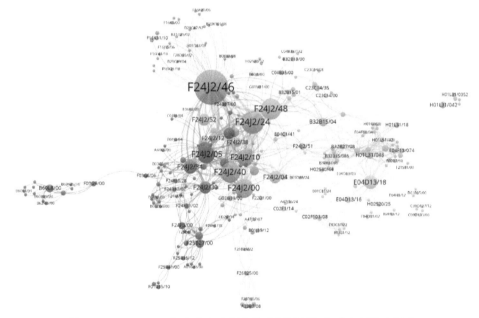

图 8-4 2011～2015 年山东省太阳能技术领域授权发明专利技术图谱

（一）太阳能集热器

主要涉及的 IPC 分类号为 F24J2/05（图 8-5）。与 F24J2/05 相关的授权专利共 41 件，占太阳能技术领域的 12.06%。早期与之相关的技术为 C02F1/04、F24J3/08、F25B41/06，近期与之相关的技术为 F24F12/00、F24J2/20、F24J2/26 等。具体相关专利有：由王斌、何茂涛、李忠魁等人发明，2015 年 10 月 14 日山东桑乐太阳能有限公司获得授权的名为"新型开放式阳台壁挂太阳能热水系统"的专利；由王振杰与李娟发明，2015 年 7 月 22 日山东亿家能太阳能有限公司获得授权的名为"一种真空管型太阳能空气集热器"的专利；由种衍启、尹建国、周广涛等人发明，2015 年 5 月 6 日山东阳光博士太阳能工程有限公司获得授权的名为"中高温玻璃金属真空管太阳能集热器"的专利等。

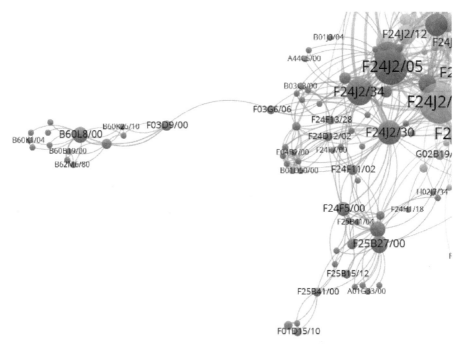

图 8-5　2011～2015 年山东省太阳能技术领域授权发明专利技术图谱
——太阳能集热器类

（二）太阳能吸收器材料

主要涉及的 IPC 分类号为 F24J2/48（图 8-6）。与 F24J2/48 相关的授权专利共 59 件，占太阳能技术领域的 17.35%。早期与之相关的技术为 C03C27/00、A47J27/04、F24J2/12 等，近期与之相关的技术为 C23C14/18、B32B27/08、F24J2/51 等。具体相关专利有：由唐竹兴、杨亚琼、孙晓东等人发明，2016 年 1 月 20 日山东理工大学获得授权的名为"一种赤泥陶瓷集热板的制备方法"的专利；由唐竹兴发明，2016 年 1 月 6 日山东理工大学获得授权的名为"一种锌渣陶瓷集热板的制备方法"的专利；由许维华、焦红霞、石英利等人发明，2013 年 6 月 12 日皇明太阳能股份有限公司获得授权的名为"一种太阳能集热器用防过热膜层"的专利等。

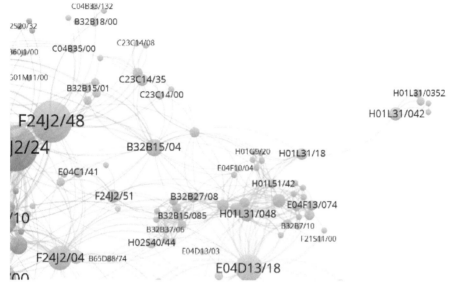

图 8-6　2011～2015 年山东省太阳能技术领域授权发明专利技术图谱
——太阳能吸收器材料类

（三）管状太阳能集热器

主要涉及的 IPC 分类号为 F24J2/24。与 F24J2/24 相关的授权专利共 71 件，占太阳能技术领域的 20.88%。早期与之相关的技术为 F26B25/22、F26B21/00、G02B7/182 等，近期与之相关的技术为 A01G9/24、A23B9/08、B08B1/00 等（图 8-7）。具体相关专利有：由李文、张凤学、粟传武等人发明，2015 年 11 月 4 日山东威特人工环境有限公司获得授权的名为"一种自清洗式太阳能槽式集热器"的专利；由闫芳、孔维忠、牟俊东发明，2015 年 3 月 25 日山东力诺瑞特新能源有限公司获得授权的名为"直通式真空管太阳能热水器"的专利；由巩亮、王富强、黄善波等人发明，2014 年 12 月 10 日中国石油大学（华东）获得授权的名为"一种无需玻璃罩的管式太阳能集热器"的专利等。

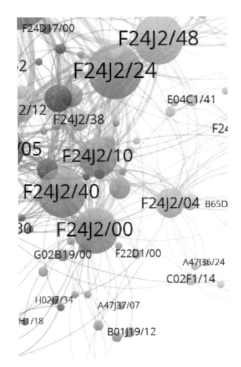

图 8-7　2011～2015 年山东省太阳能技术领域授权发明专利技术图谱
——管状太阳能集热器类

（四）太阳能屋面覆盖层

主要涉及的 IPC 分类号为 E04D13/18。与 E04D13/18 相关的授权专利共 24 件，占太阳能技术领域的 7.06%。早期与之相关的技术为 H02S20/23、H02S40/44、B65D88/74 等，近期与之相关的技术为 B61B15/00、C09D127/12、F24D19/10 等（图 8-8）。具体相关专利有：由田培金、刘洪宾、宫海清等人发明，2016 年 7 月 6 日山东智慧生活数据系统有限公司获得授权的名为"太阳能照明建筑系统"的专利；由李晓军发明，2015 年 12 月 23 日烟台斯坦普精工建设有限公司获得授权的名为"一种屋面光伏瓦及其制备方法"的专利；由陈世华、徐志斌、刘彩凤等人发明，2015 年 1 月 21 日皇明洁能控股有限公司获得授权的名为"太阳能屋顶系统"的专利等。

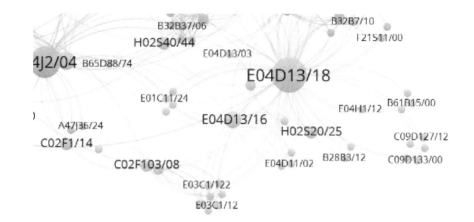

图 8-8　2011～2015 年山东省太阳能技术领域授权发明专利技术图谱
——太阳能屋面覆盖层类

（五）太阳能集热器零部件

主要涉及的 IPC 分类号为 F24J2/46。与 F24J2/46 相关的授权专利共 178 件，占太阳能技术领域的 52.35%。早期与之相关的技术为 B23K20/10、F16K1/00、B29C47/92 等，近期与之相关的技术为 E04B1/00、F16K21/18、F16L19/03 等（图 8-9）。具体相关专利有：由李文、张凤学、粟传武等人发明，2015 年 9 月 16 日山东威特人工环境有限公司获得授权的名为"一种高清洁太阳能槽式集热器"的专利；由牛绍全、刘磊、闫芳等人发明，

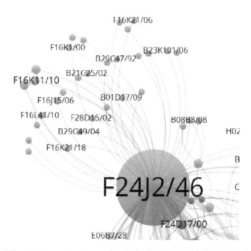

图 8-9　2011～2015 年山东省太阳能技术领域授权发明专利技术图谱——太阳能集热器零部件类

2015 年 3 月 18 日山东力诺瑞特新能源有限公司获得授权的名为"一种太阳

能工程联集箱连接装置及方法"的专利;由许维华、孟秀清、吴连海等人发明,2014 年 8 月 27 日皇明太阳能股份有限公司获得授权的名为"一种聚光全玻璃热管式真空太阳集热管"的专利等。

第二节 风能技术领域的专利授权情况分析

一、授权量分析

2011~2015 年,山东省风能技术领域专利授权量为 106 件,同一时期全国在该领域的专利授权量为 2380 件,山东省占全国专利授权量的 4.45%,山东省在风能技术领域占据了一定的地位。2011 年山东省在该领域的专利授权量为 21 件,占全国的 2.65%,而到了 2015 年授权量为 10 件,虽数量下降了约一半,但占全国的比例上升至 7.63%,大约是 2010 年的 3 倍。山东省该领域的专利授权量的绝对数量呈现下降的态势,而相对数量却逐年呈上升趋势,在全国的占比越来越高(图 8-10)。

2011~2015 年山东省在风能技术领域发明专利授权量为全国第 5 名(表 8-8);每年的全国排名均位于前 10 名,最高排进全国第 3 名(图 8-11)。从表 8-8 中可以看出,山东省在该领域发明专利授权量略低于排名第四的浙江省,稍高于排名第 6 的上海市。在 2012 年,山东省在该领域的专利授权量全国排名第 3,与广东省(32 件)并列,但远低于排名第 1 的北京市(111 件)和排名第 2 的江苏省(72 件),稍高于排名第 5 的浙江省(26 件)。2013~2015 年,山东省在该领域的全国排名稳定在第 5 名。

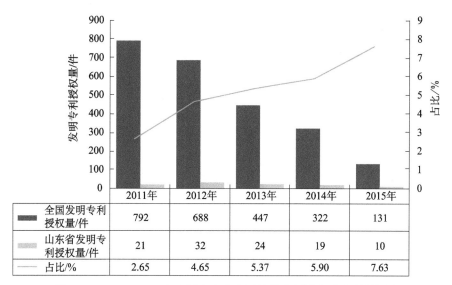

	2011年	2012年	2013年	2014年	2015年
全国发明专利授权量/件	792	688	447	322	131
山东省发明专利授权量/件	21	32	24	19	10
占比/%	2.65	4.65	5.37	5.90	7.63

图 8-10　2011～2015 年全国和山东省风能技术领域发明专利授权量
及山东省占全国的比例

表 8-8　2011～2015 年全国风能技术领域发明专利授权量排名表（TOP 11）

排名	省市	发明专利授权量 / 件						占全国比例 /%
		2011 年	2012 年	2013 年	2014 年	2015 年	总计	
1	北京	99	111	77	40	16	343	14.41
2	江苏	62	72	52	55	20	261	10.97
3	广东	35	32	27	28	12	134	5.63
4	浙江	30	26	35	29	9	129	5.42
5	**山东**	**21**	**32**	**24**	**19**	**10**	**106**	**4.45**
6	上海	29	25	20	13	2	89	3.74
7	辽宁	24	16	19	13	5	77	3.24
8	河北	22	21	6	8	5	62	2.61
9	湖南	16	8	12	11	4	51	2.14
10	黑龙江	5	8	15	12	2	42	1.76
10	重庆	9	9	6	6	12	42	1.76

二、申请（专利权）人分析

2011～2015 年，山东省在风能技术领域获得授权的 106 件发明专利共有

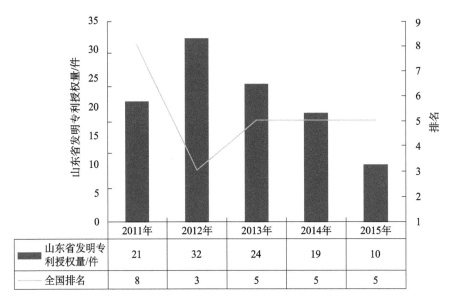

图 8-11　2011～2015 年山东省风能技术领域发明专利授权量及山东省全国排名情况

72 名申请（专利权）人，对每个申请（专利权）人的专利授权量进行分析，结果如表 8-9 所示。山东省风能技术领域的专利授权量位居第一的是北车风电有限公司和山东大学，均有 9 件专利获得授权，均占总数的 8.49%，均进入全国前 50 名。山东省在该领域获得授权的专利不多，各个申请（专利权）人获得的授权专利也不多（均少于 10 件）。

表 8-9　2011～2015 年山东省风能技术领域授权
专利中发明专利申请（专利权）人分布（TOP 10）

省内排名	申请（专利权）人	发明专利授权量/件						省内占比/%	全国排名
		2011年	2012年	2013年	2014年	2015年	总计		
1	北车风电有限公司	1	5	2	1	0	9	8.49	42
1	山东大学	2	2	1	2	2	9	8.49	42
3	济南轨道交通装备有限责任公司	2	3	0	0	0	5	4.72	82
3	青岛经济技术开发区泰合海浪能研究中心	1	0	2	0	2	5	4.72	82
5	山东科技大学	0	1	1	2	0	4	3.77	101
5	中国石油大学（华东）	0	0	0	2	2	4	3.77	101

续表

省内排名	申请（专利权）人	发明专利授权量 / 件						省内占比/%	全国排名
		2011年	2012年	2013年	2014年	2015年	总计		
7	岑益南	2	0	1	0	0	3	2.83	127
7	国家电网有限公司 *	0	1	2	0	0	3	2.83	127
7	米建军	0	0	3	0	0	3	2.83	127
7	新泰市风龙王设备有限公司	0	3	0	0	0	3	2.83	127

* 国家电网有限公司在该领域共申请了37件专利，全国排名第六，其中只有3件专利的省份署名是山东。

　　进一步结合技术领域IPC分类对专利申请（专利权）人进行分析，有利于政府、企业迅速掌握主要的研发单位和个人，有利于政府、企业分析主要竞争对手的强势领域，有利于政府、企业寻找合适的合作伙伴，为政府和企业的投资决策以及专利布局调整提供有价值的信息（表8-10）。

表 8-10　2011～2015 年山东省风能技术领域
授权专利申请（专利权）人 -IPC- 发明专利授权量对应表（TOP 4）

申请（专利权）人	IPC	IPC 含义	授权量 / 件
北车风电有限公司	F03D11/00	不包含在本小类其他组中或与本小类其他组无关的零件、部件或附件	3
	F03D7/00	风力发动机的控制	3
	F03D11/02	不包含在本小类其他组中或与本小类其他组无关的零件、部件或附件·动力的传送，例如使用空心排气叶片	2
山东大学	F03D3/06	具有基本上与进入发动机的气流垂直的旋转轴线的风力发动机·转子	3
	F03D9/00	特殊用途的风力发动机；风力发动机与受它驱动的装置的组合	3
	F03D7/00	风力发动机的控制	2
济南轨道交通装备有限责任公司	F03D7/00	风力发动机的控制	4
	F03D11/00	不包含在本小类其他组中或与本小类其他组无关的零件、部件或附件	1
青岛经济技术开发区泰合海浪能研究中心	F03D3/06	具有基本上与进入发动机的气流垂直的旋转轴线的风力发动机·转子	2
	F03D7/06	风力发动机的控制·具有基本上与进入发动机的气流垂直的旋转轴线的风力发动机	2

三、发明人分析

山东省风能技术领域 106 件授权专利共有 265 名专利发明人，其中排名前 12 的发明人专利授权量合计为 44 件，占全部专利授权量的 41.51%。表 8-11 列出了 2011～2015 年该领域授权专利发明人情况，其中授权量排在前 3 位的是孙明刚、张立军、李广伟。排在第 1 位的发明人孙明刚，获得授权的发明专利为 7 件，略高于排名第 2 的张立军，占山东省风能技术领域全部授权量的 6.60%。

表 8-11 2011～2015 年山东省风能技术领域授权专利中发明专利发明人统计（TOP 10）

省内排名	发明人	发明专利授权量 / 件						省内占比 /%
		2011 年	2012 年	2013 年	2014 年	2015 年	总计	
1	孙明刚	1	0	2	2	2	7	6.60
2	张立军	0	0	2	2	2	6	5.66
3	李广伟	0	3	1	0	0	4	3.77
4	岑益南	2	0	1	0	0	3	2.83
4	李 波	0	0	0	3	0	3	2.83
4	刘 华	0	0	1	1	1	3	2.83
4	米建军	0	0	3	0	0	3	2.83
4	吴得宗	1	1	1	0	0	3	2.83
4	于良峰	1	1	1	0	0	3	2.83
4	张承慧（外2个）	2	0	0	0	1	3	2.83

进一步结合技术领域 IPC 分类对专利发明人进行分析，有利于政府、企业迅速掌握主要的研发单位和个人，有利于政府、企业分析主要竞争对手的强势领域，有利于政府、企业寻找合适的合作伙伴，为政府和企业的投资决策以及专利布局调整提供有价值的信息（表 8-12）。

山东省风能技术领域全体发明人（265 位）之间的合作关系如图 8-12 所示。由图可知，TOP 3 发明人之间，孙明刚和张立军是互相合作的，而李广伟和孙明刚与张立军并没有合作关系。最大的两个合作关系群如图 8-12 右侧所示：一个是以李波、张承慧、王吉岱等人形成的合作群，一个是以李广伟、吴得宗、关中杰等人形成的合作群。

**表 8-12　2011～2015 年山东省风能技术领域
授权专利发明人 IPC- 发明专利授权量对应表（TOP 3）**

发明人	IPC	IPC 含义	授权量 /件
孙明刚	F03D7/06	风力发动机的控制 • 具有基本上与进入发动机的气流垂直的旋转轴线的风力发动机	4
	F03D3/06	具有基本上与进入发动机的气流垂直的旋转轴线的风力发动机 • 转子	2
	授权量为 1 件的 IPC：F03D9/25、F03D13/20、F03D17/00、F03D3/00、F03D3/02、F03D9/10、F03D9/17、F15B1/02、F03B13/00、F03B13/14、F03B13/22、F03B3/14、F03D11/02、F03D9/00		
张立军	F03D7/06	风力发动机的控制 • 具有基本上与进入发动机的气流垂直的旋转轴线的风力发动机	4
	授权量为 1 件的 IPC：F03D3/06、F03D9/25、F03D13/20、F03D17/00、F03D3/00、F03D3/02、F03D9/10、F03D9/17、F15B1/02		
李广伟	F03D7/00	风力发动机的控制	3
	授权量为 1 件的 IPC：F03D9/25、F03D11/00		

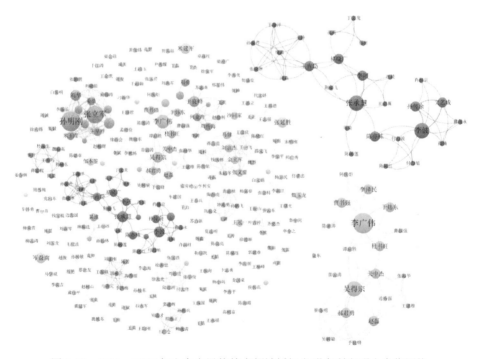

图 8-12　2011～2015 年山东省风能技术领域授权发明专利发明人合作网络

四、IPC 分类号分析 / 技术分析

抽取 2011～2015 年山东省风能技术领域 106 件授权发明专利的分类号字段，对分类号进行归纳整理，并按照每个分类号的授权量降序排列，结果如表 8-13 所示。2011～2015 年在该领域获得授权的 106 件发明专利共涉及 116 个 IPC 分类号，其中 1/3 的授权专利与 F03D9/00（特殊用途的风力发动机；风力发动机与受它驱动的装置的组合）有关，1/5 的授权专利与 F03D3/06（具有基本上与进入发动机的气流垂直的旋转轴线的风力发动机·转子）有关。

表 8-13 2011～2015 年山东省风能技术领域发明专利授权量 IPC 分类号统计（TOP 20）

排名	IPC	IPC 含义	发明专利授权量 / 件						占比 /%
			2011年	2012年	2013年	2014年	2015年	总计	
1	F03D9/00	特殊用途的风力发动机；风力发动机与受它驱动的装置的组合	12	15	5	2	1	35	33.02
2	F03D3/06	具有基本上与进入发动机的气流垂直的旋转轴线的风力发动机·转子	5	6	3	5	3	22	20.75
3	F03D11/00	不包含在本小类其他组中或与本小类其他组无关的零件、部件或附件	7	9	1	1	0	18	16.98
4	F03D7/00	风力发动机的控制	3	6	3	1	3	16	15.09
5	F03D11/02	不包含在本小类其他组中或与本小类其他组无关的零件、部件或附件·动力的传送，例如使用空心排气叶片	3	4	4	0	0	11	10.38
6	F03D7/06	风力发动机的控制·具有基本上与进入发动机的气流垂直的旋转轴线的风力发动机	3	2	1	3	1	10	9.43
7	F03D1/06	具有基本上与进入发动机的气流平行的旋转轴线的风力发动机·转子	0	2	3	3	1	9	8.49
7	F03D3/00	具有基本上与进入发动机的气流垂直的旋转轴线的风力发动机	4	2	3	0	0	9	8.49

续表

排名	IPC	IPC 含义	发明专利授权量 / 件						占比 /%
			2011年	2012年	2013年	2014年	2015年	总计	
9	B60L8/00	用自然力所提供的电力的电力牵引，如太阳能、风力〔5〕	0	2	1	3	1	7	6.60
9	F03D7/04	风力发动机的控制··自动控制；调节	1	1	1	4	0	7	6.60
11	F03D9/02	特殊用途的风力发动机；风力发动机与受它驱动的装置的组合·贮存动力的装置	3	1	2	0	0	6	5.66
12	F03D3/02	具有基本上与进入发动机的气流垂直的旋转轴线的风力发动机·具有多个转子的	0	2	1	1	0	4	3.77
13	B60K16/00	与以自然力提供的动力结合的布置，例如太阳、风	0	2	1	0	0	3	2.83
13	F03B13/00	特殊用途的机械或发动机；机械或发动机与驱动或从动装置的组合	1	0	0	0	2	3	2.83
13	F03B3/12	反作用式机械或发动机；其专用部件或零件·叶片；带有叶片的转子	0	1	0	0	2	3	2.83
13	F03D3/04	具有基本上与进入发动机的气流垂直的旋转轴线的风力发动机·具有固定式导风装置，例如具有风筒或风道	2	0	0	0	1	3	2.83
13	H02K7/10	结构上与电机连接用于控制机械能的装置·结构上与离合器、制动器、传动机构、滑轮、机械起动器相连的	3	0	0	0	0	3	2.83
13	H02K7/18	结构上与电机连接用于控制机械能的装置·发电机与机械驱动机结构上相连的，例如汽轮机	1	1	0	1	0	3	2.83

续表

排名	IPC	IPC 含义	发明专利授权量 / 件						占比 /%
			2011年	2012年	2013年	2014年	2015年	总计	
13	H02K7/10	结构上与电机连接用于控制机械能的装置·结构上与离合器、制动器、传动机构、滑轮、机械起动器相连的	3	0	0	0	0	3	2.83
20	B63B35/00 (外17个)	适合于专门用途的船舶或类似的浮动结构	1	0	1	0	0	2	1.89

五、聚类分析

风能技术领域的授权专利主要分为 4 类（图 8-13）：F03D3/06（具有基本上与进入发动机的气流垂直的旋转轴线的风力发动机·转子）、F03D9/00（特殊用途的风力发动机；风力发动机与受它驱动的装置的组合）、F03D11/02（不包含在本小类其他组中或与本小类其他组无关的零件、部件或附件·动力的传送，例如使用空心排气叶片）、F03D11/00（不包含在本小类其他组中或与本小类其他组无关的零件、部件或附件）。

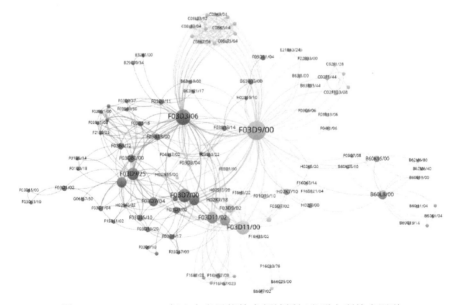

图 8-13　2011～2015 年山东省风能技术领域授权发明专利技术图谱

（一）风力发动机的转子

与 F03D3/06 相关的授权专利共 22 件，占风能技术领域的 20.75%。早期与之相关的技术为 F03D11/04、F03B13/22、F03B3/14 等，近期与之相关的技术为 F03B3/18、F03D1/04、F03B3/12 等（图 8-14）。具体相关专利有：由刘淑琴、边忠国、钱宝锟发明，2016 年 1 月 20 日山东大学获得授权的名为"带有分层错位组合式叶片的垂直轴风力机"的专利；由邢军伟发明，2015 年 4 月 8 日邢军伟获得授权的名为"活桨流体发动机"的专利；由杨小兵、龙国荣、卞志勇等人发明，2014 年 3 月 26 日山东泰山瑞豹复合材料有限公司和泰山体育产业集团有限公司获得授权的名为"一种垂直轴风力发电机叶片及其制备方法"的专利等。

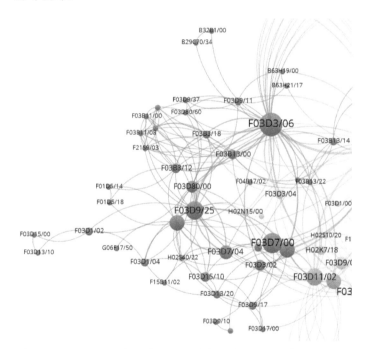

图 8-14　2011～2015 年山东省风能技术领域授权发明专利技术图谱
——风力发动机的转子类

（二）特殊用途的风力发动机

与 F03D9/00 相关的授权专利共 35 件，占风能技术领域的 33.02%。早

期与之相关的技术为 F22B33/00、C02F1/44、C02F103/08 等，近期与之相关
的技术为 F03G6/06、B63B35/44、B63J1/00 等（图 8-15）。具体相关专利有：
由吴速发明，2015 年 4 月 22 日吴速获得授权的名为"一种垂直轴风力发电
装置"的专利；由甄玉龙发明，2014 年 7 月 9 日青岛博峰风力发电机有限公
司获得授权的名为"飞碟式反极双速直驱式风力发电机"的专利；由孙明刚
发明，2013 年 7 月 10 日青岛经济技术开发区泰合海浪能研究中心获得授权
的名为"一种海上发电系统"的专利等。

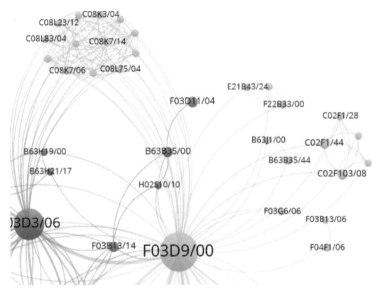

图 8-15　2011～2015 年山东省风能技术领域授权发明专利技术图谱
——特殊用途的风力发动机类

（三）风力发电机的动力传送

与 F03D11/02 相关的授权专利共 11 件，占风能技术领域的 10.38%。早
期与之相关的技术为 H02K7/10、F16H1/22、H02K5/20 等，近期与之相关的
技术为 B60K1/04、B60R16/02、B62K13/00 等（图 8-16）。具体相关专利有：
由刘勇、吴树良发明，2015 年 12 月 9 日北车风电有限公司获得授权的名为
"一种柔性风力发电机组传动系统"的专利；由刘勇、于良峰、吴树良发明，

2015 年 11 月 11 日北车风电有限公司获得授权的名为"具有减震功能的风力发电机组传动系统"的专利；由徐德顺发明，2014 年 8 月 6 日徐德顺获得授权的名为"垂直轴式风力发电机组增速传动装置"的专利等。

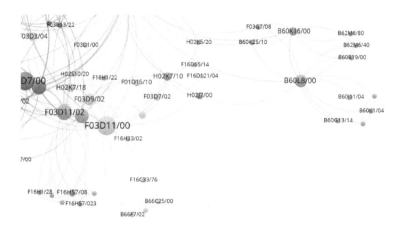

图 8-16　2011～2015 年山东省风能技术领域授权发明专利技术图谱
——风力发电机的动力传送类

（四）风力发电机零部件

　　与 F03D11/00 相关的授权专利共 18 件，占风能技术领域的 16.98%。早期与之相关的技术为 B66F7/08、F03D1/00、F16H33/02 等，近期与之相关的技术为 H02N15/00、H02K1/27、F03D3/04 等（图 8-17）。具体相关专利有：由马学斌、李英吉发明，2015 年 12 月 23 日李英吉获得授权的名为"一种 10kW 风电机组叶片"的专利；由李涛、周传海、何金海发明，2015 年 11 月 18 日济南轨道交通装备有限责任公司获得授权的名为"一种风力发电机叶片锁紧装置"的专利；由李广伟、李泽民、于炜东发明，2015 年 5 月 6 日北车风电有限公司获得授权的名为"新型风力发电机组液压锁销对中装置及方法"的专利等。

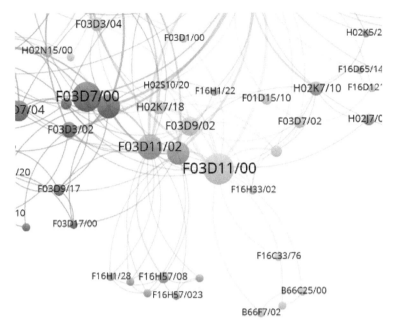

图 8-17 2011~2015 年山东省风能技术领域授权发明专利技术图谱
——风力发电机零部件类

第三节 生物质能技术领域的专利授权情况分析

一、授权量分析

2011~2015 年，山东省生物质能技术领域专利授权量为 102 件，同一时期全国在该领域的专利授权量为 1303 件，山东省占全国专利授权量的 7.83%。这说明山东省在生物质能技术领域占据了重要的地位。2011 年山东省在该领域的专利授权量为 18 件，占全国的 7.44%，而到 2015 年授权量增加至 24 件，占全国的比例上升至 11.21%，授权量大约是 2011 年的 1.33 倍。山东省该领域的专利授权量的绝对数量整体呈现增长的态势，相对数量整体也呈上升趋势（图 8-18）。

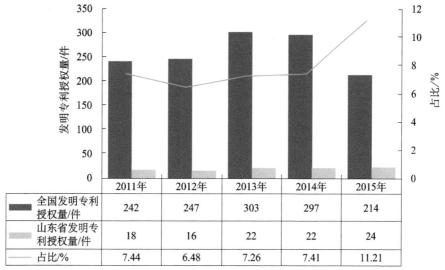

	2011年	2012年	2013年	2014年	2015年
全国发明专利授权量/件	242	247	303	297	214
山东省发明专利授权量/件	18	16	22	22	24
占比/%	7.44	6.48	7.26	7.41	11.21

图 8-18　2011～2015 年全国和山东省生物质能技术领域发明专利授权量
及山东省占全国的比例

2011～2015 年山东省在生物质能技术领域发明专利授权量为全国第三名
（表 8-14）；每年的全国排名均位于前五名，最高排进全国第一名（图 8-19）。
2012 年，山东省在该领域的专利授权量全国排名第二，与广东省（16 件）并
列，低于排名第一的北京市（21 件）。2014 年，在全国的排名降低至第五名，
但在 2015 年一举冲至第一名，与北京市（24 件）并列。

表 8-14　2011～2015 年全国生物质能技术领域发明专利授权量排名表（TOP 10）

排名	省（自治区、直辖市）	发明专利授权量 / 件						占全国比例 /%
		2011 年	2012 年	2013 年	2014 年	2015 年	总计	
1	北京	25	21	28	31	24	129	9.90
2	江苏	19	9	29	40	23	120	9.21
3	山东	**18**	**16**	**22**	**22**	**24**	**102**	**7.83**
4	浙江	14	11	18	31	18	92	7.06
5	广东	8	16	17	23	17	81	6.22
6	上海	4	10	20	14	15	63	4.83
7	湖南	5	5	9	11	15	45	3.45
8	四川	5	14	8	8	5	38	2.92

续表

排名	省（自治区、直辖市）	发明专利授权量 / 件						占全国比例 /%
		2011 年	2012 年	2013 年	2014 年	2015 年	总计	
9	湖北	7	7	4	10	9	37	2.84
10	广西	3	4	14	4	5	30	2.30
10	陕西	5	6	7	7	5	30	2.30

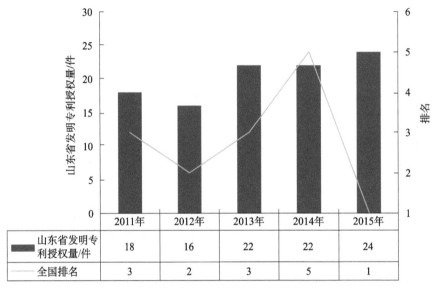

图 8-19　2011～2015 年山东省生物质能技术领域发明专利授权量及山东省全国排名情况

二、申请（专利权）人分析

2011～2015 年，山东省在生物质能技术领域获得授权的 102 件发明专利共有 55 名申请（专利权）人，对每个申请（专利权）人的专利授权量进行分析，结果如表 8-15 所示。山东省生物质能技术领域的专利授权量位居第一的是李华玉，有 34 件专利获得授权，占总数的 1/3，且在全国也排名第一，其在该领域具有巨大的优势。在该领域排名第二的是山东大学，有 9 件专利获得授权，在全国也排名比较靠前，为第十二名。

进一步结合技术领域 IPC 分类对专利申请（专利权）人进行分析，有利于政府、企业迅速掌握主要的研发单位和个人，有利于政府、企业分析主要竞争对手的强势领域，有利于政府、企业寻找合适的合作伙伴，为政府和企业的投资决策以及专利布局调整提供有价值的信息（表 8-16）。

表 8-15　2011～2015 年山东省生物质能技术领域
授权专利中发明专利申请（专利权）人分布（TOP 9*）

省内排名	申请（专利权）人	发明专利授权量/件						省内占比/%	全国排名
		2011年	2012年	2013年	2014年	2015年	总计		
1	李华玉	11	7	7	4	5	34	33.33	1
2	山东大学	0	0	1	4	4	9	8.82	12
3	孔令增	0	1	1	1	0	3	2.94	66
3	青岛双桃精细化工（集团）有限公司	0	0	0	0	3	3	2.94	66
3	泰山集团股份有限公司	0	2	0	1	0	3	2.94	66
6	初　强	0	0	2	0	0	2	1.96	106
6	青岛科技大学	2	0	0	0	0	2	1.96	106
6	山东电力工程咨询院有限公司	0	0	0	0	2	2	1.96	106
6	王海军	0	2	0	0	0	2	1.96	106

　＊在该领域专利申请（专利权）人的授权量大于 1 件的只有 9 位，其余的申请（专利权）人专利授权数均为 1 件。

表 8-16　2011～2015 年山东省生物质能技术领域
授权专利申请（专利权）人 -IPC- 发明专利授权量对应表（TOP 2*）

申请（专利权）人	IPC	IPC 含义	授权量/件
李华玉	F25B27/02	应用特定能源的制冷机器、装置或系统·使用废热	34
	F25B41/06	流体循环装置·流量限制器，例如毛细管及其配置	20
	F25B15/02	能连续运转的吸着式机器、装置或系统·不用惰性气体	14
	F25B15/12	能连续运转的吸着式机器、装置或系统·用再吸收器的	12
	F25B15/00	能连续运转的吸着式机器、装置或系统，如吸收式	7
山东大学	F25B27/02	应用特定能源的制冷机器、装置或系统·使用废热	6
	F25B15/04	能连续运转的吸着式机器、装置或系统··从水溶液中气化氨作制冷剂的	3
	F02C6/00	复式燃气轮机装置；燃气轮机装置与其他装置的组合；特殊用途的燃气轮机装置〔3〕	2

　＊在该领域，专利申请（专利权）人的授权量只有第一名李华玉和第二名山东大学较多，其他的申请（专利权）人数量较少，因此，此处不再对其他专利申请人进行申请（专利权）人 -IPC 对应分析了。

三、发明人分析

山东省生物质能技术领域 102 件授权专利共有 177 名专利发明人，其中授权量大于 2 件的发明人专利授权量合计为 75 件，占全部专利授权量的 73.53%。表 8-17 列出了 2011～2015 年该领域授权专利发明人情况，排在第一位的发明人是李华玉，获得授权的发明专利为 34 件，以绝对的优势位居第一，授权量是排名第二的王雷的 8.50 倍，占山东省生物质能技术领域全部授权量的 1/3，大大超过了其他发明人的发明专利授权量。

表 8-17　2011～2015 年山东省生物质能技术领域
授权专利中发明专利发明人统计（TOP 10）

省内排名	发明人	发明专利授权量 / 件						省内占比 /%
		2011 年	2012 年	2013 年	2014 年	2015 年	总计	
1	李华玉	11	7	7	4	5	34	33.33
2	王 雷	0	0	0	1	3	4	3.92
2	赵红霞	0	0	0	1	3	4	3.92
4	曹西森	0	2	0	1	0	3	2.94
4	单广钦	0	2	0	1	0	3	2.94
4	丁兆秋	0	0	0	1	2	3	2.94
4	韩吉田	0	0	1	2	0	3	2.94
4	孔令增	0	1	1	1	0	3	2.94
4	李 刚	0	2	0	1	0	3	2.94
4	王光喜（外 4 个）	0	2	0	1	0	3	2.94

进一步结合技术领域 IPC 分类对专利发明人进行分析，有利于政府、企业迅速掌握主要的研发单位和个人，有利于政府、企业分析主要竞争对手的强势领域，有利于政府、企业寻找合适的合作伙伴，为政府和企业的投资决策以及专利布局调整提供有价值的信息（表 8-18）。

山东省生物质能技术领域全体发明人（177 位）之间的合作关系如图 8-20 所示。由图可知，李华玉不仅与王雷和赵红霞没有合作，也和该领域的其他发明者没有合作，其所有获得授权的专利只有其自己作为发明人。最大的两个合作关系群如图 8-20 左侧所示：一个是以郭安鹏、申相云、韩书军等人形成的合作群，一个是以李辉、韩奎华、张新建等人形成的合作群。

表 8-18　2011～2015 年山东省生物质能技术领域
授权专利发明人 -IPC- 发明专利授权量对应表（TOP 3）

发明人	IPC	IPC 含义	授权量 / 件
李华玉	F25B27/02	应用特定能源的制冷机器、装置或系统·使用废热	34
	F25B41/06	流体循环装置·流量限制器，例如毛细管及其配置	20
	F25B15/02	能连续运转的吸着式机器、装置或系统·不用惰性气体	14
	F25B15/12	能连续运转的吸着式机器、装置或系统·用再吸收器的	12
	F25B15/00	能连续运转的吸着式机器、装置或系统，如吸收式	7
王 雷	F25B27/02	应用特定能源的制冷机器、装置或系统·使用废热	3
	授权量为 1 件的 IPC：F25B41/00、B60H1/00、F02G5/02、F25B41/04、F25B5/02、F25B9/08、F25D19/00、F28D15/02		
赵红霞	F25B27/02	应用特定能源的制冷机器、装置或系统·使用废热	3
	授权量为 1 件的 IPC：F25B41/00、B60H1/00、F02G5/02、F25B41/04、F25B5/02、F25B9/08、F25D19/00、F28D15/02		

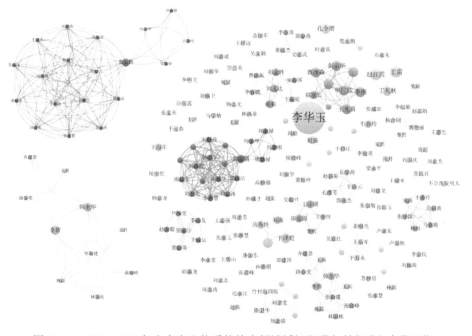

图 8-20　2011～2015 年山东省生物质能技术领域授权发明专利发明人合作网络

四、IPC 分类号分析 / 技术分析

抽取 2011～2015 年山东省生物质能技术领域 106 件授权发明专利的分类号字段，对分类号进行归纳整理，并按照每个分类号的授权量降序排列，结果如表 8-19 所示。2011～2015 年该领域获得授权的 106 件发明专利共涉及 116 个 IPC 分类号，其中约 1/2 的授权专利与 F25B27/02（应用特定能源的制冷机器、装置或系统·使用废热）有关，约 1/5 的授权专利与 F25B41/06（流体循环装置·流量限制器，例如毛细管及其配置）有关。

表 8-19　2011～2015 年山东省生物质能技术领域
发明专利授权量 IPC 分类号统计（TOP 20）

排名	IPC	IPC 含义	发明专利授权量 / 件					总计	占比 /%
			2011年	2012年	2013年	2014年	2015年		
1	F25B27/02	应用特定能源的制冷机器、装置或系统·使用废热	12	12	8	11	13	56	54.90
2	F25B41/06	流体循环装置·流量限制器，例如毛细管及其配置	9	8	3	1	0	21	20.59
3	F25B15/02	能连续运转的吸着式机器、装置或系统·不用惰性气体	1	1	5	3	5	15	14.71
4	C10L5/44	固体燃料··基于植物物质	1	1	5	5	2	14	13.73
5	F25B15/12	能连续运转的吸着式机器、装置或系统·用再吸收器的	4	6	2	0	0	12	11.76
6	F02G5/02	不包含在其他类目中的燃烧发动机余热的利用·排出气体的余热的利用	1	0	1	2	5	9	8.82
7	F25B15/00	能连续运转的吸着式机器、装置或系统，如吸收式	6	0	0	0	1	7	6.86
8	C10L5/46	固体燃料··基于污物、家庭的或城市的垃圾	2	1	2	0	1	6	5.88
8	F25B15/04	能连续运转的吸着式机器、装置或系统·从水溶液中气化氨作制冷剂的	0	2	1	3	0	6	5.88

续表

排名	IPC	IPC 含义	发明专利授权量 / 件					总计	占比 /%
			2011年	2012年	2013年	2014年	2015年		
10	B01J2/22	使原料颗粒化的一般方法或装置；使颗粒材料总体上变得可自由流动·在模子内或在两辊子间挤压	0	0	3	1	0	4	3.92
10	C02F11/00	污泥的处理；其装置〔3〕	0	0	1	2	1	4	3.92
10	F02G5/04	不包含在其他类目中的燃烧发动机余热的利用··与来自燃烧发动机的其他余热混合	1	1	0	0	2	4	3.92
10	F23G5/46	专门适用于焚烧废物或低品位燃料的方法或设备··热回收的〔4〕	0	1	1	2	0	4	3.92
10	F25B15/06	能连续运转的吸着式机器、装置或系统··从盐溶液，例如溴化锂中气化水蒸气作制冷剂	0	0	0	1	3	4	3.92
15	B01J2/20	使原料颗粒化的一般方法或装置；使颗粒材料总体上变得可自由流动·将原料挤压，例如，通过网眼并切断挤出的长条	0	1	1	1	0	3	2.94
15	C10L1/14	液体含碳燃料··有机化合物	0	1	1	1	0	3	2.94
15	F01D15/10	适用于特殊用途的机器或发动机；发动机与其从动装置的组合装置·适用于驱动发电机或与发电机的组合的装置	0	1	0	1	1	3	2.94
15	F23G5/44	专门适用于焚烧废物或低品位燃料的方法或设备·零部件；附件〔4〕	0	1	1	1	0	3	2.94
15	F25B29/00	加热和制冷组合系统，例如交替或同时运转的〔5〕	1	0	0	0	2	3	2.94
15	F25B41/00 （外5个）	流体循环装置，例如从蒸发器往发生器输送液体用的（泵本身及其所用密封入F04）	0	1	0	1	1	3	2.94

五、聚类分析

生物质能技术领域的授权专利主要分为 4 类（图 8-21）：C10L5/44（固体燃料··基于植物物质）、F02G5/02（不包含在其他类目中的燃烧发动机余热的利用·排出气体的余热的利用）、F25B27/02（应用特定能源的制冷机器、装置或系统·使用废热）、C10L1/14（液体含碳燃料··有机化合物）。

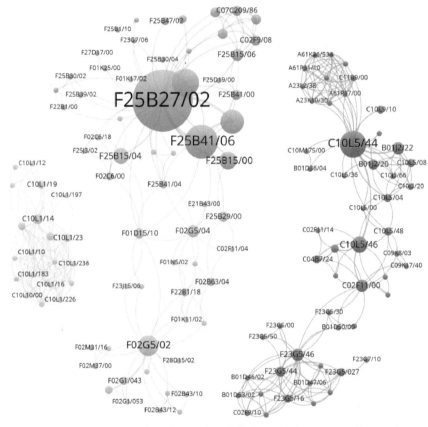

图 8-21　2011～2015 年山东省生物质能技术领域授权发明专利技术图谱

（一）植物物质的固体燃料

与 C10L5/44 相关的授权专利共 14 件，占生物质能技术领域的 13.73%。早期与之相关的技术为 F23G5/50、C02F11/14、C10L5/00 等，近期与之相关的技术为 B01D36/04、C02F11/02、C02F11/12 等（图 8-22）。具体相关专利有：由韩奎华、林磊、李辉等人发明，2016 年 8 月 24 日济南宝华新能源技术有限公司获得授权的名为"一种生物质基燃料及制备方法"的专利；由时吉高发明，2015 年 7 月 1 日夏津县阳光新能源开发有限公司获得授权的名为"生物质燃料系统设备"的专利；由车春玲、刘霞发明，2015 年 2 月 11 日济南开发区星火科学技术研究院获得授权的名为"一种生物燃料的制备方法"的专利等。

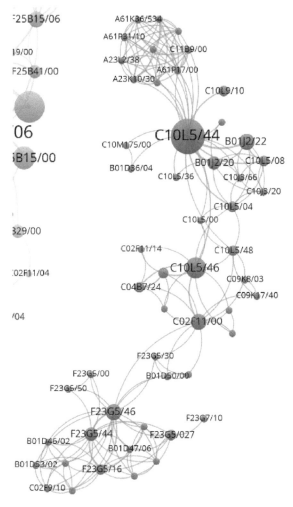

图 8-22　2011～2015 年山东省生物质能技术领域授权发明专利技术图谱
——植物物质的固体燃料类

（二）燃烧发动机余热的利用

与 F02G5/02 相关的授权专利共 9 件，占生物质能技术领域的 8.82%。早期与之相关的技术为 F02M31/16、F02M37/00、F02N19/04 等，近期与之相关的技术为 F02B63/04、F22B1/18、B60H1/00 等（图 8-23）。具体相关专利有：由刘义达、祁金胜、蒋莉、曹洪振等人发明，2016 年 5 月 11 日山东电力工程咨询院有限公司获得授权的名为"一种发电内燃机余热梯级利用系统"的专利；由王雷、赵红霞、石亚东发明，2016 年 2 月 10 日山东大学获得授权的名为"一种换热量可控的汽车尾气换热器及其工作方法"的专利；由李春国、窦春燕、史正武等人发明，2015 年 7 月 8 日山东青能动力股份有限公司获得授权的名为"中高温烟气余热双工质联合循环发电装置"的专利等。

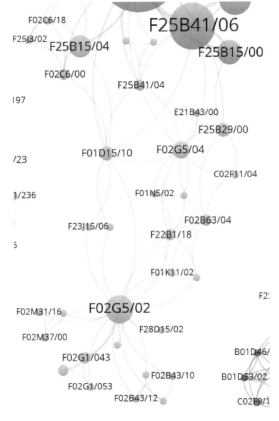

图 8-23　2011～2015 年山东省生物质能技术领域授权发明专利技术图谱
——燃烧发动机余热的利用类

（三）废热的利用

与 F25B27/02 相关的授权专利共 56 件，占生物质能技术领域的 54.90%。早期与之相关的技术为 F25B15/12、F25B41/06、F25B15/00 等，近期与之相关的技术为 C02F9/08、C07C209/86、C07C211/46 等（图 8-24）。具体相关专利有：由王雷、丁兆秋、赵红霞发明，2017 年 12 月 19 日山东大学获得授权的名为"一种冷藏车废热驱动引流式喷射式制冷系统"的专利；由李华玉发明，2016 年 8 月 17 日李华玉获得授权的名为"分路循环第一类吸收式热泵"的专利；由刘焕卫发明，2014 年 10 月 22 日烟台大学获得授权的名为"基于第三工作介质发电的燃气热泵供能系统"的专利等。

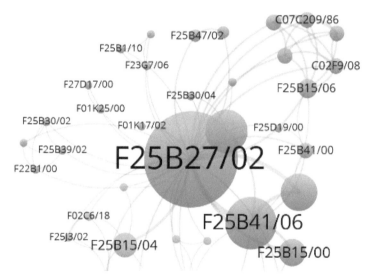

图 8-24　2011～2015 年山东省生物质能技术领域授权发明专利技术图谱
——废热的利用类

（四）柴油复合添加剂

与 C10L1/14 相关的授权专利共 3 件，占生物质能技术领域的 2.94%。早期与之相关的技术为 C10L1/12、C10L1/222、C10L1/26 等，近期与之相关的技术为 C10L1/197、C10L1/23、C10L1/2383 等（图 8-25）。具体相关专利有：由刘振学、董松祥、牟庆平等人发明，2015 年 7 月 22 日黄河三角洲京博化工研究院有限公司获得授权的名为"一种柴油复合添加剂"的专利；由张成如、车春玲发明，2015 年 2 月 11 日临沂实能德环保燃料化工有限责任公司获得授权的名为"一种应用于生物柴油的复合添加剂"的专利；由许国权、于得江发明，2015 年 1 月 28 日山东吉利达能源科技有限公司获得授权的名为"一种用于国Ⅲ柴油的柴油品质提升剂"的专利等。

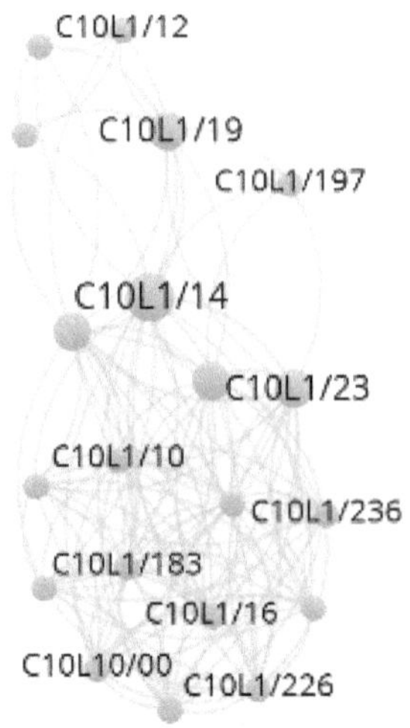

图 8-25　2011～2015 年山东省生物质能技术领域授权发明专利技术图谱
——柴油复合添加剂类

第四节　水能技术领域的专利授权情况分析

一、授权量分析

2011～2015 年，山东省水能技术领域专利授权量为 118 件，同一时期全国在该领域的专利授权量为 1801 件，山东省占全国专利授权量的 6.55%。这表明山东省在水能技术领域占据了重要的地位。2011 年山东省在该领域的专利授权量为 24 件，占全国总量的 5.42%，而到 2015 年授权量为 18 件，占全国总量的比例上升至 7.53%。山东省该领域的专利授权量的绝对数量在 2013 年达到最大值后有所下降，相对数量也在 2013 年到达最高占比后有所下降，到 2015 年时，绝对数量和相对数量都有所回升（图 8-26）。

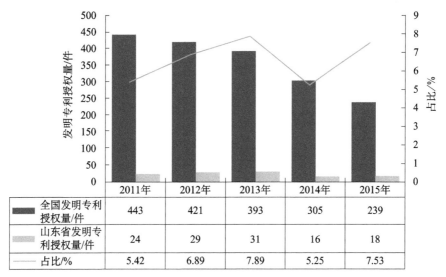

	2011年	2012年	2013年	2014年	2015年
■ 全国发明专利授权量/件	443	421	393	305	239
▨ 山东省发明专利授权量/件	24	29	31	16	18
— 占比/%	5.42	6.89	7.89	5.25	7.53

图 8-26　2011～2015 年全国和山东省水能技术领域
发明专利授权量及山东省占全国的比例

2011～2015 年山东省在水能技术领域发明专利授权量为全国第 5 名（表 8-20）；每年的全国排名均位于前 10 名，最高排进全国第 3 名（图 8-27）。在 2014 年和 2015 年，山东省在该领域的专利授权量全国排名均与广东省并列，分别为并列第 4 名和并列第 3 名。

表 8-20　2011～2015 年全国水能技术领域发明专利授权量排名表（TOP 10）

排名	省市	发明专利授权量 / 件						占全国比例 /%
		2011 年	2012 年	2013 年	2014 年	2015 年	总计	
1	江苏	39	62	56	46	34	237	13.16
2	北京	55	50	33	27	15	180	9.99
3	浙江	29	30	34	36	29	158	8.77
4	广东	33	25	42	16	18	134	7.44
5	**山东**	**24**	**29**	**31**	**16**	**18**	**118**	**6.55**

续表

排名	省市	发明专利授权量 / 件						占全国比例 /%
		2011 年	2012 年	2013 年	2014 年	2015 年	总计	
6	上海	25	19	16	15	12	87	4.83
7	湖北	8	8	15	7	16	54	3.00
8	福建	8	9	9	12	13	51	2.83
9	湖南	9	12	9	14	5	49	2.72
10	河南	13	6	7	10	12	48	2.67

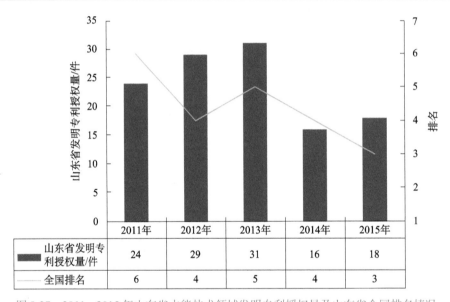

	2011年	2012年	2013年	2014年	2015年
山东省发明专利授权量/件	24	29	31	16	18
全国排名	6	4	5	4	3

图 8-27　2011～2015 年山东省水能技术领域发明专利授权量及山东省全国排名情况

二、申请（专利权）人分析

2011～2015 年，山东省在水能技术领域获得授权的 118 件发明专利共有 85 名申请（专利权）人，对每个申请（专利权）人的专利授权量进行分析，结果如表 8-21 所示。山东省水能技术领域的专利授权量位居第一的是山东理工大学，有 8 件专利获得授权，在全国排名第 22。在该领域排名第二的是山东大学，有 6 件专利获得授权，在全国也排名比较靠前，为第 37 名。

表 8-21　2011～2015 年山东省水能技术领域
授权专利中发明专利申请（专利权）人分布（TOP 7）

省内排名	申请（专利权）人	发明专利授权量／件						省内占比/%	全国排名
		2011 年	2012 年	2013 年	2014 年	2015 年	总计		
1	山东理工大学	1	0	6	0	1	8	6.78	22
2	山东大学	2	2	1	0	1	6	5.08	37
3	山东科技大学	1	1	0	1	1	4	3.39	72
3	潍柴动力股份有限公司	0	2	1	0	1	4	3.39	72
3	中国海洋大学	0	1	2	1	0	4	3.39	72
3	中交一航局第二工程有限公司	0	0	4	0	0	4	3.39	72
7	新泰市风龙王设备有限公司	0	3	0	0	0	3	2.54	93

　　进一步结合技术领域 IPC 分类对专利申请（专利权）人进行分析，有利于政府、企业迅速掌握主要的研发单位和个人，有利于政府、企业分析主要竞争对手的强势领域，有利于政府、企业寻找合适的合作伙伴，为政府和企业的投资决策以及专利布局调整提供有价值的信息（表 8-22）。

表 8-22　2011～2015 年山东省水能技术领域
授权专利申请（专利权）人 -IPC- 发明专利授权量对应表（TOP 2[*]）

申请（专利权）人	IPC	IPC 含义	授权量／件
山东理工大学	H02K7/18	结构上与电机连接用于控制机械能的装置·发电机与机械驱动机结构上相连的，例如汽轮机	7
	H02K1/22	磁路零部件··磁路的转动零部件	3
	H02K1/12	磁路零部件··磁路的静止零部件的	2
山东大学	F03D9/00	特殊用途的风力发动机；风力发动机与受它驱动的装置的组合	3
	F03B13/00	特殊用途的机械或发动机；机械或发动机与驱动或从动装置的组合	2
	F03D3/06	具有基本上与进入发动机的气流垂直的旋转轴线的风力发动机·转子	2

　　* 在该领域，专利申请（专利权）人的授权量除第一名山东理工大学和第二名山东大学外，其他的申请（专利权）人授权量量较少，因此，此处不再对其他专利申请人进行申请（专利权）人 -IPC 对应分析了。

三、发明人分析

　　山东省水能技术领域 118 件授权专利共有 385 名专利发明人，其中授权量大于 3 件的发明人专利授权量合计为 43 件，占全部专利授权量的 36.44%。表 8-23 列出了 2011～2015 年该领域授权专利发明人情况，排在第 1 位的发明人是张学义，获得授权的发明专利为 8 件，占该领域全部专利的 6.78%。

表 8-23 2011～2015 年山东省水能技术领域授权专利中发明专利发明人统计（TOP 9）

省内排名	发明人	发明专利授权量 / 件						省内占比 /%
		2011 年	2012 年	2013 年	2014 年	2015 年	总计	
1	张学义	1	0	6	0	1	8	6.78
2	杜钦君	0	0	5	0	0	5	4.24
2	马清芝	0	0	5	0	0	5	4.24
2	尹红彬	0	0	5	0	0	5·	4.24
5	冯海暴	0	0	4	0	·0	4	3.39
5	刘德进	0	0	4	0	0	4	3.39
5	马 涛	0	0	0	1	3	4	3.39
5	曲俐俐	0	0	4	0	0	4	3.39
5	张庆文	0	0	4	0	0	4	3.39

进一步结合技术领域 IPC 分类对专利发明人进行分析，有利于政府、企业迅速掌握主要的研发单位和个人，有利于政府、企业分析主要竞争对手的强势领域，有利于政府、企业寻找合适的合作伙伴，为政府和企业的投资决策以及专利布局调整提供有价值的信息（表 8-24）。

表 8-24 2011～2015 年山东省水能技术领域
授权专利发明人 IPC 发明专利授权量对应表（TOP 4）

发明人	IPC	IPC 含义	授权量 / 件
张学义	H02K7/18	结构上与电机连接用于控制机械能的装置•发电机与机械驱动机结构上相连的，例如汽轮机	8
	H02K1/22	磁路零部件••磁路的转动零部件	4
	H02K1/12	磁路零部件••磁路的静止零部件的	3
杜钦君	H02K7/18	结构上与电机连接用于控制机械能的装置•发电机与机械驱动机结构上相连的，例如汽轮机	5
	H02K1/22	磁路零部件••磁路的转动零部件	3
	H02K1/12	磁路零部件••磁路的静止零部件的	2

续表

发明人	IPC	IPC 含义	授权量/件
马清芝	H02K7/18	结构上与电机连接用于控制机械能的装置·发电机与机械驱动机结构上相连的，例如汽轮机	5
	H02K1/22	磁路零部件··磁路的转动零部件	3
	H02K1/12	磁路零部件··磁路的静止零部件的	2
尹红彬	H02K7/18	结构上与电机连接用于控制机械能的装置·发电机与机械驱动机结构上相连的，例如汽轮机	5
	H02K1/22	磁路零部件··磁路的转动零部件	3
	H02K1/12	磁路零部件··磁路的静止零部件的	2

山东省水能技术领域全体发明人（385 位）之间的合作关系如图 8-28 所示。由图可知，张学义、杜钦君、马清芝、尹红彬之间是密切合作的关系。最大的两个合作关系群如图 8-28 左侧所示：一个是以杨志刚、戚涛、陈伟、牛伟峰等人形成的合作群，一个是以史宏达、刘臻、赵环宇、曲娜等人形成的合作群。

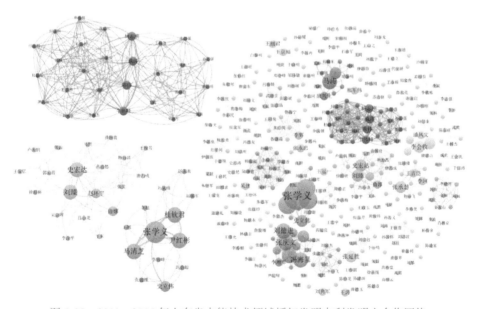

图 8-28　2011～2015 年山东省水能技术领域授权发明专利发明人合作网络

四、IPC 分类号分析 / 技术分析

抽取 2011～2015 年山东省水能技术领域 118 件授权发明专利的分类号字段，对分类号进行归纳整理，并按照每个分类号的授权量降序排列，结果如表 8-25 所示。2011～2015 年在该领域获得授权的 118 件发明专利共涉及 180 个 IPC 分类号，其中约 1/3 的授权专利与 F03D9/00（特殊用途的风力发动机；风力发动机与受它驱动的装置的组合）有关，约 1/5 的授权专利与 F03B13/00（特殊用途的机械或发动机；机械或发动机与驱动或从动装置的组合）有关。

表 8-25　2011～2015 年山东省水能技术领域发明专利授权量 IPC 分类号统计（TOP 20）

排名	IPC	IPC 含义	发明专利授权量 / 件					总计	占比 /%
			2011年	2012年	2013年	2014年	2015年		
1	F03D9/00	特殊用途的风力发动机；风力发动机与受它驱动的装置的组合	12	15	5	2	1	35	29.66
2	F03B13/00	特殊用途的机械或发动机；机械或发动机与驱动或从动装置的组合	6	3	5	4	6	24	20.34
3	H02K7/18	结构上与电机连接用于控制机械能的装置•发电机与机械驱动机结构上相连的，例如汽轮机	4	1	7	4	3	19	16.10
4	B62D5/06	机动车；挂车•流体的，即利用压力流体作为车辆转向所需要的大部分或全部作用力	0	5	4	4	2	15	12.71
4	E02B3/02	饮用水或自来水的取水或集水的方法或装置•取自雨水	0	4	4	2	5	15	12.71
6	F03D3/06	具有基本上与进入发动机的气流垂直的旋转轴线的风力发动机•转子	5	4	1	2	2	14	11.86
7	F03B3/12	反作用式机械或发动机；其专用部件或零件•叶片；带有叶片的转子	4	2	0	0	3	9	7.63
8	F03B3/00	反作用式机械或发动机；其专用部件或零件	3	2	2	0	1	8	6.78

排名	IPC	IPC 含义	发明专利授权量 / 件					总计	占比 /%
			2011年	2012年	2013年	2014年	2015年		
9	F03B3/18	反作用式机械或发动机；其专用部件或零件··定子叶片；导管或导流片	2	1	1	0	3	7	5.93
9	F03D11/00	不包含在本小类其他组中或与本小类其他组无关的零件、部件或附件	3	4	0	0	0	7	5.93
11	F03B13/14	特殊用途的机械或发动机；机械或发动机与驱动或从动装置的组合；电站或机组··利用波能〔4〕	2	0	3	0	1	6	5.08
11	F03D11/02	不包含在本小类其他组中或与本小类其他组无关的零件、部件或附件·动力的传送，例如使用空心排气叶片	3	3	0	0	0	6	5.08
11	F03D9/02	特殊用途的风力发动机；风力发动机与受它驱动的装置的组合·贮存动力的装置	3	1	2	0	0	6	5.08
14	F03D3/00	具有基本上与进入发动机的气流垂直的旋转轴线的风力发动机	4	1	0	0	0	5	4.24
14	F03D7/06	风力发动机的控制·具有基本上与进入发动机的气流垂直的旋转轴线的风力发动机	3	2	0	0	0	5	4.24
14	H02K1/22	磁路零部件··磁路的转动零部件	0	0	5	0	0	5	4.24
14	H02K7/10	结构上与电机连接用于控制机械能的装置·结构上与离合器、制动器、传动机构、滑轮、机械起动器相连的	5	0	0	0	0	5	4.24
18	B62D5/04	助力的或动力驱动的转向机构·电力的，例如使用伺服电动机与转向器连接或构成转向器的零件	0	2	0	2	0	4	3.39
18	H02K1/12	磁路零部件··磁路的静止零部件的	0	0	4	0	0	4	3.39

续表

排名	IPC	IPC 含义	发明专利授权量 / 件					总计	占比 /%
			2011年	2012年	2013年	2014年	2015年		
20	E02B3/00（外 8 个）	与溪流、河道、海岸或其他海域的控制与利用有关的工程（拦河坝或堰入 E02B7/00）；一般水工结构物的接缝或密封	0	0	2	1	0	3	2.54

五、聚类分析

水能技术领域的授权专利主要分为 4 类（图 8-29）：F03B13/00（特殊用途的机械或发动机；机械或发动机与驱动或从动装置的组合）、H02K7/18（结构上与电机连接用于控制机械能的装置·发电机与机械驱动机结构上相连的，例如汽轮机）、F03D9/00（特殊用途的风力发动机；风力发动机与受它驱动的装置的组合）、B62D5/06（助力的或动力驱动的转向机构·流体的，即利用压力流体作为车辆转向所需要的大部分或全部作用力〔4〕）。

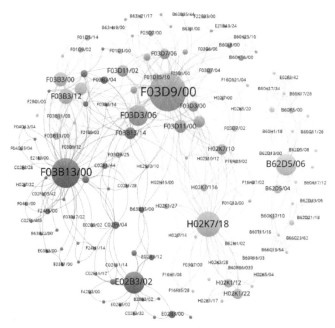

图 8-29　2011～2015 年山东省水能技术领域授权发明专利技术图谱

（一）特殊用途的机械或发动机

与 F03B13/00 相关的授权专利共 24 件，占风能技术领域的 20.34%。早期与之相关的技术为 C02F1/44、F03B3/14、F03B17/02 等，近期与之相关的技术为 C02F1/04、C02F103/42、F25B30/06 等（图 8-30）。具体相关专利有：由朱杰高、徐海文发明，2016 年 2 月 10 日山东太平洋环保有限公司获得授权的名为"应用于医药化工污水处理厌氧塔的发电系统及其工作方法"的专利；由石延、徐洁、韩克迎等人发明，2016 年 1 月 20 日国网山东省电力公司淄博供电公司和国家电网有限公司获得授权的名为"弧形水压转动水轮发电机组"的专利；由董普界发明，2016 年 1 月 13 日董普界获得授权的名为"涡轮水力发电机"的专利等。

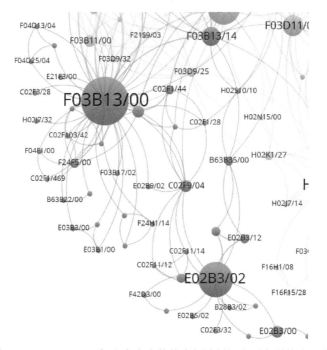

图 8-30　2011～2015 年山东省水能技术领域授权发明专利技术图谱
——特殊用途的机械或发动机

（二）发电机与机械驱动机结构相连装置

与 H02K7/18 相关的授权专利共 19 件，占水能技术领域的 16.10%。早期与之相关的技术为 H02J7/14、H02K7/02、F03B15/00 等，近期与之相关的技术为 F03D9/32、F21S9/03、F21V33/00 等（图 8-31）。具体相关专利有：由王自民、王爱宽、田相录等人发明，2015 年 12 月 23 日东营市创元石油机械制造有限公司获得授权的名为"一种井下磁耦合涡轮动力悬臂式交流发电机"的专利；由张学义、马清芝、杜钦君等人发明，2015 年 8 月 5 日山东理工大学获得授权的名为"车辆废气涡轮驱动永磁发电机"的专利；由张学义、马清芝、杜钦君等人发明，2015 年 7 月 15 日山东理工大学获得授权的名为"汽车废气涡轮驱动轴向励磁发电机"的专利等。

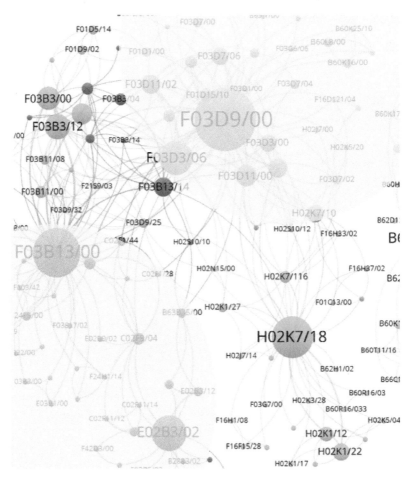

图 8-31 2011～2015 年山东省水能技术领域授权发明专利技术图谱
——发电机与机械驱动机结构相连装置类

（三）特殊用途的风力发动机

与 F03D9/00 相关的授权专利共 35 件，占水能技术领域的 29.66%。早期与之相关的技术为 F16H1/22、H02J7/00、H02K5/20 等，近期与之相关的技术为 F03D80/00、F03D1/06、F04B17/02 等（图 8-32）。具体相关专利有：由吴速发明，2015 年 4 月 22 日吴速获得授权的名为"一种垂直轴风力发电装置"的专利；由朱波、蔡珣、王成国发明，2014 年 3 月 12 日山东大学获得授权的名为"一种新型碳纤维风力发电机及其制备方法"的专利；由王京福、刁新华、王丽君发明，2013 年 3 月 27 日山东中泰新能源集团有限公司获得授权的名为"特大型垂直轴风力发电装置的机械传动系统"的专利等。

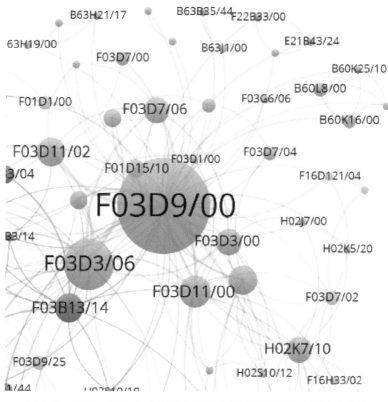

图 8-32　2011～2015 年山东省水能技术领域授权发明专利技术图谱
——特殊用途的风力发动机类

（四）利用压力流体的转向机构

与 B62D5/06 相关的授权专利共 15 件，占水能技术领域的 12.71%。早期与之相关的技术为 B62D21/18、B62D33/06、B66F9/12 等，近期与之相关的技术为 B62D5/08、B62D5/18、B60G11/26 等（图 8-33）。具体相关专利有：由谭旭光、赵秀敏、刘林等人发明，2017 年 11 月 10 日潍柴动力股份有限公司获得授权的名为"液压转向系统"的专利；由韩新国发明，2017 年 7 月 11 日潍坊爱地植保机械有限公司获得授权的名为"一种转向机构"的专利；由韩尔樑、赵强、潘凤文等人发明，2015 年 5 月 13 日潍柴动力股份有限公司获得授权的名为"一种电动液压助力转向系统故障诊断方法与控制器"的专利等。

图 8-33　2011～2015 年山东省水能技术领域授权发明专利技术图谱
——利用压力流体的转向机构类

第五节　核能技术领域的专利授权情况分析

一、授权量分析

2011～2015 年，山东省核能技术领域专利授权量为 86 件，同一时期全国在该领域的专利授权量为 5203 件，山东省占全国专利授权量的 1.65%。这表明山东省在核能技术领域占据了微弱的地位。2011 年山东省在该领域专利授权量为 20 件，占全国总量的 1.91%，而到 2015 年授权量为 19 件，占全国总量的比例上升至 3.02%，占比大约是 2011 年的 1.58 倍。山东省该领域的专利授权量的绝对数量均没有超过 20 件，相对数量除 2015 年外，比例均稳定在 1%～2%（图 8-34）。

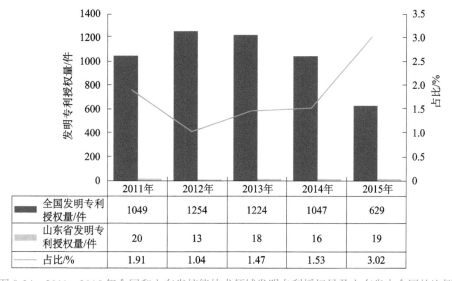

	2011年	2012年	2013年	2014年	2015年
全国发明专利授权量/件	1049	1254	1224	1047	629
山东省发明专利授权量/件	20	13	18	16	19
占比/%	1.91	1.04	1.47	1.53	3.02

图 8-34　2011～2015 年全国和山东省核能技术领域发明专利授权量及山东省占全国的比例

2011～2015 年山东省在核能技术领域发明专利授权量为全国第 11 名（表 8-26）；每年的全国排名均位于前 15 名，最高排进全国第 8 名（图 8-35）。2011 年，山东省在该领域的专利授权量全国排名第 8，在 2014 年排名达到最低，为第 13 名。

表 8-26　2011～2015 年全国核能技术领域发明专利授权量排名表（TOP 20）

排名	省市	发明专利授权量 / 件						占全国比例 /%
		2011 年	2012 年	2013 年	2014 年	2015 年	总计	
1	北京	143	206	190	187	102	828	15.91
2	广东	72	86	108	118	93	477	9.17
3	四川	33	106	71	76	85	371	7.13
4	上海	52	77	107	65	55	356	6.84
5	江苏	58	60	63	83	41	305	5.86
6	湖北	17	19	43	63	28	170	3.27
7	浙江	31	25	29	38	33	156	3.00
8	安徽	8	27	26	57	31	149	2.86
9	陕西	25	11	32	40	15	123	2.36
10	黑龙江	17	16	24	35	23	115	2.21
11	**山东**	**20**	**13**	**18**	**16**	**19**	**86**	**1.65**
12	湖南	8	8	16	20	19	71	1.36
13	辽宁	7	7	23	20	8	65	1.25
14	重庆	9	11	8	11	5	44	0.85
15	甘肃	2	4	7	6	16	35	0.67
16	天津	7	5	6	12	3	33	0.63
17	福建	4	3	4	11	9	31	0.60
18	山西	3	10	5	3	2	23	0.44
19	河南	1	5	3	5	2	16	0.31
20	江西	2	1	4	5	3	15	0.29

二、申请（专利权）人分析

2011～2015 年，山东省在核能技术领域获得授权的 86 件发明专利共有 66 名申请（专利权）人，对每个申请（专利权）人的专利授权量进行分析，

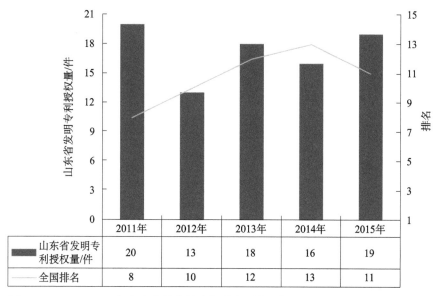

图 8-35　2011～2015 年山东省核能技术领域发明专利授权量及山东省全国排名情况

结果如表 8-27 所示。山东省核能技术领域的专利授权量位居第一的是山东新华医疗器械股份有限公司，有 6 件专利获得授权，均占总数的 6.98%，在全国排名第 140 位。车培彩和山东大学在该领域并列第二名，均有 5 件专利获得授权。

表 8-27　2011～2015 年山东省核能技术领域授权
专利中发明专利申请（专利权）人分布（TOP 5）

省内排名	申请（专利权）人	发明专利授权量／件						省内占比/%	全国排名
		2011年	2012年	2013年	2014年	2015年	总计		
1	山东新华医疗器械股份有限公司	1	3	1	1	0	6	6.98	140
2	车培彩	5	0	0	0	0	5	5.81	155
2	山东大学	0	1	0	2	2	5	5.81	155
4	山东核电设备制造有限公司	2	0	0	1	0	3	3.49	189
4	中国航天科技集团公司第五研究院第五一三研究所	0	0	2	0	1	3	3.49	237

进一步结合技术领域 IPC 分类对专利申请（专利权）人进行分析，有利

于政府、企业迅速掌握主要的研发单位和个人，有利于政府、企业分析主要竞争对手的强势领域，有利于政府、企业寻找合适的合作伙伴，为政府和企业的投资决策以及专利布局调整提供有价值的信息（表 8-28）。

表 8-28 2011～2015 年山东省核能技术领域
授权专利申请（专利权）人 -IPC- 发明专利授权量对应表（TOP 3）

申请（专利权）人	IPC	IPC 含义	授权量 / 件
山东新华医疗器械股份有限公司	A61B6/00	用于放射诊断的仪器，如与放射治疗设备相结合的	2
	授权量为 1 件的 IPC：A61B6/12、A61N5/00、G01T1/02、G01T1/08、G01T1/29、G21K1/02、G21K1/04		
山东大学	G01V5/00	应用核辐射进行勘探或探测，例如，利用天然的或诱导的放射性	3
	授权量为 1 件的 IPC：B01J20/22、B01J20/30、B63H23/02、F16H37/02、G01F23/288、G01N27/62、G01N33/18、G21F9/12		
车培彩	B63B1/36	船体或水翼的流体动力学特征或流体静力学特征 ••• 用机械装置的	4
	B63H5/04	直接作用在水上的推进部件在船上的配置 •• 有固定导水部件的	4
	B63H21/17	船上推进动力设备或装置的使用 •• 用电动机的	3
	授权量为 1 件的 IPC：B63B3/00、B63H11/103		

三、发明人分析

山东省核能技术领域 86 件授权专利共有 296 名专利发明人，其中授权量大于 2 件的发明人专利授权量合计为 34 件，占全部专利授权量的 39.53%。表 8-29 列出了 2011～2015 年该领域授权专利发明人情况，排在第 1 位的发明人是车培彩，获得授权的发明专利为 5 件，排在第二名的是胡慧君和邵飞，均有 4 件专利获得授权。

表 8-29 2011～2015 年山东省核能技术领域授权专利中发明专利发明人统计（TOP 10）

省内排名	发明人	发明专利授权量 / 件						省内占比 /%
		2011 年	2012 年	2013 年	2014 年	2015 年	总计	
1	车培彩	5	0	0	0	0	5	5.81
2	胡慧君	0	0	2	0	2	4	4.65

续表

省内排名	发明人	发明专利授权量 / 件						省内占比 /%
		2011 年	2012 年	2013 年	2014 年	2015 年	总计	
2	邵 飞	0	0	2	0	2	4	4.65
4	陈 原	0	0	0	0	3	3	3.49
4	成希革	0	2	1	0	0	3	3.49
4	高 军	0	0	0	0	3	3	3.49
4	王军涛	2	0	0	1	0	3	3.49
4	晏桂珍	2	0	0	1	0	3	3.49
4	杨中伟	2	0	0	1	0	3	3.49
4	张荣敏	0	0	0	0	3	3	3.49

进一步结合技术领域 IPC 分类对专利发明人进行分析，有利于政府、企业迅速掌握主要的研发单位和个人，有利于政府、企业分析主要竞争对手的强势领域，有利于政府、企业寻找合适的合作伙伴，为政府和企业的投资决策以及专利布局调整提供有价值的信息（表 8-30）。

表 8-30 2011～2015 年山东省核能技术领域
授权专利发明人 -IPC- 发明专利授权量对应表（TOP 3）

发明人	IPC	IPC 含义	授权量 / 件
车培彩	B63B1/36	船体或水翼的流体动力学特征或流体静力学特征 ··· 用机械装置的	4
	B63H5/04	直接作用在水上的推进部件在船上的配置 ·· 有固定导水部件的	4
	B63H21/17	船上推进动力设备或装置的使用 ·· 用电动机的	3
胡慧君	G01C21/24	导航 · 专用于宇宙航行的导航	1
	G01C25/00	有关本小类其他各组中的仪器或装置的制造、校准、清洁或修理	1
	G01T1/00	X 射线辐射、γ 射线辐射、微粒子辐射或宇宙线辐射的测量	1
	G01T1/16	X 射线辐射、γ 射线辐射、微粒子辐射或宇宙线辐射的测量 · 辐射强度测量（G01T 1/29 优先）〔2〕	1
	G01T1/20	X 射线辐射、γ 射线辐射、微粒子辐射或宇宙线辐射的测量 ·· 用闪烁探测器	1
	G01T1/36	X 射线辐射、γ 射线辐射、微粒子辐射或宇宙线辐射的测量 · 测量 X 射线或核辐射的能谱分布	1

续表

发明人	IPC	IPC 含义	授权量 / 件
邵飞	G01C21/24	导航·专用于宇宙航行的导航	1
	G01C25/00	有关本小类其他各组中的仪器或装置的制造、校准、清洁或修理	1
	G01T1/00	X 射线辐射、γ 射线辐射、微粒子辐射或宇宙线辐射的测量	1
	G01T1/16	X 射线辐射、γ 射线辐射、微粒子辐射或宇宙线辐射的测量·辐射强度测量（G01T 1/29 优先）〔2〕	1
	G01T1/20	X 射线辐射、γ 射线辐射、微粒子辐射或宇宙线辐射的测量··用闪烁探测器	1
	G01T1/36	X 射线辐射、γ 射线辐射、微粒子辐射或宇宙线辐射的测量·测量 X 射线或核辐射的能谱分布	1

山东省核能技术领域全体发明人（296 位）之间的合作关系如图 8-36 所示。由图可知，车培彩不仅与胡慧君和邵飞没有合作，也和该领域的其他发明者没有合作，其所有获得授权的专利只有其自己作为发明人。最大的两个合作关系群如图 8-36 左侧所示：一个是以杨中伟、晏桂珍、王军涛等人形成的合作群，一个是以胡慧君、邵飞、徐延庭、连剑等人形成的合作群。

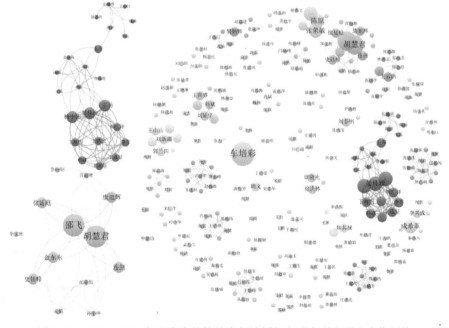

图 8-36　2011～2015 年山东省核能技术领域授权发明专利发明人合作网络

四、IPC 分类号分析 / 技术分析

抽取 2011～2015 年山东省核能技术领域 86 件授权发明专利的分类号字段，对分类号进行归纳整理，并按照每个分类号的授权量降序排列，结果如表 8-31 所示。2011～2015 年在该领域获得授权的 86 件发明专利共涉及 121 个 IPC 分类号，其中约 1/7 的授权专利与 A61B6/00（用于放射诊断的仪器，如与放射治疗设备相结合的）有关，约 1/8 的授权专利与 B63H21/17（船上推进动力设备或装置的使用 •• 用电动机的）有关。

表 8-31　2011～2015 年山东省核能技术领域发明专利授权量 IPC 分类号统计（TOP 11）

排名	IPC	IPC 含义	发明专利授权量 / 件						占比 /%
			2011年	2012年	2013年	2014年	2015年	总计	
1	A61B6/00	用于放射诊断的仪器，如与放射治疗设备相结合的	3	3	2	2	2	12	13.95
2	B63H21/17	船上推进动力设备或装置的使用 •• 用电动机的	5	1	1	0	4	11	12.79
3	B63H5/04	直接作用在水上的推进部件在船上的配置 •• 有固定导水部件的	9	0	0	0	0	9	10.47
4	B63B1/36	船体或水翼的流体动力学特征或流体静力学特征 ••• 用机械装置的	7	0	0	0	0	7	8.14
5	B63H23/02	从推进动力设备至推进部件的动力传递 • 用机械传动装置的	0	2	0	1	1	4	4.65
5	G01T1/29	X 射线辐射、γ 射线辐射、微粒子辐射或宇宙线辐射的测量 • 对辐射束流的测量，例如，测量射束位置或截面；辐射的空间分布的测量〔2〕	2	0	1	0	1	4	4.65
5	G21F3/02	以其物理形态（如颗粒）或材料的形状为特征的防护物 • 衣服	0	0	3	0	1	4	4.65
8	A61B6/10	用于放射诊断的仪器，如与放射治疗设备相结合的 • 安全装置的应用或配合	0	1	1	1	0	3	3.49

续表

排名	IPC	IPC 含义	发明专利授权量 / 件					总计	占比 /%
			2011年	2012年	2013年	2014年	2015年		
8	G01T1/36	X 射线辐射、γ 射线辐射、微粒子辐射或宇宙线辐射的测量·测量 X 射线或核辐射的能谱分布	0	0	1	1	1	3	3.49
8	G01V5/00	应用核辐射进行勘探或探测，例如，利用天然的或诱导的放射性	0	0	0	2	1	3	3.49
8	G21F3/00	以其物理形态（如颗粒）或材料的形状为特征的防护物	1	0	1	0	1	3	3.49

五、聚类分析

核能技术领域的授权专利主要分为 3 类（图 8-37）：A61B6/00（用于放射诊断的仪器，如与放射治疗设备相结合的）、B63H21/17（船上推进动力设备或装置的使用··用电动机的）、G21F3/02［以其物理形态（如颗粒）或材料的形状为特征的防护物·衣服］。

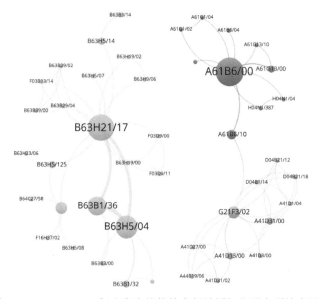

图 8-37 2011～2015 年山东省核能技术领域授权发明专利技术图谱

（一）放射诊断仪器

与 A61B6/00 相关的授权专利共 12 件，占核能技术领域的 13.95%。早期与之相关的技术为 A61B6/04、H04N1/04、H04N1/387 等，近期与之相关的技术为 A61G13/00、A61G13/10、A61B6/10 等（图 8-38）。具体相关专利有：由任旗、刘广超、王爱涛等人发明，2016 年 8 月 17 日山东新华医疗器械股份有限公司获得授权的名为"一种同源双束医用加速器"的专利；由李昕、王晴文、姚树展发明，2016 年 3 月 16 日山东省立医院获得授权的名为"一种 X 射线透视仪"的专利；由李建林、董言治、高伟等人发明，2015 年 9 月 30 日李建林获得授权的名为"X 线胸部摄影曝光控制仪"的专利等。

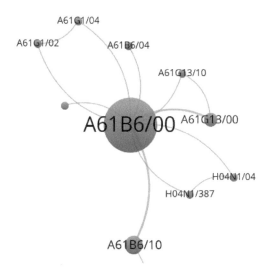

图 8-38　2011～2015 年山东省核能技术领域授权发明专利技术图谱
——放射诊断仪器类

（二）利用电动机的船上推进装置

与 B63H21/17 相关的授权专利共 11 件，占核能技术领域的 12.79%。早期与之相关的技术为 B63B1/32、B63B3/00、B63B43/14 等，近期与之相关的技术为 B63H5/125、B63B29/02、B63B29/04 等（图 8-39）。具体相关专利有：由赵志强、张艳敏、王云洪等人发明，2017 年 8 月 29 日青岛海西电机有限公司获得授权的名为"深海磁力耦合器推进装置"的专利；由赵志强、肖阳、王云洪等人发明，2017 年 4 月 12 日青岛海西电机有限公司获得授权的名为"一种船舶轮缘集成推进器"的专利；由陈原、徐瀚、张荣敏等人发明，2016 年 11 月 30 日山东大学获得授权的名为"一种螺旋桨矢量推进装置"的专利等。

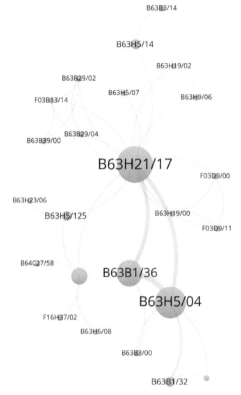

图 8-39　2011～2015 年山东省核能技术领域授权发明专利技术图谱
——利用电动机的船上推进装置类

（三）防护衣服

与 G21F3/02 相关的授权专利共 4 件，占核能技术领域的 4.65%。早期与之相关的技术为 D04B1/14、D04B21/12、D04B21/18 等，近期与之相关的技术为 A41D3/00、A41D13/00、A41D31/00 等（图 8-40）。具体相关专利有：由张延青、赵玉新、牛俊敏等人发明，2016 年 9 月 14 日山东省奥绒服装有限公司获得授权的名为"防辐射羊毛珍珠棉服"的专利；由王山山、苏茜、姜兴岳等人发明，2016 年 4 月 27 日滨州医学院附属医院获得授权的名为"一种全方位保护型 CT 防护服"的专利；由张世安、关燕、王显其等人发明，2015 年 7 月 1 日青岛雪达集团有限公司获得授权的名为"一种功能性商务内衣及其制作方法"的专利等。

图 8-40 2011～2015 年山东省核能技术领域授权发明专利技术图谱
——防护衣服类

第六节 其他新能源技术细分领域的专利授权情况分析

一、海洋能技术领域的专利授权情况分析

（一）授权量分析

2011～2015 年，山东省在海洋能技术领域共获得授权发明专利 50 件，同一时期全国在该领域的专利授权量为 549 件，山东省占全国专利授权量

的 9.11%。这表明山东省在海洋能技术领域占据了重要的地位。2011 年该领域专利授权量为 7 件，占全国总量的 6.93%，到 2015 年授权量为 14 件，占全国总量的比例上升至 18.67%，占比大约是 2011 年的 2.69 倍。山东省在该领域专利授权量的绝对数量和相对数量浮动较大，在 2012 年达到最低，仅有 4 件授权专利，占比仅为 3.23%，而 2015 年的授权量（14 件）和占比（18.67%）均到达 5 年最高（图 8-41）。

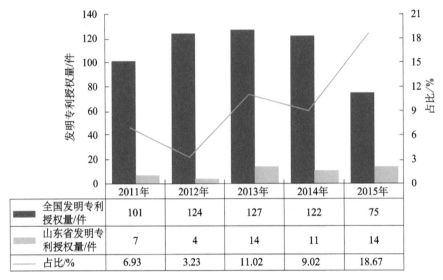

	2011年	2012年	2013年	2014年	2015年
全国发明专利授权量/件	101	124	127	122	75
山东省发明专利授权量/件	7	4	14	11	14
占比/%	6.93	3.23	11.02	9.02	18.67

图 8-41 2011～2015 年山东省海洋能技术领域发明专利授权量及山东省占全国的比例

2011～2015 年山东省在海洋能技术领域发明专利授权量为全国第 3 名（表 8-32），每年的全国排名均位于前 10 名，最高为全国第 1 名（图 8-42）。从表中可以看出，山东省在该领域发明专利授权量低于排名第二的江苏省，与广东省并列第三名，高于排名第五的北京。在 2015 年，山东省在该领域的专利授权量全国排名第一，高于排名第二的江苏省（11 件），在 2012 年排名达到最低，为第六名。

表 8-32 2011～2015 年全国海洋能技术领域发明专利授权量排名表（TOP 10）

排名	省市	发明专利授权量 / 件						占全国比例/%
		2011 年	2012 年	2013 年	2014 年	2015 年	总计	
1	浙江	15	27	18	21	3	84	15.30
2	江苏	7	22	16	11	11	67	12.20

续表

排名	省市	发明专利授权量 / 件						占全国比例 /%
		2011 年	2012 年	2013 年	2014 年	2015 年	总计	
3	广东	13	7	12	8	10	50	9.11
3	**山东**	**7**	**4**	**14**	**11**	**14**	**50**	**9.11**
5	北京	7	9	14	8	5	43	7.83
6	上海	6	11	7	5	5	34	6.19
7	辽宁	5	2	9	9	6	31	5.65
8	福建	1	4	11	8	2	26	4.74
9	黑龙江	0	2	2	6	6	16	2.91
10	天津	2	3	1	8	0	14	2.55

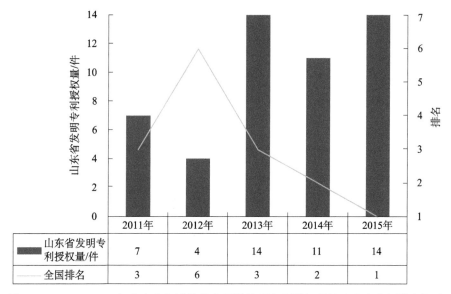

	2011年	2012年	2013年	2014年	2015年
山东省发明专利授权量/件	7	4	14	11	14
全国排名	3	6	3	2	1

图 8-42 2011～2015 年山东省海洋能技术领域发明专利授权量及山东省全国排名情况

（二）申请（专利权）人分析

2011～2015 年，山东省在海洋能技术领域获得授权的 50 件发明专利共有 30 名申请（专利权）人，对每个申请（专利权）人的专利授权量进行分析，结果如表 8-33 所示。山东省海洋能技术领域的专利授权量位居第一的是中国海洋大学，有 11 件专利获得授权，占总数的 22%，在全国排名第 7 位。

山东大学在该领域排名第二，有 5 件专利获得授权，山东科技大学在该领域排名第三，有 4 件专利获得授权。

表 8-33　2011～2015 年山东省海洋能技术领域授权
专利中发明专利申请（专利权）人分布

省内排名	申请（专利权）人	授权量/件	省内占比/%	全国排名
1	中国海洋大学	11	22.00	7
2	山东大学*	5	10.00	21
3	山东科技大学	4	8.00	23
4	国家电网有限公司	2	4.00	16
4	国家海洋局第一海洋研究所	2	4.00	40
4	国网山东省电力公司经济技术研究院	2	4.00	21
4	青岛经济技术开发区泰合海浪能研究中心	2	4.00	40
4	青岛松灵电力环保设备有限公司	2	4.00	40
4	曲言明	2	4.00	40
4	郑凤芹	2	4.00	40

*山东大学的授权量包括山东大学（威海）获得的发明专利的授权量。

进一步结合技术领域 IPC 分类对专利申请（专利权）人进行分析，有利于政府、企业迅速掌握主要的研发单位和个人，有利于政府、企业分析主要竞争对手的强势领域，有利于政府、企业寻找合适的合作伙伴，为政府和企业的投资决策以及专利布局调整提供有价值的信息（表 8-34）。

表 8-34　2011～2015 年山东省海洋能技术领域
授权专利申请（专利权）人 -IPC- 发明专利授权量对应表（TOP 3）

申请（专利权）人	IPC	IPC 含义	授权量/件
中国海洋大学	F03B13/14	特殊用途的机械或发动机；机械或发动机与驱动或从动装置的组合；电站或机组••利用波能〔4〕	5
	F03B13/22	特殊用途的机械或发动机；机械或发动机与驱动或从动装置的组合；电站或机组•••利用由波浪运动引起水的流动来驱动，例如液压马达或涡轮机〔4〕	3
	F03B13/16（外 1 个）	特殊用途的机械或发动机；机械或发动机与驱动或从动装置的组合；电站或机组•••利用波动构件和另一构件之间的相对运动〔4〕	2

续表

申请（专利权）人	IPC	IPC 含义	授权量/件
山东大学	F03B13/14	特殊用途的机械或发动机；机械或发动机与驱动或从动装置的组合；电站或机组•• 利用波能〔4〕	1
	F03B13/22	特殊用途的机械或发动机；机械或发动机与驱动或从动装置的组合；电站或机组••• 利用由波浪运动引起水的流动来驱动，例如液压马达或涡轮机〔4〕	1
	H02S10/10	光伏电站；与其他电能产生系统组合在一起的光伏能源系统•包括辅助电力能源，如混合柴油光伏能源系统	1
	B63C11/52	水下居住或作业设备；搜索水下物体的装置	1
	F03B13/20	特殊用途的机械或发动机；机械或发动机与驱动或从动装置的组合；电站或机组•••• 其中两个构件均可相对海底或海岸运动〔4〕	1
	F15B1/02（外1个）	带蓄能器的装置或系统；供油油箱或贮液装置•带蓄能器的装置或系统	
山东科技大学	F03B13/14	特殊用途的机械或发动机；机械或发动机与驱动或从动装置的组合；电站或机组•• 利用波能〔4〕	3
	H02S10/10	光伏电站；与其他电能产生系统组合在一起的光伏能源系统•包括辅助电力能源，如混合柴油光伏能源系统	1
	F03B13/00	特殊用途的机械或发动机；机械或发动机与驱动或从动装置的组合；电站或机组	1
	F03B13/18	特殊用途的机械或发动机；机械或发动机与驱动或从动装置的组合；电站或机组•••• 其中另一构件至少在一点上相对海底或海岸固定〔4〕	1
	H02N2/18	利用压电效应、电致伸缩或磁致伸缩的电动机或发电机•从机械输入产生电输出的，例如发电机	1
	H02S20/32	光伏模块的支撑结构•• 专门用于太阳能跟踪的	1

（三）发明人分析

山东省海洋能技术领域 50 件授权专利共有 155 名专利发明人，其中授权量大于 2 件的发明人专利授权量合计为 50 件，占全部专利授权量的 100%。表 8-35 列出了 2011～2015 年该领域授权专利发明人情况，排在第一位的发明人是刘臻，获得授权的发明专利为 9 件，排在第二位的是史宏达，有 8 件专利获得授权，排在第三位的是曲娜，有 6 件专利获得授权。

表 8-35　2011～2015 年山东省海洋能技术领域
授权专利中发明专利发明人统计（TOP 11）

省内排名	发明人	授权量 / 件	省内占比 /%
1	刘　臻	9	18.00
2	史宏达	8	16.00
3	曲　娜	6	12.00
4	曹飞飞	4	8.00
4	曲言明	4	8.00
4	赵环宇	4	8.00
7	韩　治	3	6.00
7	李彦平	3	6.00
7	刘　鹏	3	6.00
7	吕小龙	3	6.00
7	朱林森	3	6.00

进一步结合技术领域 IPC 分类对专利发明人进行分析，有利于政府、企业迅速掌握主要的研发单位和个人，有利于政府、企业分析主要竞争对手的强势领域，有利于政府、企业寻找合适的合作伙伴，为政府和企业的投资决策以及专利布局调整提供有价值的信息（表 8-36）。

表 8-36　2011～2015 年山东省海洋能技术领域
授权专利发明人 -IPC- 发明专利授权量对应表（TOP 3）

发明人	IPC	IPC 含义	授权量 / 件
刘　臻	F03B13/14	特殊用途的机械或发动机；机械或发动机与驱动或从动装置的组合；电站或机组 •• 利用波能〔4〕	5
	F03B13/22	特殊用途的机械或发动机；机械或发动机与驱动或从动装置的组合；电站或机组 ••• 利用由波浪运动引起水的流动来驱动，例如液压马达或涡轮机〔4〕	3
	F03B3/04	反作用式机械或发动机；其专用部件或零件 • 通过转子的基本上是轴向流，例如螺旋桨式水轮机	2
史宏达	F03B13/14	特殊用途的机械或发动机；机械或发动机与驱动或从动装置的组合；电站或机组 •• 利用波能〔4〕	4

续表

发明人	IPC	IPC 含义	授权量 / 件
史宏达	F03B13/22	特殊用途的机械或发动机；机械或发动机与驱动或从动装置的组合；电站或机组···利用由波浪运动引起水的流动来驱动，例如液压马达或涡轮机〔4〕	3
	F03B3/04	反作用式机械或发动机；其专用部件或零件·通过转子的基本上是轴向流，例如螺旋桨式水轮机	2
曲　娜	F03B13/22	特殊用途的机械或发动机；机械或发动机与驱动或从动装置的组合；电站或机组···利用由波浪运动引起水的流动来驱动，例如液压马达或涡轮机〔4〕	3
	F03B13/14	特殊用途的机械或发动机；机械或发动机与驱动或从动装置的组合；电站或机组··利用波能〔4〕	2

山东省海洋能技术领域全体发明人（155 位）之间的合作关系如图 8-43 所示。由图可知，刘臻、史宏达和曲娜之间相互合作，并与其他发明合作密切。最大的两个合作关系群如图 8-43 左侧所示：一个是以刘臻、史宏达、曲娜等人形成的合作群，一个是以刘延俊、彭建军、丁洪鹏等人形成的合作群。

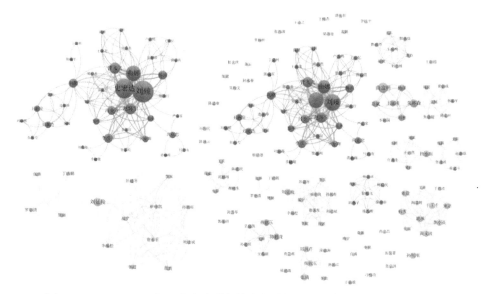

图 8-43　2011～2015 年山东省海洋能技术领域授权发明专利发明人合作网络

（四）IPC 分类号分析 / 技术分析

抽取 2011～2015 年山东省海洋能技术领域 50 件授权发明专利的分类号字段，对分类号进行归纳整理，并按照每个分类号的授权量降序排列，结果如表 8-37 所示。2011～2015 年在该领域获得授权的 50 件发明专利共涉及 44 个 IPC 分类号，其中约 1/2 的授权专利与 F03B13/14（特殊用途的机械或发动机；机械或发动机与驱动或从动装置的组合；电站或机组••利用波能〔4〕）有关，约 1/3 的授权专利与 F03B13/22（特殊用途的机械或发动机；机械或发动机与驱动或从动装置的组合；电站或机组 ••• 利用由波浪运动引起水的流动来驱动，例如液压马达或涡轮机〔4〕）有关。

表 8-37　2011～2015 年山东省海洋能技术领域发明专利授权量 IPC 分类号统计（TOP 10）

排名	IPC	IPC 含义	授权量 / 件	占比 /%
1	F03B13/14	特殊用途的机械或发动机；机械或发动机与驱动或从动装置的组合；电站或机组 •• 利用波能〔4〕	22	44.00
2	F03B13/22	特殊用途的机械或发动机；机械或发动机与驱动或从动装置的组合；电站或机组 ••• 利用由波浪运动引起水的流动来驱动，例如液压马达或涡轮机〔4〕	16	32.00
3	F03B13/18	特殊用途的机械或发动机；机械或发动机与驱动或从动装置的组合；电站或机组 •••• 其中另一构件至少在一点上相对海底或海岸固定〔4〕	6	12.00
4	H02S10/10	光伏电站；与其他电能产生系统组合在一起的光伏能源系统 • 包括辅助电力能源，如混合柴油光伏能源系统	4	8.00
5	F03B13/00	特殊用途的机械或发动机；机械或发动机与驱动或从动装置的组合；电站或机组	3	6.00
5	F03B13/16	特殊用途的机械或发动机；机械或发动机与驱动或从动装置的组合；电站或机组 ••• 利用波动构件和另一构件之间的相对运动〔4〕	3	6.00
7	F03B11/00	液力机械或液力发动机，不包含在组 F03B1/00 至 F03B9/00 中或与组 F03B1/00 至 F03B9/00 无关的部件或零件	2	4.00
7	F03B13/06	特殊用途的机械或发动机；机械或发动机与驱动或从动装置的组合；电站或机组 • 抽水蓄能型电站或机组	2	4.00

续表

排名	IPC	IPC 含义	授权量 / 件	占比 /%
7	F03B13/20	特殊用途的机械或发动机；机械或发动机与驱动或从动装置的组合；电站或机组 •••• 其中两个构件均可相对海底或海岸运动〔4〕	2	4.00
7	F03B13/26（外 6 个）	特殊用途的机械或发动机；机械或发动机与驱动或从动装置的组合；电站或机组 •• 利用潮汐能	2	4.00

（五）聚类分析

海洋能技术领域的授权专利主要分为 3 类（图 8-44）：F03B13/22（特殊用途的机械或发动机；机械或发动机与驱动或从动装置的组合；电站或机组 ••• 利用由波浪运动引起水的流动来驱动，例如液压马达或涡轮机〔4〕）、F03B13/14（特殊用途的机械或发动机；机械或发动机与驱动或从动装置的组合；电站或机组 •• 利用波能〔4〕）、H02S10/10（光伏电站；与其他电能产生系统组合在一起的光伏能源系统 • 包括辅助电力能源，如混合柴油光伏能源系统）。

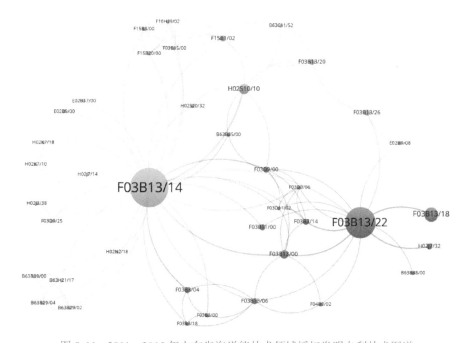

图 8-44　2011～2015 年山东省海洋能技术领域授权发明专利技术图谱

1.波能发电装置

与 F03B13/22 相关的授权专利共 16 件，占海洋能技术领域的 32.00%。早期与之相关的技术为 B63B38/00、F03D11/02、F03D3/06 等，近期与之相关的技术为 F03B11/00、F03B13/18、F03B13/00 等（图 8-45）。具体相关专利有：由史宏达、曹飞飞、刘臻等人发明，2016 年 8 月 24 日中国海洋大学获得授权的名为"振荡浮子波浪能发电装置的潮位自适应装置"的专利；由巩克忠、蒋咏晖、付兴友发明，2016 年 3 月 30 日青岛松灵电力环保设备有限公司获得授权的名为"一种自由多浮子波浪能发电装置"的专利；由史宏达、刘臻、马哲等人发明，2015 年 5 月 20 日中国海洋大学获得授权的名为"液压式组合型振荡浮子波能发电装置"的专利等。

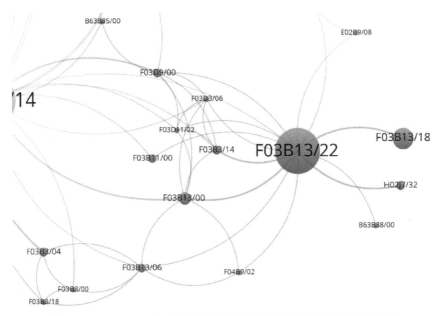

图 8-45　2011～2015 年山东省海洋能技术领域授权发明专利技术图谱
——波能发电装置类

2.利用波能的机械或发动机

与 F03B13/14 相关的授权专利共 22 件，占海洋能技术领域的 44%。早期与之相关的技术为 H02J3/38、H02K7/10、H02K7/18 等，近期与之相关的技术为 B63B29/02、B63B29/04、B63B39/00 等（图 8-46）。具体相关专利有：由张庆力、刘福顺、刘贵杰等人发明，2016 年 5 月 25 日中国海洋大学获得授权的名为"漂浮式太阳能共振钟摆复合式波浪发电装置"的专利；由巩克忠、严志家、刘臻发明，2016 年 6 月 8 日青岛松灵电力环保设备有限公司获得授权的名为"一种用于振荡浮子波浪能发电装置的导杆"的专利；由刘臻、史宏达、赵环宇等人发明，2015 年 10 月 7 日中国海洋大学获得授权的名为"分层越浪式波能发电装置"的专利等。

图 8-46　2011～2015 年山东省海洋能技术领域授权发明专利技术图谱
——利用波能的机械或发动机类

3. 辅助电力能源

与 H02S10/10 相关的授权专利共 4 件，占海洋能技术领域的 8%。早期与之相关的技术为 F16H39/02、H02S20/32、F03B13/26 等，近期与之相关的技术为 B63C11/52、F15B1/02、F03B13/20 等（图 8-47）。具体相关专利有：由陈修龙、蒋德玉发明，2017 年 2 月 15 日山东科技大学获得授权的名为"一种海洋波浪能和太阳能集成发电装置及其工作方法与应用"的专利；由陈德章发明，2015 年 2 月 18 日青岛沃隆花生机械有限公司获得授权的名为"利用风、水和光发电的装置"的专利；由刘延俊、张伟、丁洪鹏等人发明，2017 年 10 月 17 日山东大学获得授权的名为"一种利用多能互补供电深度可调的海洋观测装置及工作方法"的专利等。

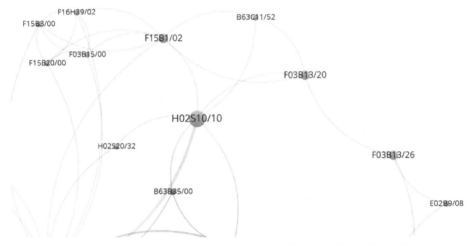

图 8-47　2011～2015 年山东省海洋能技术领域授权发明专利技术图谱
——辅助电力能源类

二、地热能技术领域的专利授权情况分析

2011～2015 年，山东省在地热能技术领域共获得授权发明专利有 9 件（表 8-38），同一时期全国在该领域的专利授权量为 173 件，山东省占全国专利授权量的 5.20%。这表明山东省在地热能技术领域占据了一定的地位。

表 8-38　2011～2015 年山东省地热能技术领域发明专利授权专利列表（全）

序号	名称	主分类号	申请人	发明人	申请日	授权日
1	气动摩擦生热高温热风机	F24J3/00	林钧浩	林钧浩	2011 年 08 月 24 日	2012 年 12 月 26 日

续表

序号	名称	主分类号	申请人	发明人	申请日	授权日
2	真空冷冻干燥设备余热回收利用装置和方法	A23L3/44	济南大陆机电股份有限公司	荆书典、李守顺	2012年01月29日	2013年02月13日
3	多功能空调热水系统	F25B29/00	海尔集团公司、青岛海尔空调电子有限公司	毛守博、卢大海、陈永杰、罗建文、尹叶俐	2011年03月29日	2013年06月12日
4	利用热管摄取地热的供热工艺	F24J3/08	王凯一	王凯一、刘雄英、王为旭、祁玉中	2011年11月17日	2013年07月24日
5	全压全自动热水装置	F24H1/18	潍坊海生能源科技有限公司	武军锋、黄珏、武际信	2012年12月31日	2013年11月13日
6	无井泵地热水采暖方法及系统	F24D3/02	秦剑	秦剑	2012年05月24日	2014年12月03日
7	一种甲酸钠合成尾气余热综合利用系统及方法	F24J3/00	聊城盐杉新材料科技有限公司	张金成、王存申、陈清祥	2012年12月05日	2015年10月21日
8	一种蒸煮废汽余热回收系统及其应用	F24H1/00	潍坊亿佳节能控制科技有限公司	张树荣	2014年01月02日	2016年02月24日
9	注超临界 CO_2 开采干热岩地热的预防渗漏工艺	E21B33/138	中国石油大学（华东）	张亮、崔国栋、李欣、任韶然	2014年12月22日	2017年03月29日

R 参考文献
eferences

陈超美 . 2014. 科学前沿图谱：知识可视化探索 . 陈悦，王贤文，胡志刚，等译 . 北京：科学
出版社 .

陈悦，陈超美，胡志刚，等 . 2014. 引文空间分析原理与应用：CiteSpace 实用指南 . 北京：
科学出版社 .

陈悦，陈超美，刘则渊，胡志刚，等 . 2015. CiteSpace 知识图谱的方法论功能 . 科学学研究，
33（2）：242-253.

陈悦，刘则渊 . 2005. 悄然兴起的科学知识图谱 . 科学学研究，23（2）：149-154.

电力规划设计总院 . 2017. 中国能源发展报告 2016. 北京：中国电力出版社 .

弗雷德·克鲁普，米丽亚姆·霍 . 2010. 决战新能源：一场影响国家兴衰的产业革命 . 陈茂云，
朱红路，王轶春，等译 . 北京：东方出版社 .

国家可再生能源中心 . 2014. 2014 中国可再生能源产业发展报告 . 北京：中国环境出版社 .

国家自然科学基金委员会，中国科学院 . 2012. 未来 10 年中国学科发展战略：能源科学 . 北
京：科学出版社 .

侯海燕 . 2008. 科学计量学知识图谱 . 大连：大连理工大学出版社 .

侯海燕，刘则渊，栾春娟 . 2009. 基于知识图谱的国际科学计量学研究前沿计量分析 . 科研
管理，30（1）：164-170.

侯海燕，赵楠楠，胡志刚，等 . 2014. 国际知识产权研究的学科交叉特征分析——基于期刊
学科分类的视角 . 中国科技期刊研究，25（3）：416-426.

侯剑华，胡志刚 . 2013. CiteSpace 软件应用研究的回顾与展望 . 现代情报，33（4）：99-103.

胡志刚 . 2016. 全文引文分析：理论、方法与应用 . 北京：科学出版社 .

胡志刚，林歌歌，孙太安，等 . 2017. 基于 VOSviewer 的我国各省市科研热点领域分析 . 科学与管理，37（4）：44-52.

靳晓明 . 2011. 中国新能源发展报告 . 武汉：华中科技大学出版社 .

刘雪凤，郑友德 . 2011. 论我国新能源技术专利战略的构建 . 中国科技论坛，（6）：23-28.

刘雪凤，郑友德，蔡祖国 . 2011. 我国新能源技术知识产权战略的构建 . 科学学与科学技术管理，32（10）：13-20.

刘则渊，陈悦，侯海燕，等 . 2008. 科学知识图谱：方法与应用 . 北京：人民出版社 .

栾春娟 . 2012. 专利计量与专利战略 . 大连：大连理工大学出版社 .

马荣康，刘凤朝 . 2017. 基于专利许可的新能源技术转移网络演变特征研究 . 科学学与科学技术管理，38（06）：65-76.

麦克尔罗伊 . 2011. 能源：展望、挑战与机遇 . 王聿绚，郝吉明，鲁玺译 . 北京：科学出版社 .

钱伯章 . 2010. 可再生能源发展综述 . 北京：科学出版社 .

邱均平 . 1988. 文献计量学 . 北京：科学技术文献出版社 .

邱均平 . 2007. 信息计量学 . 武汉：武汉大学出版社 .

邱均平，陈敬全 . 2001. 网络信息计量学及其应用研究 . 情报理论与实践，24（3）：161-163.

邱均平，赵蓉英，董克，等 . 2016. 科学计量学 . 北京：科学出版社 .

山东省人民政府 . 2017. 山东省"十三五"战略性新兴产业发展规划 . http：//www.shandong.gov.cn/art/2017/4/21/art_2522_8125.html[2017-04-21].

山东省人民政府 . 2018. 关于印发山东省新能源产业发展规划（2018-2028 年）的通知 . http：//www.shandong.gov.cn/art/2018/9/21/art_2259_28611.html[2018-09-21].

山东省人民政府 . 2018. 山东省新旧动能转换重大工程实施规划 . http：//www.shandong.gov.cn/art/2018/3/16/art_2522_11096.html[2018-03-16].

王贤文，徐申萌，彭恋，等 . 2013. 基于专利共类分析的技术网络结构研究：1971～2010. 情报学报，32（2）：198-205.

王小梅，韩涛，王俊，等 . 2015. 科学结构地图 2015. 北京：科学出版社 .

王仲颖，任东明，高虎，等 . 2012. 可再生能源规模化发展战略与支持政策研究 . 北京：中国经济出版社.

魏胜民，袁凯声，于晓鹏，等.2017.河南蓝皮书：河南能源发展报告（2017）.北京：社会科学文献出版社.

沃特·德·诺伊，安德烈·姆尔瓦，弗拉迪米尔·巴塔盖尔吉.2012.蜘蛛：社会网络分析技术.林枫译.北京：世界图书出版公司北京公司.

谢言许.2014.中国新能源技术创新战略研究.渤海大学硕士学位论文.

杨中楷.2008.专利计量与专利制度.大连：大连理工大学出版社.

詹文清.2016.中国新能源技术创新政策研究.南京航空航天大学硕士学位论文.

张海龙.2014.中国新能源发展研究.吉林大学博士学位论文.

张钦，周德群，张力菠，等.2013.中国新能源产业发展研究.北京：科学出版社.

张珊珊，侯海燕，胡志刚.2015.知识图谱方法在未来导向技术分析领域的应用.科学与管理，35（06）：31-40.

浙江省发展和改革委员会，浙江省能源局.2012.浙江省能源发展战略研究.杭州：浙江科学技术出版社.

中国工程科技发展战略研究院.2018.中国战略性新兴产业发展报告.北京：人民出版社.

中国科学院研究生院国际能源安全研究中心.2018.世界能源蓝皮书：世界能源发展报告（2018）.北京：社会科学文献出版社.

中国可再生能源发展战略研究项目组.2008.中国可再生能源发展战略研究丛书·风能卷.北京：中国电力出版社.

中国可再生能源发展战略研究项目组.2008.中国可再生能源发展战略研究丛书·生物质能卷.北京：中国电力出版社.

中国可再生能源发展战略研究项目组.2008.中国可再生能源发展战略研究丛书·水能卷.北京：中国电力出版社.

中国可再生能源发展战略研究项目组.2008.中国可再生能源发展战略研究丛书·太阳能卷.北京：中国电力出版社.

中国可再生能源发展战略研究项目组.2008.中国可再生能源发展战略研究丛书·综合卷.北京：中国电力出版社.

中国能源研究会 . 2018. 中国能源发展报告（2018）. 北京：中国建材工业出版社 .

Chen C M. 2006. CiteSpace II: Detecting and visualizing emerging trends and transient patterns in scientific literature. Journal of the Association for Information Science and Technology, 57（3）: 359-377.

Hu Z G, Guo F Q, Hou H Y. 2017. Mapping research spotlights for different regions in China. Scientometrics, 110（2）: 779-790.

Johnstone N, Haščič I, Popp D. 2010. Renewable energy policies and technological innovation: evidence based on patent counts. Environmental and Resource Economics, 45（1）: 133-155.

Nesta L, Vona F, Nicolli F. 2014. Environmental policies, competition and innovation in renewable energy. Journal of Environmental Economics and Management, 67（3）: 396-411.

Popp D, Hascic I, Medhi N. 2011. Technology and the diffusion of renewable energy. Energy Economics, 33（4）: 648-662.

Renewable Energy Policy Network for the 21st Century（REN21）. 2018. RENEWABLES 2018 GLOBAL STATUS REPORT. http: //www.ren21.net/gsr-2018/［2018-04-17］.

Thieman W J, Palladino M A. 2014. 2016 Renewable Energy Data Book. Beijing: Pearson Education Group Press.

Van Eck N J, Waltman L. 2009. VOSviewer: a computer program for bibliometric mapping. Social Science Electronic Publishing, 84（2）: 523-538.

Van Eck N J, Waltman L. 2011. Text mining and visualization using VOSviewer. ISSI Newsletter, 7（3）: 50-54（paper, preprint）.

A 附录 大科学时代已经来临
APPENDIX

习近平总书记在 2018 年 5 月 28 日召开的两院院士大会上发表重要讲话，指出："中国要强盛、要复兴，就一定要大力发展科学技术，努力成为世界主要科学中心和创新高地。""要高标准建设国家实验室，推动大科学计划、大科学工程、大科学中心、国际科技创新基地的统筹布局和优化。""积极参与和主导国际大科学计划和工程，鼓励我国科学家发起和组织国际科技合作计划。"

中共中央和山东省委高度重视大科学计划和大科学工程的规划实施。2019 年 1 月 23 日，习近平总书记主持召开中央全面深化改革领导小组第二次会议，审议通过了《积极牵头组织国际大科学计划和大科学工程方案》，提出了我国大科学计划和大科学工程的工作任务与期望要求。3 月，国务院印发《积极牵头组织国际大科学计划和大科学工程方案》，我国大科学计划和大科学工程正式开启。5 月 15 日，山东省委书记刘家义召开座谈会指出，"要充分发挥主观能动性，积极争取国家级大科学中心，规划实施好省级大科学计划和大科学工程"。

大科学计划与大科学工程是面向科学重大问题挑战、面向人类重大战略需求、面向经济社会重大任务而布局的，聚焦经济社会深层次科学技术问题、聚焦产生重大科技原创性成果、聚焦建设国家创新体系的科学研究活动。

一、大科学计划 / 工程的由来

1961 年 7 月，美国核物理学家、橡树岭国家实验室负责人阿尔文·温伯格在《科学》上发表了《美国大科学的影响》一文，首次使用了"大科学"的概念，用于描述美国"曼哈顿计划"这样的科学工程组织体制机制。1963 年，美国科学学家德里克·普赖斯将其以科学计量学研究美国第二次世界大战前后科学发展的报告汇编为《小科学，大科学》一书出版。通常认为，所谓大科学研究，主要表现为投资强度高、多学科交叉、配置昂贵且复杂的实验设施（设备）、研究目标宏大等特征。2000 年以来，世界科学研究呈现出更加复杂、更大开放性、更多交叉的复杂巨系统特征，由此进入了"大科学"涌现时代。大科学计划是大科学研究活动的具体载体和抓手，大科学装置则是大科学工程的物化科学研究条件和科学实验设施。大科学计划和大科学工程往往以大科学装置为载体推进组织实施。

大科学的概念内涵也是不断延伸和动态变化的，其影响日益明显、日益突出、日益重要。大科学计划与大科学工程是面向科学重大问题挑战、面向人类重大战略需求、面向经济社会重大任务而布局的，聚焦经济社会深层次科学技术问题、聚焦产生重大科技原创性成果、聚焦建设国家创新体系的科学研究活动。它们深刻改变了人们对世界的认知和对生活的感知，引起了一次次基础性科技革命和全域性产业变革，塑造着人类的新时代、新生活、新未来。

大科学计划与大科学工程是衡量一个国家科学基础是否雄厚、科技水平是否领先的核心指标，有利于集聚世界知名科学家，形成引领全球创新发展的重大科技成果，从而带来科学技术和经济社会层面的丰硕回报。发达国家在第二次世界大战以后，均投入几十亿美元，组织实施大科学研究计划，建设了各类大科学装置，集聚了一大批世界知名的科学家，形成了众多引领全球创新发展的重大科技成果，带来了科学上的丰硕回报，包括近年来广为人知的希格斯粒子的发现、引力波的发现等。另外，哈勃空间望远镜、欧洲核子中心的大型强子对撞机、美国的引力波实验装置（LIGO）、日本的超级神冈中微子探测器等大科学工程也对各国的科技发展起到基础性作用。改革开放以来，我国以发展中国家身份，有重点地选择参与了国际大洋发现计划、人类基因组计划、国际热核聚变实验堆计划、国际地球观测组织和平方公里阵列射电望远镜等一些国际大科学计划和大科学工程。

二、中国的大科学计划／工程建设进展

2015 年 10 月，党的十八届五中全会首次提出"积极提出并牵头组织国际大科学计划和大科学工程"，从国家层面吹响了我国进军大科学研究的号角。2016 年 5 月，习近平总书记在"科技三会"（全国科技创新大会、两院院士大会、中国科学技术协会第九次全国代表大会）上指出"面向世界科技前沿、面向经济主战场、面向国家重大需求，加快各领域科技创新，掌握全球科技竞争先机"，这为我国大科学计划和大科学工程建设指明了战略方向与总体布局。习近平总书记在会上还指出："那些抓住科技革命机遇走向现代化的国家，都是科学基础雄厚的国家；那些抓住科技革命机遇成为世界强国的国家，都是在重要科技领域处于领先行列的国家。""科技兴则民族兴，科技强则国家强"。大科学计划与大科学工程是人类开拓知识前沿、探索未知世界和解决重大全球性问题的重要手段，是一个国家科学基础雄厚、科技前沿领先的核心指标。如近年来我国"墨子号量子科学实验卫星"，使我国在世界上首次实现了卫星和地面之间的量子通信，奠定了我国在未来信息安全中的核心地位；被称为"天眼"的世界最大单口径射电望远镜——500 米口径球面射电望远镜（FAST），是具有我国自主知识产权、世界最大单口径、最灵敏的射电望远镜；亚洲最大的野生生物种质资源"诺亚方舟"——中国西南野生生物种质资源库，是与英国千年种子库、挪威斯瓦尔巴全球种子库等齐名的世界生物科学重大工程。

以大科学装置建设来看，我国已建成大科学装置 22 个，如北京正负电子对撞机、合肥同步辐射加速器、中国遥感卫星地面站、上海神光装置、贵州FAST、国家脉冲强磁场科学中心等。目前国家正在围绕海洋科学与海洋监

测、空间科学与深空探测、新能源与核能、天文观测、未来网络、生命科学等领域推进大科学布局。

三、山东省加快推进大科学计划 / 工程的紧迫性

山东省必须抓住国家"大科学"建设机遇，努力争取将山东省在超级计算、海洋科学、高端制造、医养健康等领域的优势特色，转化为国家战略布局，上升为国家大科学计划和大科学工程。对山东省来说，大科学计划和大科学工程是引领山东省科技颠覆性突破的孵化器，是推动山东省经济产业变革性跃升的力量源。国家组织实施大科学计划与大科学工程，对山东省来说既是重大历史发展机遇，也是重大历史挑战。山东省必须抓住此次机遇，积极应对挑战，努力争取将山东省在超级计算、海洋科学、高端制造、医养健康等领域的优势特色，转化为国家战略布局，上升为国家大科学计划和大科学工程。

目前，北京市、上海市、合肥市已获批综合性国家科学中心。山东省正处在创建创新型省份的关键期、攻坚期，迫切需要大科学计划和大科学工程的强有力支撑，以取得突破性成果，提升山东省科技创新的整体实力和水平，打造山东省科技创新品牌。同时，2018 年是山东省新旧动能转换综合试验区建设元年，迫切需要大科学计划和大科学工程的引爆带动，以培养引进战略性新动能，推动涌现新技术、新业态、新产业和新模式，加快塑造科技创新、人力资源、现代金融和实体经济协同的现代经济体系，打造山东省新旧动能转换的源力量。最后，山东省人才强省建设已进入突破期，迫切需要大科学计划和大科学工程的大载体支撑，以吸引国际高层次科技人才，汇聚全球创新创业的高端智力资源。

四、山东省加快推进大科学计划 / 工程的建议

通过实施大科学计划和大科学工程，推动山东省面向全球吸引和集聚高端人才，培养和造就一批国际同行认可的领军科学家、高水平学科带头人，

实现山东省院士级别人才的大提升。具体来说，山东省组织实施大科学计划和大科学工程，需要在以下几方面着力。

一是高度重视大科学计划和大科学工程建设发展。大科学研究是体现全球科技最前沿、汇聚全球最高端科学家群体，并且代表全球科学研究活动组织管理最先进、体制机制最科学的一种形式。1999 年，中国科学院遗传研究所人类基因组中心注册参与国际人类基因组计划，负责测定全部序列的 1%，并于 2003 年提前高质量完成人类基因组计划中所承担的测序任务，就表明中国在基因组学研究领域达到国际先进水平，产生了重大国际影响。我们一定要革新观念、创新思维、敢于争取，积极参与或牵头组织实施大科学计划、大科学工程，这样不但能提高科学家们的科研实力水平和国际影响力，而且还能学习借鉴国际先进的科研管理体制机制，更重要的是可直接支撑山东省十大产业的新旧动能转换。如 2014 年借助上海光源提供的同步辐射光，中国科学院大连化学物理研究所包信和院士团队探索出天然气直接转化利用的有效方法，被德国巴斯夫集团副总裁穆勒评价为一项"即将改变世界"的新技术。

二是科学谋划国家大科学装置的落地建设。栽下梧桐树，才能引来金凤凰。大科学装置以独具的科研条件资源，能吸引全球科学家开展合作研究，成为全球领军人才的聚集地、全球重大原创科技成果的诞生地和解决全球大科学问题的平台。2016 年我国已正式启动了大科学装置专项计划，在已经建成和计划建立的国家大科学装置中，合肥市依托中国科学院等载体拿到了 9 个，上海市拥有 6 个。山东省目前拥有国家超算中心这一大科学装置（目前全国仅 4 个），应该大力支持推进围绕大科学装置 E 级计算机（新一代超级计算机）启动"自主超算生态"大科学计划和大科学工程。并以国家超算中心海洋大数据大科学工程为支撑，尽快提出依托青岛海洋科学技术国家实验室、国家深海基地和中国科学院等国家平台力量的经略海洋国家大科学计划和大科学工程。山东省的海洋科研力量在全国占重要地位，但科技力量群山无峰，缺少在国际上具有领军优势的科研影响力，而且山东省海洋产业多是海洋养殖、海洋加工和浅海工程等传统产业。国家海洋大科学计划和大科学工程的落地，将有望扭转这一局面。

三是充分发挥大科学计划和大科学工程的人才集聚作用。创新是第一动力，人才是第一资源。美国布鲁克海文国家实验室催生了至少 7 个诺贝尔奖；华裔物理学家丁肇中依托欧洲核子中心，发起领导了阿尔法磁谱仪项目。作为当今全球生命科学领域首家综合性大科学装置，2015 年 7 月正式建成的上海蛋白质中心，已经吸引了国内外近 200 家单位、1.30 万多人次科学家，开展了 2000 多项重大前沿创新课题研究。2017 年 8 月，从哈佛大学归来的八位博士，告别波士顿，扎根安徽合肥"科学岛"，原因即在于中国科学院合肥物质科学研究院强磁场中心坐落于此。可以看出，大科学计划和大科学工程，有利于面向全球吸引和集聚高端人才，培养和造就一批国际同行认可的领军科学家、高水平学科带头人。山东省高层次人才尤其是领军人才短缺问题突出，在国家新旧动能转换综合试验区落地之际，必须尽快启动山东省的国家大科学计划、大科学工程，实现山东省院士级别人才的大提升。